2018 年 4 月 26 日，中国建筑科学研究院有限公司承担的"十三五"国家重点研发计划"既有公共建筑综合性能提升与改造关键技术"项目组研讨暨中期检查预备会在重庆顺利召开

2018 年 9 月 15 日，中国建筑科学研究院有限公司承担的"十三五"国家重点研发计划"既有居住建筑宜居改造及功能提升关键技术"第三次工作会议在北京顺利召开

2018 年 5 月 28 日～29 日，由中国建筑科学研究院有限公司及全联房地产商会联合主办的"第十届全国既有建筑改造大会"在北京成功举办

　　2018 年 11 月 18 日，中国建筑科学研究院有限公司承担的"十三五"国家重点研发计划"既有城市住区功能提升与改造技术"项目启动会暨实施方案论证会在北京顺利召开

　　2018 年 12 月 20 日，中国建筑科学研究院有限公司承担的"十三五"国家重点研发计划"既有公共建筑综合性能提升与改造关键技术"项目组 2018 年度工作会在北京顺利召开

清晰于视 · 技擎于芯

德宝天成科技有限公司是致力于光谱选择反射型隔热膜研发、生产、销售、服务于一体的现代化高科技企业。以自主知识产权为根基，业务板块涵盖节能"智造"窗膜产品和环保"创造"技术。公司布局深圳总部、上海运营中心、浙江生产基地以及沈阳研发中心四大核心板块，立足国内、定位全球，进行深度产业运营、整合与投资，实现中国智造节能减排生态系统。

不骄傲的产品不是好产品

我们的生活正在发生着深刻的变革，德宝天成历时多年，耗资2亿元人民币，以科技重新定义"绿色"生活，以核心竞争力塑造与世界知名品牌相竞争的市场格局。

技术引领，占领中国制高点

长期以来，德宝天成高度重视知识产权对企业技术创新的核心作用，通过国内乃至国际独一无二的技术壁垒，驱动企业产业升级和生产效率提升，为客户提供不一样的技术产品。

立业环保、助力节能、生态治国

德宝天成紧跟国家政策导向，积极履行企业社会责任，先国家，后小家，与员工、客户和合作伙伴共同投身中国商业生态和社会生态的改善，"以德为宝"助力中国经济环境"路广天成"。

我们一天中90%的时间在室内度过

德宝天成通过材料与服务独特而多元化的组合，不仅为建筑降低能耗，同时提高建筑在温度、听觉、视觉及健康等全方位的舒适度。我们的产品和解决方案广泛应用于各类住宅建筑和非住宅建筑中。

德宝天成生态系统观
用产业深度对接节能减排

抓住中国动力的翅膀
能源节约和环境保护（中国动力，一直是德宝天成坚持的经营哲学，制造业若是没有节能环保的双翼加持，则难以振翅高飞）

发力新材料产品
占领国内窗膜科技制高点

每一片窗户都需要贴膜
建筑窗膜应用领域：地产集团、民用建筑、基础建设和以膜为原材料的制造等

凭远见 · 创价值

合作模式
COOPERATION MODE

大型工程
承接地产集团、建筑装饰行业和既有建筑节能降耗改造等大型工程

代加工
OEM来样加工——您只需提供样品，其他交给我们
ODM大包——您提供需求，其他一切交给我们
来料加工——您提供配方/原料，其他交给我们

代理招商
地级以上城市、省会城市产品区域代理经销招商

深圳德宝天成科技有限公司

深圳 · 嘉兴
合作垂询：186 8877 8188

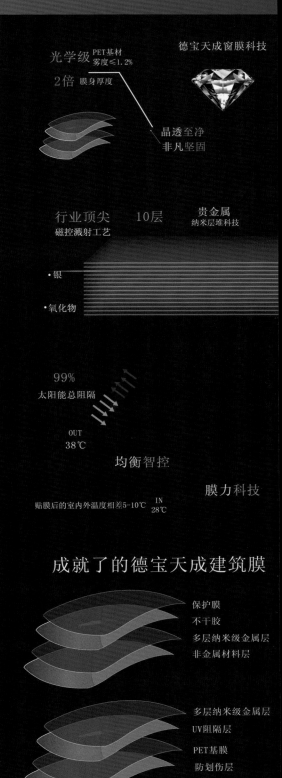

德宝天成建筑膜科技

德宝天成窗膜科技

光学级 PET基材
雾度≤1.2%

2倍 膜身厚度

晶透至净
非凡坚固

行业顶尖   10层   贵金属
磁控溅射工艺   纳米层堆科技

· 银

· 氧化物

99%
太阳能总阻隔

OUT
38℃

均衡智控

膜力科技

贴膜后的室内外温度相差5-10℃   IN
28℃

成就了的德宝天成建筑膜

保护膜
不干胶
多层纳米级金属层
非金属材料层

多层纳米级金属层
UV阻隔层
PET基膜
防划伤层

McQuay
MAGNETIC BEARING
CENTRIFUGAL CHILLER

磁来运转 WXE
磁悬浮无油变频离心式冷水机组

磁悬浮，McQuay从推出到推陈出新

AHRI权威认证
采用国际先进磁轴承技术
稀土永磁同步电机
磁轴承喘振保护和过热度保护
内螺纹外翅片高效换热管
突然断电保护
自动在线清洗（选装）

麦克维尔中国网站：www.mcquay.com.cn
全国统一服务热线：95105363

截至2017年，麦克维尔磁悬浮空调全球销量突破6000台。
超过100台机组稳定运行10年以上。

 中国建筑科学研究院有限公司
China Academy of Building Research

（一）单位概况

中国建筑科学研究院有限公司（以下简称"中国建研院"）成立于1953年，原隶属于建设部，2000年由科研事业单位转制为科技型企业，隶属于国务院国有资产监督管理委员会，是全国建筑行业最大的综合性研究和开发机构，具有建设行业博士、硕士学位授予权，建有土木工程博士后科研流动站，拥有包括中国工程院院士、中国科学院院士、全国设计大师、国家级有突出贡献专家等在内的众多高级专业技术人才。

中国建研院始终以服务公益事业、推进行业技术进步为己任，面向全国的建设事业，以建筑工程为主要研究对象，以应用研究和开发研究为主，致力于解决我国工程建设中的关键技术问题；负责编制与管理我国主要的工程建设技术标准和规范，开展行业所需的共性、基础性、公益性技术研究，承担国家建筑工程、空调设备、太阳能热水器、电梯、化学建材、建筑节能的质量监督检验、测试及产品认证业务。科研及业务工作涵盖建筑结构、地基基础、工程抗震、城市规划、建筑设计、建筑环境与节能、建筑软件、建筑机械化、建筑防火、施工技术、建筑材料等专业中的70个研究领域，近年来又加强了绿色建筑成套技术、新能源应用技术、防灾减灾技术以及智能化集成技术等方面的研究与开发。

（二）中国建筑科学研究院有限公司牵头"十三五"国家重点研发项目

既有公共建筑综合性能提升与改造关键技术

本项目面向既有公共建筑改造的实际需求，基于更高目标，从建筑能效、环境、防灾等方面开展技术研究和示范，实现既有公共建筑综合性能提升与改造的关键技术突破和产品创新，为下一步开展既有公共建筑规模化综合改造提供科技引领和技术支撑。

既有居住建筑宜居改造及功能提升技术

本项目以"安全、宜居、适老、低能耗、功能提升"为改造目标，针对安全与寿命提升、室内外环境宜居改善、低能耗改造、适老化改造、品质优化等展开研究与示范，预期形成既有居住建筑宜居改造与功能提升关键技术突破和产品创新，为既有居住建筑综合性能提升提供科技引领和技术支撑。

既有城市住区功能提升与改造技术

本项目以"美化、传承、绿色、智慧、健康"为目标，针对既有城市住区的规划与美化更新、停车设施与浅层地下空间升级改造、历史建筑修缮保护、能源系统升级改造、管网升级换代、海绵化升级改造、功能设施的智慧化和健康化升级改造等开展研究与示范，预期形成既有城市住区设计方法创新、改造技术突破、标准规范引领、集成推广应用，为既有城市住区功能提升与改造提供科技引领和技术支撑。

既有建筑改造年鉴 (2018)

《既有建筑改造年鉴》编委会　编

中国建筑工业出版社

图书在版编目（CIP）数据

既有建筑改造年鉴.2018/《既有建筑改造年鉴》
编委会编.—北京：中国建筑工业出版社，2019.5
ISBN 978-7-112-23581-0

Ⅰ.①既… Ⅱ.①既… Ⅲ.①建筑物-改造-中国-
2018-年鉴 Ⅳ.①TU746.3-54

中国版本图书馆CIP数据核字（2019）第064683号

责任编辑：王晓迪 郑淮兵
责任校对：张惠雯

既有建筑改造年鉴（2018）

《既有建筑改造年鉴》编委会 编

*

中国建筑工业出版社出版、发行（北京海淀三里河路9号）

各地新华书店、建筑书店经销

北京佳捷真科技发展有限公司制版

天津翔远印刷有限公司印刷

*

开本：787×1092毫米 1/16 印张：19¼ 插页：4 字数：396千字

2019年9月第一版 2019年9月第一次印刷

定价：**138.00**元

ISBN 978-7-112-23581-0

（33845）

既有建筑改造年鉴（2018）
编辑委员会

编辑说明

一、《既有建筑改造年鉴（2018）》是中国建筑科学研究院有限公司以"十三五"国家重点研发计划"既有公共建筑综合性能提升与改造关键技术"（项目编号：2016YFC0700700）、"既有居住建筑宜居改造及功能提升关键技术"（项目编号：2017YFC0702900）和"既有城市住区功能提升与改造技术"（项目编号：2018YFC0704800）为依托，编辑出版的行业大型工具用书。

二、本书是近年来我国既有建筑改造领域发展的缩影，分为政策篇、标准篇、科研篇、成果篇、论文篇、工程篇、统计篇和附录共八部分内容，可供从事既有建筑改造的工程技术人员、大专院校师生和有关管理人员参考。

三、谨向所有为《既有建筑改造年鉴（2018）》编辑付出辛勤劳动、给予热情支持的部门、单位和个人深表谢意。在此，特别感谢中国建筑科学研究院有限公司、江苏省建筑科学研究院有限公司、上海市建筑科学研究院、深圳市建筑科学研究院股份有限公司、中国城市规划设计研究院、中国中建设计集团有限公司、中国建筑设计院有限公司、中国建筑技术集团有限公司、中国建筑股份有限公司、北京清华同衡规划设计研究院有限公司、上海市政工程设计研究总院（集团）有限公司、清华大学、同济大学、天津大学、重庆大学等部门和单位为本书的出版所付出的努力。

四、我国城市更新和既有建筑改造事业健康稳步发展，但每年记载的相关资料数量不一，致使本书个别栏目比较薄弱。由于水平有限和时间仓促，本书难免有错讹、疏漏和不足之处，恳请广大读者批评指正。

目录

七、统计篇

八、附录

一、政策篇

当前，我国城市发展逐步由大规模建设为主转向建设与管理并重发展阶段，从数量扩张转变为质量提升阶段，新建建筑与既有建筑改造并重推进已成为我国建筑行业发展的新常态。

我国既有建筑存量巨大，既有建筑改造工作已逐步成为我国城镇化建设的一项重要工作。国家陆续发布了《关于推进城市安全发展的意见》《国务院办公厅关于加强电梯质量安全工作的意见》《住房城乡建设部关于进一步做好城市既有建筑保留利用和更新改造工作的通知》等系列文件，涉及了既有建筑改造的多个方面，在国家政策的推动下，既有建筑改造工作正在稳步推进。

中共中央办公厅 国务院办公厅印发《关于推进城市安全发展的意见》

（2018 年 1 月 7 日）

近日，中共中央办公厅、国务院办公厅印发了《关于推进城市安全发展的意见》，并发出通知，要求各地区各部门结合实际认真贯彻落实。

《关于推进城市安全发展的意见》全文如下。

随着我国城市化进程明显加快，城市人口、功能和规模不断扩大，发展方式、产业结构和区域布局发生了深刻变化，新材料、新能源、新工艺广泛应用，新产业、新业态、新领域大量涌现，城市运行系统日益复杂，安全风险不断增大。一些城市安全基础薄弱，安全管理水平与现代化城市发展要求不适应、不协调的问题比较突出。近年来，一些城市甚至大型城市相继发生重特大生产安全事故，给人民群众生命财产安全造成重大损失，暴露出城市安全管理存在不少漏洞和短板。为强化城市运行安全保障，有效防范事故发生，现就推进城市安全发展提出如下意见。

一、总体要求

（一）指导思想。全面贯彻党的十九大精神，以习近平新时代中国特色社会主义思想为指导，紧紧围绕统筹推进"五位一体"总体布局和协调推进"四个全面"战略布局，牢固树立安全发展理念，弘扬生命至上、安全第一的思想，强化安全红线意识，推进安全生产领域改革发展，切实把安全发展作为城市现代文明的重要标志，落实完善城市运行管理及相关方面的安全生产责任制，健全公共安全体系，打造共建共治共享的城市安全社会治理格局，促进建立以安全生产为基础的综合性、全方位、系统化的城市安全发展体系，全面提高城市安全保障水平，有效防范和坚决遏制重特大安全事故发生，为人民群众营造安居乐业、幸福安康的生产生活环境。

（二）基本原则

坚持生命至上、安全第一。牢固树立以人民为中心的发展思想，始终坚守发展决不能以牺牲安全为代价这条不可逾越的红线，严格落实地方各级党委和政府的领导责任、部门监管责任、企业主体责任，加强社会监督，强化城市安全生产防范措施落实，为人民群众提供更有保障、更可持续的安全感。

坚持立足长效、依法治理。加强安全生产、职业健康法律法规和标准体系建设，增强安全生产法治意识，健全安全监管机制，规范执法行为，严格执法措施，全面提升城市安全生产法治化水平，加快建立城市安全治理长效机制。

坚持系统建设、过程管控。健全公共安全体系，加强城市规划、设计、建设、运行等各个环节的安全管理，充分运用科技和信息化手段，加快推进安全风险管控、隐患排查治理体系和机制建设，强化系统性安全防范制度措施落实，严密防范各类事故发生。

坚持统筹推动、综合施策。充分调动社会各方面的积极性，优化配置城市管理资源，加强安全生产综合治理，切实将城市安全发展建立在人民群众安全意识不断增强、从业人员安全技能素质显著提高、生产经营单位和区域安全保障水平持续改进的基础上，有效解决影响城市安全的突出矛盾和问题。

（三）总体目标。到 2020 年，城市安全发展取得明显进展，建成一批与全面建成小康社会目标相适应的安全发展示范城市；在深入推进示范创建的基础上，到 2035 年，城市安全发展体系更加完善，安全文明程度显著提升，建成与基本实现社会主义现代化相适应的安全发展城市。持续推进形成系统性、现代化的城市安全保障体系，加快建成以中心城区为基础，带动周边、辐射县乡、惠及民生的安全发展型城市，为把我国建成富强民主文明和谐美丽的社会主义现代化强国提供坚实稳固的安全保障。

二、加强城市安全源头治理

（四）科学制定规划。坚持安全发展理念，严密细致制定城市经济社会发展总体规划及城市规划、城市综合防灾减灾规划等专项规划，居民生活区、商业区、经济技术开发区、工业园区、港区以及其他功能区的空间布局要以安全为前提。加强建设项目实施前的评估论证工作，将安全生产的基本要求和保障措施落实到城市发展的各个领域、各个环节。

（五）完善安全法规和标准。加强体现安全生产区域特点的地方性法规建设，形成完善的城市安全法治体系。完善城市高层建筑、大型综合体、综合交通枢纽、隧道桥梁、管线管廊、道路交通、轨道交通、燃气工程、排水防涝、垃圾填埋场、渣土受纳场、电力设施及电梯、大型游乐设施等的技术标准，提高安全和应急设施的标准要求，增强抵御事故风险、保障安全运行的能力。

（六）加强基础设施安全管理。城市基础设施建设要坚持把安全放在第一位，严格把关。有序推进城市地下管网依据规划采取综合管廊模式进行建设。加强城市交通、供水、排水防涝、供热、供气和污水、污泥、垃圾处理等基础设施建设、运营过程中的安全监督管理，严格落实安全防范措施。强化与市政设施配套的安全设施建设，及时进行更换和升级改造。加强消防站点、水源等消防安全设施建设和维护，因地制宜规划建设特勤消防站、普通消防站、小型和微型消防站，缩短灭火救援响应时间。加快推进城区铁路平交道口立交化改造，加快消除人员密集区域铁路平交道口。加强城市交通基础设施建设，优化城市路网和交通组织，科学规范设置道路交通安全设施，完善行人过街安全设施。加强城市棚户区、城中村和危房改造过程中的安全监督管理，严格治理城市建成区违法建设。

（七）加快重点产业安全改造升级。完善高危行业企业退城入园、搬迁改造和退出转产扶持奖励政策。制定中心城区安全生产禁止和限制类产业目录，推动城市产业结构调整，治理整顿安全生产条件落后的生产经营单位，经整改仍不具备安全生产条件的，要依法实施关闭。加强矿产资源型城市塌（沉）陷区治理。加快推进城镇人口密集区不符合安全和卫生防护距离要求的危险化学品生产、储存企业就地改造达标、搬迁进入规范化工园区或依法关闭退出。引导企业集聚发展安全产业，改造提升传统行业工艺技术和安全装备水平。结合企业管理创新，大力推进企业安全生产标准化建设，不断提升安全生产管理水平。

三、健全城市安全防控机制

（八）强化安全风险管控。对城市安全风险进行全面辨识评估，建立城市安全风险信息管理平台，绘制"红、橙、黄、蓝"四色等级安全风险空间分布图。编制城市安全风险白皮书，及时更新发布。研究制定重大安全风险"一票否决"的具体情形和管理办法。明确风险管控的责任部门和单位，完善重大安全风险联防联控机制。对重点人员密集场所、安全风险较高的大型群众性活动开展安全风险评估，建立大客流监测预警和应急管控处置机制。

（九）深化隐患排查治理。制定城市安全隐患排查治理规范，健全隐患排查治理体系。进一步完善城市重大危险源辨识、申报、登记、监管制度，建立动态管理数据库，加快提升在线安全监控能力。强化对各类生产经营单位和场所落实隐患排查治理制度情况的监督检查，严格实施重大事故隐患挂牌督办。督促企业建立隐患自查自改评价制度，定期分析、评估隐患治理效果，不断完善隐患治理工作机制。加强施工前作业风险评估，强化检维修作业、临时用电作业、盲板抽堵作业、高空作业、吊装作业、断路作业、动土作业、立体交叉作业、有限空间作业、焊接与热切割作业以及塔吊、脚手架在使用和拆装过程中的安全管理，严禁违章违规行为，防范事故发生。加强广告牌、灯箱和楼房外墙附着物管理，严防倒塌和坠落事故。加强老旧城区火灾隐患排查，督促整改私拉乱接、超负荷用电、线路短路、线路老化和影响消防车通行的障碍物等问题。加强城市隧道、桥梁、易积水路段等道路交通安全隐患点段排查治理，保障道路安全通行条件。加强安全社区建设。推行高层建筑消防安全经理人或楼长制度，建立自我管理机制。明确电梯使用单位安全责任，督促使用、维保单位加强检测维护，保障电梯安全运行。加强对油、气、煤等易燃易爆场所雷电灾害隐患排查。加强地震风险普查及防控，强化城市活动断层探测。

（十）提升应急管理和救援能力。坚持快速、科学、有效救援，健全城市安全生产应急救援管理体系，加快推进建立城市应急救援信息共享机制，健全多部门协同预警发布和响应处置机制，提升防灾减灾救灾能力，提高城市生产安全事故处置水平。完善事故应急救援预案，实现政府预案与部门预案、企业预案、社区预案有效衔接，定期开展应急演练。加强各类专业化应急救援基地和队伍建设，重点加强危险化学品相对集中区域的应急救援能力建设，鼓励和支持有条件的社会救援力量参与应急救援。建立完善日常应急救援技术服务制度，不具备单独建立专业应急救援队伍的中小型企业要与相邻有关专业救援队伍签订救援服务协议，或者联合建立专业应急救援队伍。完善应急救援联动机制，强化应急状态下交通管制、警戒、疏散等防范措施。健全应急物资储备调用机制。开发适用高层建筑等条件下的应急救援装备设施，加强安全使用培训。强化有限空间作业和现场应急处置技能。根据城市人口分布和规模，充分利用公园、广场、校园等宽阔地带，建立完善应急避难场所。

四、提升城市安全监管效能

（十一）落实安全生产责任。完善党政同责、一岗双责、齐抓共管、失职追责的安全生产责任体系。全面落实城市各级党委和政府对本地区安全生产工作的领导责任、党政主要负责人第一责任人的责任，及时研究推进城市安全发展重点工作。按照管行业必须管安全、管业务必须管安全、管生产经营必须管安全和谁主管谁负责的原则，落实各相关部门安全生产和职业健康工作职责，做到责任落实无空档、监督管理无盲区。严格落实各类生产经营单位安全生产与职业健康主体责任，加强全员全过程全方位安全管理。

（十二）完善安全监管体制。加强负有安全生产监督管理职责部门之间的工作衔接，推动安全生产领域内综合执法，提高城市安全监管执法实效。合理调整执法队伍种类和结构，加强安全生产基层执法力量。科学划分经济技术开发区、工业园区、港区、风景名胜区等各类功能区的类型和规模，明确健全相应的安全生产监督管理机构。完善民航、铁路、电力等监管体制，界定行业监管和属地监管职责。理顺城市无人机、新型燃料、餐饮场所、未纳入施工许可管理的建筑施工等行业领域安全监管职责，落实安全监督检查责任。推进实施联合执法，解决影响人民群众生产生活安全的"城市病"。完善放管服工作机制，提高安全监管实效。

（十三）增强监管执法能力。加强安全生产监管执法机构规范化、标准化、信息化建设，充分运用移动执法终端、电子案卷等手段提高执法效能，改善现场执法、调查取证、应急处置等监管执法装备，实施执法全过程记录。实行派驻执法、跨区域执法或委托执法等方式，加强街道（乡镇）和各类功能区安全生产执法工作。加强安全监管执法教育培训，强化法治思维和法治手段，通过组织开展公开裁定、现场模拟执法、编制运用行政处罚和行政强制指导性案例等方式，提高安全监管执法人员业务素质能力。建立完善安全生产行政执法和刑事司法衔接制度。定期开展执法效果评估，强化执法措施落实。

（十四）严格规范监管执法。完善执法人员岗位责任制和考核机制，严格执法程序，加强现场精准执法，对违法行为及时作出处罚决定。依法明确停产停业、停止施工、停止使用相关设施或设备，停止供电、停止供应民用爆炸物品，查封、扣押、取缔和上限处罚等执法决定的适用情形、时限要求、执行责任，对推诿或消极执行、拒绝执行停止供电、停止供应民用爆炸物品的有关职能部门和单位，下达执法决定的部门可将有关情况提交行业主管部门或监察机关作出处理。严格执法信息公开制度，加强执法监督和巡查考核，对负有安全生产监督管理职责的部门未依法采取相应执法措施或降低执法标准的责任人实施问责。严肃事故调查处理，依法依规追究责任单位和责任人的责任。

五、强化城市安全保障能力

（十五）健全社会化服务体系。制定完善政府购买安全生产服务指导目录，强化城市安全专业技术服务力量。大力实施安全生产责任保险，突出事故预防功能。加快推进安全信用体系建设，强化失信惩戒和守信激励，明确和落实对有关单位及人员的惩戒和激励措施。将生产经营过程中极易导致生产安全事故的违法行为纳入安全生产领域严重失信联合惩戒"黑名单"管理。完善城市社区安全网格化工作体系，强化末梢管理。

（十六）强化安全科技创新和应用。加大城市安全运行设施资金投入，积极推广先进生产工艺和安全技术，提高安全自动监测和防控能力。加强城市安全监管信

息化建设，建立完善安全生产监管与市场监管、应急保障、环境保护、治安防控、消防安全、道路交通、信用管理等部门公共数据资源开放共享机制，加快实现城市安全管理的系统化、智能化。深入推进城市生命线工程建设，积极研发和推广应用先进的风险防控、灾害防治、预测预警、监测监控、个体防护、应急处置、工程抗震等安全技术和产品。建立城市安全智库、知识库、案例库，健全辅助决策机制。升级城市放射性废物库安全保卫设施。

（十七）提升市民安全素质和技能。建立完善安全生产和职业健康相关法律法规、标准的查询、解读、公众互动交流信息平台。坚持谁执法谁普法的原则，加大普法力度，切实提升人民群众的安全法治意识。推进安全生产和职业健康宣传教育进企业、进机关、进学校、进社区、进农村、进家庭、进公共场所，推广普及安全常识和职业病危害防治知识，增强社会公众对应急预案的认知、协同能力及自救互救技能。积极开展安全文化创建活动，鼓励创作和传播安全生产主题公益广告、影视剧、微视频等作品。鼓励建设具有城市特色的安全文化教育体验基地、场馆，积极推进把安全文化元素融入公园、街道、社区，营造关爱生命、关注安全的浓厚社会氛围。

六、加强统筹推动

（十八）强化组织领导。城市安全发展工作由国务院安全生产委员会统一组织，国务院安全生产委员会办公室负责实

施，中央和国家机关有关部门在职责范围内负责具体工作。各省（自治区、直辖市）党委和政府要切实加强领导，完善保障措施，扎实推进本地区城市安全发展工作，不断提高城市安全发展水平。

（十九）强化协同联动。把城市安全发展纳入安全生产工作巡查和考核的重要内容，充分发挥有关部门和单位的职能作用，加强规律性研究，形成工作合力。鼓励引导社会化服务机构、公益组织和志愿者参与推进城市安全发展，完善信息公开、举报奖励等制度，维护人民群众对城市安全发展的知情权、参与权、监督权。

（二十）强化示范引领。国务院安全生产委员会负责制定安全发展示范城市评价与管理办法，国务院安全生产委员会办公室负责制定评价细则，组织第三方评价，并组织各有关部门开展复核、公示，拟定命名或撤销命名"国家安全发展示范城市"名单，报国务院安全生产委员会审议通过后，以国务院安全生产委员会名义授牌或摘牌。各省（自治区、直辖市）党委和政府负责本地区安全发展示范城市建设工作。

（中共中央办公厅　国务院办公厅）

中共中央办公厅 国务院办公厅印发 《农村人居环境整治三年行动方案》

(2018 年 2 月 5 日)

近日，中共中央办公厅、国务院办公厅印发了《农村人居环境整治三年行动方案》，并发出通知，要求各地区各部门结合实际认真贯彻落实。

《农村人居环境整治三年行动方案》全文如下。

改善农村人居环境，建设美丽宜居乡村，是实施乡村振兴战略的一项重要任务，事关全面建成小康社会，事关广大农民根本福祉，事关农村社会文明和谐。近年来，各地区各部门认真贯彻党中央、国务院决策部署，把改善农村人居环境作为社会主义新农村建设的重要内容，大力推进农村基础设施建设和城乡基本公共服务均等化，农村人居环境建设取得显著成效。同时，我国农村人居环境状况很不平衡，脏乱差问题在一些地区还比较突出，与全面建成小康社会要求和农民群众期盼还有较大差距，仍然是经济社会发展的突出短板。为加快推进农村人居环境整治，进一步提升农村人居环境水平，制定本方案。

一、总体要求

（一）指导思想。全面贯彻党的十九大精神，以习近平新时代中国特色社会主义思想为指导，紧紧围绕统筹推进"五位一体"总体布局和协调推进"四个全面"战略布局，牢固树立和贯彻落实新发展理念，实施乡村振兴战略，坚持农业农村优先发展，坚持绿水青山就是金山银山，顺应广大农民过上美好生活的期待，统筹城乡发展，统筹生产生活生态，以建设美丽宜居村庄为导向，以农村垃圾、污水治理和村容村貌提升为主攻方向，动员各方力量，整合各种资源，强化各项举措，加快补齐农村人居环境突出短板，为如期实现全面建成小康社会目标打下坚实基础。

（二）基本原则

因地制宜、分类指导。根据地理、民俗、经济水平和农民期盼，科学确定本地区整治目标任务，既尽力而为又量力而行，集中力量解决突出问题，做到干净整洁有序。有条件的地区可进一步提升人居环境质量，条件不具备的地区可按照实施乡村振兴战略的总体部署持续推进，不搞一刀切。确定实施易地搬迁的村庄、拟调整的空心村等可不列入整治范围。

示范先行、有序推进。学习借鉴浙江等先行地区经验，坚持先易后难、先点后面，通过试点示范不断探索、不断积累经验，带动整体提升。加强规划引导，合理安排整治任务和建设时序，采用适合本地实际的工作路径和技术模式，防止一哄而上和生搬硬套，杜绝形象工程、政绩工程。

注重保护、留住乡愁。统筹兼顾农村田园风貌保护和环境整治，注重乡土味道，强化地域文化元素符号，综合提升田水路林村风貌，慎砍树、禁挖山、不填湖、少拆房，保护乡情美景，促进人与自然和谐共生、村庄形态与自然环境相得益彰。

村民主体、激发动力。尊重村民意愿，根据村民需求合理确定整治优先序和标准。建立政府、村集体、村民等各方共谋、共建、共管、共评、共享机制，动员村民投身美丽家园建设，保障村民决策权、参与权、监督权。发挥村规民约作用，强化村民环境卫生意识，提升村民参与人居环境整治的自觉性、积极性、主动性。

建管并重、长效运行。坚持先建机制、后建工程，合理确定投融资模式和运行管护方式，推进投融资体制机制和建设管护机制创新，探索规模化、专业化、社会化运营机制，确保各类设施建成并长期稳定运行。

落实责任、形成合力。强化地方党委和政府责任，明确省负总责、县抓落实，切实加强统筹协调，加大地方投入力度，强化监督考核激励，建立上下联动、部门协作、高效有力的工作推进机制。

（三）行动目标。到2020年，实现农村人居环境明显改善，村庄环境基本干净整洁有序，村民环境与健康意识普遍增强。

东部地区、中西部城市近郊区等有基础、有条件的地区，人居环境质量全面提升，基本实现农村生活垃圾处置体系全覆盖，基本完成农村户用厕所无害化改造，厕所粪污基本得到处理或资源化利用，农村生活污水治理率明显提高，村容村貌显著提升，管护长效机制初步建立。

中西部有较好基础、基本具备条件的地区，人居环境质量较大提升，力争实现90%左右的村庄生活垃圾得到治理，卫生厕所普及率达到85%左右，生活污水乱排乱放得到管控，村内道路通行条件明显改善。

地处偏远、经济欠发达等地区，在优先保障农民基本生活条件基础上，实现人居环境干净整洁的基本要求。

二、重点任务

（一）推进农村生活垃圾治理。统筹考虑生活垃圾和农业生产废弃物利用、处理，建立健全符合农村实际、方式多样的生活垃圾收运处置体系。有条件的地区要推行适合农村特点的垃圾就地分类和资源化利用方式。开展非正规垃圾堆放点排查整治，重点整治垃圾山、垃圾围村、垃圾围坝、工业污染"上山下乡"。

（二）开展厕所粪污治理。合理选择改厕模式，推进厕所革命。东部地区、中西部城市近郊区以及其他环境容量较小地区村庄，加快推进户用卫生厕所建设和改造，同步实施厕所粪污治理。其他地区要按照群众接受、经济适用、维护方便、不污染公共水体的要求，普及不同水平的卫生厕所。引导农村新建住房配套建设无害化卫生厕所，人口规模较大村庄配套建设公共厕所。加强改厕与农村生活污水治理的有效衔接。鼓励各地结合实际，将厕所粪污、畜禽养殖废弃物一并处理并资源化利用。

（三）梯次推进农村生活污水治理。根据农村不同区位条件、村庄人口聚集程度、污水产生规模，因地制宜采用污染治理与资源利用相结合、工程措施与生态措施相结合、集中与分散相结合的建设模式和处理工艺。推动城镇污水管网向周边村庄延伸覆盖。积极推广低成本、低能耗、易维护、高效率的污水处理技术，鼓励采用生态处理工艺。加强生活污水源头减量和尾水回收利用。以房前屋后河塘沟渠为重点实施清淤疏浚，采取综合措施恢复水生态，逐步消除农村黑臭水体。将农村水环境治理纳入河长制、湖长制管理。

（四）提升村容村貌。加快推进通村组道路、入户道路建设，基本解决村内道路泥泞、村民出行不便等问题。充分利用本地资源，因地制宜选择路面材料。整治公共空间和庭院环境，消除私搭乱建、乱堆乱放。大力提升农村建筑风貌，突出乡土特色和地域民族特点。加大传统村落民居和历史文化名村名镇保护力度，弘扬传统农耕文化，提升田园风光品质。推进村庄绿化，充分利用闲置土地组织开展植树造林、湿地恢复等活动，建设绿色生态村庄。完善村庄公共照明设施。深入开展城乡环境卫生整洁行动，推进卫生县城、卫生乡镇等卫生创建工作。

（五）加强村庄规划管理。全面完成县域乡村建设规划编制或修编，与县乡土地利用总体规划、土地整治规划、村土地利用规划、农村社区建设规划等充分衔接，鼓励推行多规合一。推进实用性村庄规划编制实施，做到农房建设有规划管理、行政村有村庄整治安排、生产生活空间合理分离，优化村庄功能布局，实现村庄规划管理基本覆盖。推行政府组织领导、村委会发挥主体作用、技术单位指导的村庄规划编制机制。村庄规划的主要内容应纳入村规民约。加强乡村建设规划许可管理，建立健全违法用地和建设查处机制。

（六）完善建设和管护机制。明确地方党委和政府以及有关部门、运行管理单位责任，基本建立有制度、有标准、有队伍、有经费、有督查的村庄人居环境管护长效机制。鼓励专业化、市场化建设和运行管护，有条件的地区推行城乡垃圾污水处理统一规划、统一建设、统一运行、统一管理。推行环境治理依效付费制度，健全服务绩效评价考核机制。鼓励有条件的地区探索建立垃圾污水处理农户付费制度，完善财政补贴和农户付费合理分担机制。支持村级组织和农村"工匠"带头人等承接村内环境整治、村内道路、植树造林等小型涉农工程项目。组织开展专业化培训，把当地村民培养成为村内公益性基础设施运行维护的重要力量。简化农村人居环境整治建设项目审批和招投标程序，降低建设成本，确保工程质量。

三、发挥村民主体作用

（一）发挥基层组织作用。发挥好基层党组织核心作用，强化党员意识、标杆意识，带领农民群众推进移风易俗、改进生活方式、提高生活质量。健全村民自治机制，充分运用"一事一议"民主决策机制，完善农村人居环境整治项目公示制度，保障村民权益。鼓励农村集体经济组织通过依法盘活集体经营性建设用地、空闲农房及宅基地等途径，多渠道筹措资金用于农村人居环境整治，营造清洁有序、健康宜居的生产生活环境。

（二）建立完善村规民约。将农村环境卫生、古树名木保护等要求纳入村规民约，通过群众评议等方式褒扬乡村新风，鼓励成立农村环保合作社，深化农民自我教育、自我管理。明确农民维护公共环境责任，庭院内部、房前屋后环境整治由农户自己负责；村内公共空间整治以村民自治组织或村集体经济组织为主，主要由农民投工投劳解决，鼓励农民和村集体经济组织全程参与农村环境整治规划、建设、运营、管理。

（三）提高农村文明健康意识。把培育文明健康生活方式作为培育和践行社会主义核心价值观、开展农村精神文明建设的重要内容。发挥爱国卫生运动委员会等组织作用，鼓励群众讲卫生、树新风、除陋习，摒弃乱扔、乱吐、乱贴等不文明行为。提高群众文明卫生意识，营造和谐、文明的社会新风尚，使优美的生活环境、文明的生活方式成为农民内在自觉要求。

四、强化政策支持

（一）加大政府投入。建立地方为主、中央补助的政府投入体系。地方各级政府要统筹整合相关渠道资金，加大投入力度，合理保障农村人居环境基础设施建设和运行资金。中央财政要加大投入力度。支持地方政府依法合规发行政府债券筹集资金，用于农村人居环境整治。城乡建设用地增减挂钩所获土地增值收益，按相关规定用于支持农业农村发展和改善农民生活条件。村庄整治增加耕地获得的占补平衡指标收益，通过支出预算统筹安排支持当地农村人居环境整治。创新政府支持方式，采取以奖代补、先建后补、以工代赈等多种方式，充分发挥政府投资撬动作用，提高资金使用效率。

（二）加大金融支持力度。通过发放抵押补充贷款等方式，引导国家开发银行、中国农业发展银行等金融机构依法合规提供信贷支持。鼓励中国农业银行、中国邮政储蓄银行等商业银行扩大贷款投放，支持农村人居环境整治。支持收益较好、实行市场化运作的农村基础设施重点项目开展股权和债权融资。积极利用国际金融组织和外国政府贷款建设农村人居环境设施。

（三）调动社会力量积极参与。鼓励各类企业积极参与农村人居环境整治项目。规范推广政府和社会资本合作（PPP）模式，通过特许经营等方式吸引社会资本参与农村垃圾污水处理项目。引导有条件的地区将农村环境基础设施建设与特色产业、休闲农业、乡村旅游等有机结合，实现农村产业融合发展与人居环境改善互促互进。引导相关部门、社会组织、个人通过捐资捐物、结对帮扶等形式，支持农村人居环境设施建设和运行管护。倡导新乡贤文化，以乡情乡愁为纽带吸引和凝聚各方人士支持农村人居环境整治。

（四）强化技术和人才支撑。组织高等学校、科研单位、企业开展农村人居环境整治关键技术、工艺和装备研发。分类分级制定农村生活垃圾污水处理设施建设和运行维护技术指南，编制村容村貌提升技术导则，开展典型设计，优化技术方案。加强农村人居环境项目建设和运行管理人员技术培训，加快培养乡村规划设计、项目建设运行等方面的技术和管理人才。选派规划设计等专业技术人员驻村指导，组织开展企业与县、乡、村对接农村环保实用技术和装备需求。

五、扎实有序推进

（一）编制实施方案。各省（自治区、直辖市）要在摸清底数、总结经验的基础上，抓紧编制或修订省级农村人居环境整治实施方案。省级实施方案要明确本地区目标任务、责任部门、资金筹措方案、农民群众参与机制、考核验收标准和办法等内容。特别是要对照本行动方案提出的目标和六大重点任务，以县（市、区、旗）为单位，从实际出发，对具体目标和重点任务作出规划。扎实开展整治行动前期准备，做好引导群众、建立机制、筹措资金等工作。各省（自治区、直辖市）原则上要在 2018 年 3 月底前完成实施方案编制或修订工作，并报住房城乡建设部、环境保护部、国家发展改革委备核。中央有关部门要加强对实施方案编制工作的指导，并将实施方案中的工作目标、建设任务、体制机制创新等作为督导评估和安排中央投资的重要依据。

（二）开展典型示范。各地区要借鉴浙江"千村示范万村整治"等经验做法，结合本地实践深入开展试点示范，总结并提炼出一系列符合当地实际的环境整治技术、方法，以及能复制、易推广的建设和运行管护机制。中央有关部门要切实加强工作指导，引导各地建设改善农村人居环境示范村，建成一批农村生活垃圾分类和资源化利用示范县（市、区、旗）、农村生活污水治理示范县（市、区、旗），加强经验总结交流，推动整体提升。

（三）稳步推进整治任务。根据典型示范地区整治进展情况，集中推广成熟做法、技术路线和建管模式。中央有关部门要适时开展检查、评估和督导，确保整治工作健康有序推进。在方法技术可行、体制机制完善的基础上，有条件的地区可根据财力和工作实际，扩展治理领域，加快整治进度，提升治理水平。

六、保障措施

（一）加强组织领导。完善中央部署、省负总责、县抓落实的工作推进机制。中央有关部门要根据本方案要求，出台配套支持政策，密切协作配合，形成工作合力。省级党委和政府对本地区农村人居环境整治工作负总责，要明确牵头责任部门、实施主体，提供组织和政策保障，做好监督考核。要强化县级党委和政府主体责任，做好项目落地、资金使用、推进实施等工作，对实施效果负责。市地级党委和政府要做好上下衔接、域内协调和督促检查等工作。乡镇党委和政府要做好具体组织实施工作。各地在推进易地扶贫搬迁、农村危房改造等相关项目时，要将农村人居环境整治统筹考虑、同步推进。

（二）加强考核验收督导。各省（自治区、直辖市）要以本地区实施方案为依据，制定考核验收标准和办法，以县为单位进行检查验收。将农村人居环境整治工作纳入本省（自治区、直辖市）政府目标责任考核范围，作为相关市县干部政绩考核的重要内容。住房城乡建设部要会同有关部门，根据省级实施方案及明确的目标任务，定期组织督导评估，评估结果向党中央、国务院报告，通报省级政府，并以适当形式向社会公布。将农村人居环境作为中央环保督察的重要内容。强化激励机制，评估督察结果要与中央支持政策直接挂钩。

（三）健全治理标准和法治保障。健全农村生活垃圾污水治理技术、施工建设、运行维护等标准规范。各地区要区分排水方式、排放去向等，分类制定农村生活污水治理排放标准。研究推进农村人居环境建设立法工作，明确农村人居环境改善基本要求、政府责任和村民义务。鼓励各地区结合实际，制定农村垃圾治理条例、乡村清洁条例等地方性法规规章和规范性文件。

（四）营造良好氛围。组织开展农村美丽庭院评选、环境卫生光荣榜等活动，增强农民保护人居环境的荣誉感。充分利用报刊、广播、电视等新闻媒体和网络新媒体，广泛宣传推广各地好典型、好经验、好做法，努力营造全社会关心支持农村人居环境整治的良好氛围。

（中共中央办公厅　国务院办公厅）

国务院办公厅关于加强电梯质量安全工作的意见

（2018 年 2 月 9 日　国办发〔2018〕8 号）

各省、自治区、直辖市人民政府，国务院各部委、各直属机构：

我国是电梯生产和使用大国。电梯质量安全事关人民群众生命财产安全和经济社会发展稳定。近年来，我国电梯万台事故起数和死亡人数持续下降，安全形势稳定向好。但随着电梯保有量持续增长，老旧电梯逐年增多，电梯困人故障和安全事故时有发生，社会影响较大。为进一步加强电梯质量安全工作，保障人民群众乘用安全和出行便利，经国务院同意，现提出以下意见。

一、总体要求

（一）指导思想

全面贯彻党的十九大精神，以习近平新时代中国特色社会主义思想为指导，坚持以人民为中心的发展思想，牢固树立和贯彻落实新发展理念，按照高质量发展的要求，进一步强化质量安全意识，以改革创新为动力，以落实生产使用单位主体责任为重点，以科学监管为手段，预防和减少事故，降低故障率，不断提升电梯质量安全水平，让人民群众安全乘梯、放心乘梯，满足人民日益增长的美好生活需要。

（二）基本原则

坚持为民服务。把保障人民群众乘用安全和出行便利作为工作出发点和根本目标，强化电梯质量安全工作的公益属性，优化服务，保障和改善民生。

坚持依法监管。健全完善法律法规和标准体系，充分运用法治思维和法治方式开展电梯安全监管工作，坚持权责一致，落实相关方主体责任。

坚持改革创新。深化"放管服"改革，创新监管模式，充分发挥市场机制作用，强化事中事后监管，推动电梯生产、使用、监管和检验工作科学发展。

坚持多元共治。发挥电梯质量安全各相关方作用，形成相关方主体责任落实、政府统一领导、监管部门依法履职、检验机构技术支撑、企业诚信自律、社会参与监督的多元共治新格局。

（三）主要目标

到 2020 年，努力形成法规标准健全、安全责任明晰、工作措施有效、监管机制完善、社会共同参与的电梯质量安全工作体系，电梯质量安全水平全面提升，安全形势持续稳定向好，电梯万台事故起数和死亡人数等指标接近发达国家水平。

二、重点任务

（四）提升电梯质量安全水平

开展电梯质量提升行动，加强产品型式试验和一致性核查，强化安装监督检验，提升电梯产业集聚区整体质量发展水平和新装电梯质量安全水平。整合优化安全技术规范和国家标准，在借鉴国际先进标准基础上，对电梯本体安全和配置标准提出更高要求，打造适合我国国情的更为严格的标准规范体系，鼓励电梯企业提供高于国家标准的优质产品和服务。加强既有住宅加装电梯相关技术标准制修订，促进既有住宅加装电梯工作。

（五）加强隐患治理与更新改造

地方各级人民政府要将没有物业管理、维护保养和维修资金的"三无电梯"以及存在重大事故隐患的电梯作为重点挂牌督办，落实整改责任和资金安排，多措并举综合整治，消除事故隐患和风险。要制定老旧住宅电梯更新改造大修有关政策，建立安全评估机制，畅通住房维修资金提取渠道，明确紧急动用维修资金程序和维修资金缺失情况下资金筹措机制，推进老旧住宅电梯更新改造大修工作。

（六）改进使用管理与维护保养模式

推广"全生命周期安全最大化和成本最优化"理念，推行"电梯设备＋维保服务"一体化采购模式，探索专业化、规模化的电梯使用管理方式。推动维护保养模式转变，依法推进按需维保，推广"全包维保""物联网＋维保"等新模式。加强维保质量监督抽查，全面提升维保质量。

（七）科学调整检验、检测方式

根据风险水平和安全管理状况，优化配置检验、检测资源。科学调整监督检验、定期检验内容和定期检验周期，由特种设备技术检查机构或经核准的其他检验机构在授权范围内开展监督检验和定期检验工作。加强和规范自行检测，允许符合条件的维保单位自行检测，或由使用单位委托经核准的检验检测机构提供检测服务，鼓励符合条件的社会机构开展电梯检测工作。加强对检验、检测工作的监督检查，提升检验、检测质量。

（八）建立追溯体系和应急救援平台

运用大数据、物联网等信息技术，构建电梯安全公共信息服务平台，建立以故障率、使用寿命为主要指标的电梯质量安全评价体系，逐步建立电梯全生命周期质量安全追溯体系，实现问题可查、责任可追，发挥社会监督作用。推进电梯轿厢内移动通信信号覆盖，研究推进智能电梯信息安全工作。地方各级人民政府要将电梯应急救援纳入本地区应急救援体系，建立电梯应急救援公共服务平台，统一协调指挥电梯应急救援工作。

（九）完善安全监管工作机制

进一步完善电梯安全监管工作机制，加强电梯安全监督管理，依法查处违法违规行为。按照"管行业必须管安全、管业务必须管安全、管生产经营必须管安全"的要求，认真履行安全管理职责，指导督促有关单位加强电梯安全管理。发挥国务院安全生产委员会办公室作用，指导协调行业主管部门做好电梯安全行业管理工作。

（十）落实质量安全主体责任

落实电梯生产企业责任，督促其对电

梯制造、安装质量负责，做好在用电梯跟踪监测和技术服务。落实房屋建设有关单位责任，督促其对电梯依附设施的设置和土建质量负责，保证电梯选型和配置符合相关标准规范要求。落实电梯所有权人或其委托管理人责任，督促其对电梯使用与管理负责，加强电梯安全管理，做好日常检查、维保监督、应急处置，保障电梯使用安全。落实电梯维保单位责任，督促其对电梯的安全性能负责，做好日常维护保养、应急救援。

（十一）加强企业自律与诚信建设

加强企业诚信自律机制建设，推行"自我声明＋信用管理"模式，推动电梯企业开展标准自我声明和服务质量公开承诺，鼓励开展以团体标准为基础的自愿性符合性评价。建立电梯制造安装、使用管理、维修保养等相关信息公示制度。营造诚信、公正、公平、透明的市场环境，对严重违法失信企业依法予以联合惩戒。

（十二）积极发展电梯责任保险

推动发展电梯责任保险，探索有效保障模式，及时做好理赔服务，化解矛盾纠纷。创新保险机制，优化发展"保险＋服务"新模式，发挥保险的事故赔偿和风险预防作用，促进电梯使用管理和维保水平提升。

（十三）促进产业创新发展

支持鼓励电梯生产企业自主创新和科技进步，促进企业科技研发和维保服务能力提升，推动电梯生产企业由制造型企业向创新型、服务型企业转型，引导电梯维保企业连锁化、规模化发展。开展电梯品牌创建活动，支持电梯产品出口，鼓励电梯企业"走出去"，全面提高中国电梯品牌知名度和竞争力。

三、保障措施

（十四）加强组织领导。

地方各级人民政府要加强本地区电梯安全监督管理，建立电梯质量安全工作协调机制，将电梯质量安全工作情况纳入政府质量和安全责任考核体系，监督指导所属部门及派出机构依法履行监管职责，及时协调解决电梯质量安全工作中的重大问题。

（十五）完善政策保障

推动制定电梯相关法规，制定电梯安全监管能力建设规划，明确监管人员和车辆等装备配备标准。制定安全监管权责清单，明确工作职责，实现依照清单尽职免责、失职追责。地方各级人民政府要加强电梯安全监察、技术检查和行政执法队伍建设，加强人员、装备和经费保障，确保安全监管岗位工作人员忠于职守、履职尽责。

（十六）加强宣传教育

加强中小学电梯安全教育，普及电梯安全知识。发挥新闻媒体宣传引导和舆论监督作用，加大电梯安全知识宣传力度，倡导安全文明乘梯，提升全民安全意识。强化维保人员职业教育，推进电梯企业开展维保人员培训考核，提高维保人员专业素质和技术能力。

（国务院办公厅）

中共中央　国务院关于全面加强生态环境保护坚决打好污染防治攻坚战的意见

（2018 年 6 月 16 日）

良好生态环境是实现中华民族永续发展的内在要求，是增进民生福祉的优先领域。为深入学习贯彻习近平新时代中国特色社会主义思想和党的十九大精神，决胜全面建成小康社会，全面加强生态环境保护，打好污染防治攻坚战，提升生态文明，建设美丽中国，现提出如下意见。

一、深刻认识生态环境保护面临的形势

党的十八大以来，以习近平同志为核心的党中央把生态文明建设作为统筹推进"五位一体"总体布局和协调推进"四个全面"战略布局的重要内容，谋划开展了一系列根本性、长远性、开创性工作，推动生态文明建设和生态环境保护从实践到认识发生了历史性、转折性、全局性变化。各地区各部门认真贯彻落实党中央、国务院决策部署，生态文明建设和生态环境保护制度体系加快形成，全面节约资源有效推进，大气、水、土壤污染防治行动计划深入实施，生态系统保护和修复重大工程进展顺利，核与辐射安全得到有效保障，生态文明建设成效显著，美丽中国建

设迈出重要步伐，我国成为全球生态文明建设的重要参与者、贡献者、引领者。

同时，我国生态文明建设和生态环境保护面临不少困难和挑战，存在许多不足。一些地方和部门对生态环境保护认识不到位，责任落实不到位；经济社会发展同生态环境保护的矛盾仍然突出，资源环境承载能力已经达到或接近上限；城乡区域统筹不够，新老环境问题交织，区域性、布局性、结构性环境风险凸显，重污染天气、黑臭水体、垃圾围城、生态破坏等问题时有发生。这些问题，成为重要的民生之患、民心之痛，成为经济社会可持续发展的瓶颈制约，成为全面建成小康社会的明显短板。

进入新时代，解决人民日益增长的美好生活需要和不平衡不充分的发展之间的矛盾对生态环境保护提出许多新要求。当前，生态文明建设正处于压力叠加、负重前行的关键期，已进入提供更多优质生态产品以满足人民日益增长的优美生态环境需要的攻坚期，也到了有条件有能力解决突出生态环境问题的窗口期。必须加大力

度、加快治理、加紧攻坚，打好标志性的重大战役，为人民创造良好生产生活环境。

二、深入贯彻习近平生态文明思想

习近平总书记传承中华民族传统文化、顺应时代潮流和人民意愿，站在坚持和发展中国特色社会主义、实现中华民族伟大复兴中国梦的战略高度，深刻回答了为什么建设生态文明、建设什么样的生态文明、怎样建设生态文明等重大理论和实践问题，系统形成了习近平生态文明思想，有力指导生态文明建设和生态环境保护取得历史性成就、发生历史性变革。

坚持生态兴则文明兴。建设生态文明是关系中华民族永续发展的根本大计，功在当代、利在千秋，关系人民福祉，关乎民族未来。

坚持人与自然和谐共生。保护自然就是保护人类，建设生态文明就是造福人类。必须尊重自然、顺应自然、保护自然，像保护眼睛一样保护生态环境，像对待生命一样对待生态环境，推动形成人与自然和谐发展现代化建设新格局，还自然以宁静、和谐、美丽。

坚持绿水青山就是金山银山。绿水青山既是自然财富、生态财富，又是社会财富、经济财富。保护生态环境就是保护生产力，改善生态环境就是发展生产力。必须坚持和贯彻绿色发展理念，平衡和处理好发展与保护的关系，推动形成绿色发展方式和生活方式，坚定不移走生产发展、生活富裕、生态良好的文明发展道路。

坚持良好生态环境是最普惠的民生福祉。生态文明建设同每个人息息相关。环境就是民生，青山就是美丽，蓝天也是幸福。必须坚持以人民为中心，重点解决损害群众健康的突出环境问题，提供更多优质生态产品。

坚持山水林田湖草是生命共同体。生态环境是统一的有机整体。必须按照系统工程的思路，构建生态环境治理体系，着力扩大环境容量和生态空间，全方位、全地域、全过程开展生态环境保护。

坚持用最严格制度最严密法治保护生态环境。保护生态环境必须依靠制度、依靠法治。必须构建产权清晰、多元参与、激励约束并重、系统完整的生态文明制度体系，让制度成为刚性约束和不可触碰的高压线。

坚持建设美丽中国全民行动。美丽中国是人民群众共同参与共同建设共同享有的事业。必须加强生态文明宣传教育，牢固树立生态文明价值观念和行为准则，把建设美丽中国化为全民自觉行动。

坚持共谋全球生态文明建设。生态文明建设是构建人类命运共同体的重要内容。必须同舟共济、共同努力，构筑尊崇自然、绿色发展的生态体系，推动全球生态环境治理，建设清洁美丽世界。

习近平生态文明思想为推进美丽中国建设、实现人与自然和谐共生的现代化提供了方向指引和根本遵循，必须用以武装头脑、指导实践、推动工作。要教育广大干部增强"四个意识"，树立正确政绩观，把生态文明建设重大部署和重要任务落到实处，让良好生态环境成为人民幸福生活的增长点、成为经济社会持续健康发展的支撑点、成为展现我国良好形象的发力点。

三、全面加强党对生态环境保护的领导

加强生态环境保护、坚决打好污染防治攻坚战是党和国家的重大决策部署，各级党委和政府要强化对生态文明建设和生态环境保护的总体设计和组织领导，统筹协调处理重大问题，指导、推动、督促各地区各部门落实党中央、国务院重大政策措施。

（一）落实党政主体责任。落实领导干部生态文明建设责任制，严格实行党政同责、一岗双责。地方各级党委和政府必须坚决扛起生态文明建设和生态环境保护的政治责任，对本行政区域的生态环境保护工作及生态环境质量负总责，主要负责人是本行政区域生态环境保护第一责任人，至少每季度研究一次生态环境保护工作，其他有关领导成员在职责范围内承担相应责任。各地要制定责任清单，把任务分解落实到有关部门。抓紧出台中央和国家机关相关部门生态环境保护责任清单。各相关部门要履行好生态环境保护职责，制定生态环境保护年度工作计划和措施。各地区各部门落实情况每年向党中央、国务院报告。

健全环境保护督察机制。完善中央和省级环境保护督察体系，制定环境保护督察工作规定，以解决突出生态环境问题、改善生态环境质量、推动高质量发展为重点，夯实生态文明建设和生态环境保护政治责任，推动环境保护督察向纵深发展。

完善督查、交办、巡查、约谈、专项督察机制，开展重点区域、重点领域、重点行业专项督察。

（二）强化考核问责。制定对省（自治区、直辖市）党委、人大、政府以及中央和国家机关有关部门污染防治攻坚战成效考核办法，对生态环境保护立法执法情况、年度工作目标任务完成情况、生态环境质量状况、资金投入使用情况、公众满意程度等相关方面开展考核。各地参照制定考核实施细则。开展领导干部自然资源资产离任审计。考核结果作为领导班子和领导干部综合考核评价、奖惩任免的重要依据。

严格责任追究。对省（自治区、直辖市）党委和政府以及负有生态环境保护责任的中央和国家机关有关部门贯彻落实党中央、国务院决策部署不坚决不彻底、生态文明建设和生态环境保护责任制执行不到位、污染防治攻坚任务完成严重滞后、区域生态环境问题突出的，约谈主要负责人，同时责成其向党中央、国务院作出深刻检查。对年度目标任务未完成、考核不合格的市、县，党政主要负责人和相关领导班子成员不得评优评先。对在生态环境方面造成严重破坏负有责任的干部，不得提拔使用或者转任重要职务。对不顾生态环境盲目决策、违法违规审批开发利用规划和建设项目的，对造成生态环境质量恶化、生态严重破坏的，对生态环境事件多发高发、应对不力、群众反映强烈的，对生态环境保护责任没有落实、推诿扯皮、没有完成工作任务的，依纪依法严格问责、终身追责。

四、总体目标和基本原则

（一）总体目标。到 2020 年，生态环境质量总体改善，主要污染物排放总量大幅减少，环境风险得到有效管控，生态环境保护水平同全面建成小康社会目标相适应。

具体指标：全国细颗粒物（$PM_{2.5}$）未达标地级及以上城市浓度比 2015 年下降 18％以上，地级及以上城市空气质量优良天数比率达到 80％以上；全国地表水Ⅰ～Ⅲ类水体比例达到 70％以上，劣Ⅴ类水体比例控制在 5％以内；近岸海域水质优良（一、二类）比例达到 70％左右；二氧化硫、氮氧化物排放量比 2015 年减少 15％以上，化学需氧量、氨氮排放量减少 10％以上；受污染耕地安全利用率达到 90％左右，污染地块安全利用率达到 90％以上；生态保护红线面积占比达到 25％左右；森林覆盖率达到 23.04％以上。

通过加快构建生态文明体系，确保到 2035 年节约资源和保护生态环境的空间格局、产业结构、生产方式、生活方式总体形成，生态环境质量实现根本好转，美丽中国目标基本实现。到本世纪中叶，生态文明全面提升，实现生态环境领域国家治理体系和治理能力现代化。

（二）基本原则

坚持保护优先。落实生态保护红线、环境质量底线、资源利用上线硬约束，深化供给侧结构性改革，推动形成绿色发展方式和生活方式，坚定不移走生产发展、生活富裕、生态良好的文明发展道路。

强化问题导向。以改善生态环境质量为核心，针对流域、区域、行业特点，聚焦问题、分类施策、精准发力，不断取得新成效，让人民群众有更多获得感。

突出改革创新。深化生态环境保护体制机制改革，统筹兼顾、系统谋划，强化协调、整合力量，区域协作、条块结合，严格环境标准，完善经济政策，增强科技支撑和能力保障，提升生态环境治理的系统性、整体性、协同性。

注重依法监管。完善生态环境保护法律法规体系，健全生态环境保护行政执法和刑事司法衔接机制，依法严惩重罚生态环境违法犯罪行为。

推进全民共治。政府、企业、公众各尽其责、共同发力，政府积极发挥主导作用，企业主动承担环境治理主体责任，公众自觉践行绿色生活。

五、推动形成绿色发展方式和生活方式

坚持节约优先，加强源头管控，转变发展方式，培育壮大新兴产业，推动传统产业智能化、清洁化改造，加快发展节能环保产业，全面节约能源资源，协同推动经济高质量发展和生态环境高水平保护。

（一）促进经济绿色低碳循环发展。对重点区域、重点流域、重点行业和产业布局开展规划环评，调整优化不符合生态环境功能定位的产业布局、规模和结构。严格控制重点流域、重点区域环境风险项目。对国家级新区、工业园区、高新区等进行集中整治，限期进行达标改造。加快城市建成区、重点流域的重污染企业和危险化学品企业搬迁改造，2018 年年底前，相关城市政府就此制定专项计划并向社会公开。促进传统产业优化升级，构建绿色

产业链体系。继续化解过剩产能，严禁钢铁、水泥、电解铝、平板玻璃等行业新增产能，对确有必要新建的必须实施等量或减量置换。加快推进危险化学品生产企业搬迁改造工程。提高污染排放标准，加大钢铁等重点行业落后产能淘汰力度，鼓励各地制定范围更广、标准更严的落后产能淘汰政策。构建市场导向的绿色技术创新体系，强化产品全生命周期绿色管理。大力发展节能环保产业、清洁生产产业、清洁能源产业，加强科技创新引领，着力引导绿色消费，大力提高节能、环保、资源循环利用等绿色产业技术装备水平，培育发展一批骨干企业。大力发展节能和环境服务业，推行合同能源管理、合同节水管理，积极探索区域环境托管服务等新模式。鼓励新业态发展和模式创新。在能源、冶金、建材、有色、化工、电镀、造纸、印染、农副食品加工等行业，全面推进清洁生产改造或清洁化改造。

（二）推进能源资源全面节约。强化能源和水资源消耗、建设用地等总量和强度双控行动，实行最严格的耕地保护、节约用地和水资源管理制度。实施国家节水行动，完善水价形成机制，推进节水型社会和节水型城市建设，到2020年，全国用水总量控制在6700亿立方米以内。健全节能、节水、节地、节材、节矿标准体系，大幅降低重点行业和企业能耗、物耗，推行生产者责任延伸制度，实现生产系统和生活系统循环链接。鼓励新建建筑采用绿色建材，大力发展装配式建筑，提高新建绿色建筑比例。以北方采暖地区为重点，推进既有居住建筑节能改造。积极

应对气候变化，采取有力措施确保完成2020年控制温室气体排放行动目标。扎实推进全国碳排放权交易市场建设，统筹深化低碳试点。

（三）引导公众绿色生活。加强生态文明宣传教育，倡导简约适度、绿色低碳的生活方式，反对奢侈浪费和不合理消费。开展创建绿色家庭、绿色学校、绿色社区、绿色商场、绿色餐馆等行动。推行绿色消费，出台快递业、共享经济等新业态的规范标准，推广环境标志产品、有机产品等绿色产品。提倡绿色居住，节约用水用电，合理控制夏季空调和冬季取暖室内温度。大力发展公共交通，鼓励自行车、步行等绿色出行。

六、坚决打赢蓝天保卫战

编制实施打赢蓝天保卫战三年作战计划，以京津冀及周边、长三角、汾渭平原等重点区域为主战场，调整优化产业结构、能源结构、运输结构、用地结构，强化区域联防联控和重污染天气应对，进一步明显降低 $PM_{2.5}$ 浓度，明显减少重污染天数，明显改善大气环境质量，明显增强人民的蓝天幸福感。

（一）加强工业企业大气污染综合治理。全面整治"散乱污"企业及集群，实行拉网式排查和清单式、台账式、网格化管理，分类实施关停取缔、整合搬迁、整改提升等措施，京津冀及周边区域2018年年底前完成，其他重点区域2019年年底前完成。坚决关停用地、工商手续不全并难以通过改造达标的企业，限期治理可以达标改造的企业，逾期依法一律关停。

强化工业企业无组织排放管理，推进挥发性有机物排放综合整治，开展大气氨排放控制试点。到 2020 年，挥发性有机物排放总量比 2015 年下降 10% 以上。重点区域和大气污染严重城市加大钢铁、铸造、炼焦、建材、电解铝等产能压减力度，实施大气污染物特别排放限值。加大排放高、污染重的煤电机组淘汰力度，在重点区域加快推进。到 2020 年，具备改造条件的燃煤电厂全部完成超低排放改造，重点区域不具备改造条件的高污染燃煤电厂逐步关停。推动钢铁等行业超低排放改造。

（二）大力推进散煤治理和煤炭消费减量替代。增加清洁能源使用，拓宽清洁能源消纳渠道，落实可再生能源发电全额保障性收购政策。安全高效发展核电。推动清洁低碳能源优先上网。加快重点输电通道建设，提高重点区域接受外输电比例。因地制宜、加快实施北方地区冬季清洁取暖五年规划。鼓励余热、浅层地热能等清洁能源取暖。加强煤层气（煤矿瓦斯）综合利用，实施生物天然气工程。到 2020 年，京津冀及周边、汾渭平原的平原地区基本完成生活和冬季取暖散煤替代；北京、天津、河北、山东、河南及珠三角区域煤炭消费总量比 2015 年均下降 10% 左右，上海、江苏、浙江、安徽及汾渭平原煤炭消费总量均下降 5% 左右；重点区域基本淘汰每小时 35 蒸吨以下燃煤锅炉。推广清洁高效燃煤锅炉。

（三）打好柴油货车污染治理攻坚战。以开展柴油货车超标排放专项整治为抓手，统筹开展油、路、车治理和机动车船污染防治。严厉打击生产销售不达标车辆、排放检验机构检测弄虚作假等违法行为。加快淘汰老旧车，鼓励清洁能源车辆、船舶的推广使用。建设"天地车人"一体化的机动车排放监控系统，完善机动车遥感监测网络。推进钢铁、电力、电解铝、焦化等重点工业企业和工业园区货物由公路运输转向铁路运输。显著提高重点区域大宗货物铁路水路货运比例，提高沿海港口集装箱铁路集疏港比例。重点区域提前实施机动车国六排放标准，严格实施船舶和非道路移动机械大气排放标准。鼓励淘汰老旧船舶、工程机械和农业机械。落实珠三角、长三角、环渤海京津冀水域船舶排放控制区管理政策，全国主要港口和排放控制区内港口靠港船舶率先使用岸电。到 2020 年，长江干线、西江航运干线、京杭运河水上服务区和待闸锚地基本具备船舶岸电供应能力。2019 年 1 月 1 日起，全国供应符合国六标准的车用汽油和车用柴油，力争重点区域提前供应。尽快实现车用柴油、普通柴油和部分船舶用油标准并轨。内河和江海直达船舶必须使用硫含量不大于 10 毫克/千克的柴油。严厉打击生产、销售和使用非标车（船）用燃料行为，彻底清除黑加油站点。

（四）强化国土绿化和扬尘管控。积极推进露天矿山综合整治，加快环境修复和绿化。开展大规模国土绿化行动，加强北方防沙带建设，实施京津风沙源治理工程、重点防护林工程，增加林草覆盖率。在城市功能疏解、更新和调整中，将腾退空间优先用于留白增绿。落实城市道路和城市范围内施工工地等扬尘管控。

（五）有效应对重污染天气。强化重点区域联防联控联治，统一预警分级标准、信息发布、应急响应，提前采取应急减排措施，实施区域应急联动，有效降低污染程度。完善应急预案，明确政府、部门及企业的应急责任，科学确定重污染期间管控措施和污染源减排清单。指导公众做好重污染天气健康防护。推进预测预报预警体系建设，2018年年底前，进一步提升国家级空气质量预报能力，区域预报中心具备7至10天空气质量预报能力，省级预报中心具备7天空气质量预报能力并精确到所辖各城市。重点区域采暖季节，对钢铁、焦化、建材、铸造、电解铝、化工等重点行业企业实施错峰生产。重污染期间，对钢铁、焦化、有色、电力、化工等涉及大宗原材料及产品运输的重点企业实施错峰运输；强化城市建设施工工地扬尘管控措施，加强道路机扫。依法严禁秸秆露天焚烧，全面推进综合利用。到2020年，地级及以上城市重污染天数比2015年减少25%。

七、着力打好碧水保卫战

深入实施水污染防治行动计划，扎实推进河长制湖长制，坚持污染减排和生态扩容两手发力，加快工业、农业、生活污染源和水生态系统整治，保障饮用水安全，消除城市黑臭水体，减少污染严重水体和不达标水体。

（一）打好水源地保护攻坚战。加强水源水、出厂水、管网水、末梢水的全过程管理。划定集中式饮用水水源保护区，推进规范化建设。强化南水北调水源地及沿线生态环境保护。深化地下水污染防治。全面排查和整治县级及以上城市水源保护区内的违法违规问题，长江经济带于2018年年底前、其他地区于2019年年底前完成。单一水源供水的地级及以上城市应当建设应急水源或备用水源。定期监测（检）测、评估集中式饮用水水源、供水单位供水和用户水龙头水质状况，县级及以上城市至少每季度向社会公开一次。

（二）打好城市黑臭水体治理攻坚战。实施城镇污水处理"提质增效"三年行动，加快补齐城镇污水收集和处理设施短板，尽快实现污水管网全覆盖、全收集、全处理。完善污水处理收费政策，各地要按规定将污水处理收费标准尽快调整到位，原则上应补偿到污水处理和污泥处置设施正常运营并合理盈利。对中西部地区，中央财政给予适当支持。加强城市初期雨水收集处理设施建设，有效减少城市面源污染。到2020年，地级及以上城市建成区黑臭水体消除比例达90%以上。鼓励京津冀、长三角、珠三角区域城市建成区尽早全面消除黑臭水体。

（三）打好长江保护修复攻坚战。开展长江流域生态隐患和环境风险调查评估，划定高风险区域，从严实施生态环境风险防控措施。优化长江经济带产业布局和规模，严禁污染型产业、企业向上中游地区转移。排查整治入河入湖排污口及不达标水体，市、县级政府制定实施不达标水体限期达标规划。到2020年，长江流域基本消除劣Ⅴ类水体。强化船舶和港口污染防治，现有船舶到2020年全部完成达标改造，港口、船舶修造厂环卫设施、污水处理设施纳入城市设施建设规划。加强沿河环湖生态保护，修复湿地等水生态系统，因地制宜建设人工湿地水质净化工程。实施长江流域上中游水库群联合调度，保障干流、主要支流和湖泊基本生态用水。

（四）打好渤海综合治理攻坚战。以渤海海区的渤海湾、辽东湾、莱州湾、辽河口、黄河口等为重点，推动河口海湾综合整治。全面整治入海污染源，规范入海排污口设置，全部清理非法排污口。严格控制海水养殖等造成的海上污染，推进海洋垃圾防治和清理。率先在渤海实施主要污染物排海总量控制制度，强化陆海污染联防联控，加强入海河流治理与监管。实施最严格的围填海和岸线开发管控，统筹安排海洋空间利用活动。渤海禁止审批新增围填海项目，引导符合国家产业政策的项目消化存量围填海资源，已审批但未开工的项目要依法重新进行评估和清理。

（五）打好农业农村污染治理攻坚战。以建设美丽宜居村庄为导向，持续开展农村人居环境整治行动，实现全国行政村环境整治全覆盖。到 2020 年，农村人居环境明显改善，村庄环境基本干净整洁有序，东部地区、中西部城市近郊区等有基础、有条件的地区人居环境质量全面提升，管护长效机制初步建立；中西部有较好基础、基本具备条件的地区力争实现 90％左右的村庄生活垃圾得到治理，卫生厕所普及率达到 85％左右，生活污水乱乱放得到管控。减少化肥农药使用量，制修订并严格执行化肥农药等农业投入品质量标准，严格控制高毒高风险农药使用，

推进有机肥替代化肥、病虫害绿色防控替代化学防治和废弃农膜回收，完善废旧地膜和包装废弃物等回收处理制度。到 2020 年，化肥农药使用量实现零增长。坚持种植和养殖相结合，就地就近消纳利用畜禽养殖废弃物。合理布局水产养殖空间，深入推进水产健康养殖，开展重点江河湖库及重点近岸海域破坏生态环境的养殖方式综合整治。到 2020 年，全国畜禽粪污综合利用率达到 75％以上，规模养殖场粪污处理设施装备配套率达到 95％以上。

八、扎实推进净土保卫战

全面实施土壤污染防治行动计划，突出重点区域、行业和污染物，有效管控农用地和城市建设用地土壤环境风险。

（一）强化土壤污染管控和修复。加强耕地土壤环境分类管理。严格管控重度污染耕地，严禁在重度污染耕地种植食用农产品。实施耕地土壤环境治理保护重大工程，开展重点地区涉重金属行业排查和整治。2018 年年底前，完成农用地土壤污染状况详查。2020 年年底前，编制完成耕地土壤环境质量分类清单。建立建设用地土壤污染风险管控和修复名录，列入名录且未完成治理修复的地块不得作为住宅、公共管理与公共服务用地。建立污染地块联动监管机制，将建设用地土壤环境管理要求纳入用地规划和供地管理，严格控制用地准入，强化暂不开发污染地块的风险管控。2020 年年底前，完成重点行业企业用地土壤污染状况调查。严格土壤污染重点行业企业搬迁改造过程中拆除活动的环境监管。

（二）加快推进垃圾分类处理。到2020年，实现所有城市和县城生活垃圾处理能力全覆盖，基本完成非正规垃圾堆放点整治；直辖市、计划单列市、省会城市和第一批分类示范城市基本建成生活垃圾分类处理系统。推进垃圾资源化利用，大力发展垃圾焚烧发电。推进农村垃圾就地分类、资源化利用和处理，建立农村有机废弃物收集、转化、利用网络体系。

（三）强化固体废物污染防治。全面禁止洋垃圾入境，严厉打击走私，大幅减少固体废物进口种类和数量，力争2020年年底前基本实现固体废物零进口。开展"无废城市"试点，推动固体废物资源化利用。调查、评估重点工业行业危险废物产生、贮存、利用、处置情况。完善危险废物经营许可、转移等管理制度，建立信息化监管体系，提升危险废物处理处置能力，实施全过程监管。严厉打击危险废物非法跨界转移、倾倒等违法犯罪活动。深入推进长江经济带固体废物大排查活动。评估有毒有害化学品在生态环境中的风险状况，严格限制高风险化学品生产、使用、进出口，并逐步淘汰、替代。

九、加快生态保护与修复

坚持自然恢复为主，统筹开展全国生态保护与修复，全面划定并严守生态保护红线，提升生态系统质量和稳定性。

（一）划定并严守生态保护红线。按照应保尽保、应划尽划的原则，将生态功能重要区域、生态环境敏感脆弱区域纳入生态保护红线。到2020年，全面完成全国生态保护红线划定、勘界定标，形成生态保护红线全国"一张图"，实现一条红线管控重要生态空间。制定实施生态保护红线管理办法、保护修复方案，建设国家生态保护红线监管平台，开展生态保护红线监测预警与评估考核。

（二）坚决查处生态破坏行为。2018年年底前，县级及以上地方政府全面排查违法违规挤占生态空间、破坏自然遗迹等行为，制定治理和修复计划并向社会公开。开展病危险尾矿库和"头顶库"专项整治。持续开展"绿盾"自然保护区监督检查专项行动，严肃查处各类违法违规行为，限期进行整治修复。

（三）建立以国家公园为主体的自然保护地体系。到2020年，完成全国自然保护区范围界限核准和勘界立标，整合设立一批国家公园，自然保护地相关法规和管理制度基本建立。对生态严重退化地区实行封禁管理，稳步实施退耕还林还草和退牧还草，扩大轮作休耕试点，全面推行草原禁牧休牧和草畜平衡制度。依法依规解决自然保护地内的矿业权合理退出问题。全面保护天然林，推进荒漠化、石漠化、水土流失综合治理，强化湿地保护和恢复。加强休渔禁渔管理，推进长江、渤海等重点水域禁捕限捕，加强海洋牧场建设，加大渔业资源增殖放流。推动耕地草原森林河流湖泊海洋休养生息。

十、改革完善生态环境治理体系

深化生态环境保护管理体制改革，完善生态环境管理制度，加快构建生态环境治理体系，健全保障举措，增强系统性和完整性，大幅提升治理能力。

（一）完善生态环境监管体系。整合分散的生态环境保护职责，强化生态保护修复和污染防治统一监管，建立健全生态环境保护领导和管理体制、激励约束并举的制度体系、政府企业公众共治体系。全面完成省以下生态环境机构监测监察执法垂直管理制度改革，推进综合执法队伍特别是基层队伍的能力建设。完善农村环境治理体制。健全区域流域海域生态环境管理体制，推进跨地区环保机构试点，加快组建流域环境监管执法机构，按海域设置监管机构。建立独立权威高效的生态环境监测体系，构建天地一体化的生态环境监测网络，实现国家和区域生态环境质量预报预警和质控，按照适度上收生态环境质量监测事权的要求加快推进有关工作。省级党委和政府加快确定生态保护红线、环境质量底线、资源利用上线，制定生态环境准入清单，在地方立法、政策制定、规划编制、执法监管中不得变通突破、降低标准，不符合不衔接不适应的于 2020 年年底前完成调整。实施生态环境统一监管。推行生态环境损害赔偿制度。编制生态环境保护规划，开展全国生态环境状况评估，建立生态环境保护综合监控平台。推动生态文明示范创建、绿水青山就是金山银山实践创新基地建设活动。

严格生态环境质量管理。生态环境质量只能更好、不能变坏。生态环境质量达标地区要保持稳定并持续改善；生态环境质量不达标地区的市、县级政府，要于 2018 年年底前制定实施限期达标规划，向上级政府备案并向社会公开。加快推行排污许可制度，对固定污染源实施全过程管理和多污染物协同控制，按行业、地区、时限核发排污许可证，全面落实企业治污责任，强化证后监管和处罚。在长江经济带率先实施入河污染源排放、排污口排放和水体水质联动管理。2020 年，将排污许可证制度建设成为固定源环境管理核心制度，实现"一证式"管理。健全环保信用评价、信息强制性披露、严惩重罚等制度。将企业环境信用信息纳入全国信用信息共享平台和国家企业信用信息公示系统，依法通过"信用中国"网站和国家企业信用信息公示系统向社会公示。监督上市公司、发债企业等市场主体全面、及时、准确地披露环境信息。建立跨部门联合奖惩机制。完善国家核安全工作协调机制，强化对核安全工作的统筹。

（二）健全生态环境保护经济政策体系。资金投入向污染防治攻坚战倾斜，坚持投入同攻坚任务相匹配，加大财政投入力度。逐步建立常态化、稳定的财政资金投入机制。扩大中央财政支持北方地区清洁取暖的试点城市范围，国有资本要加大对污染防治的投入。完善居民取暖用气用电定价机制和补贴政策。增加中央财政对国家重点生态功能区、生态保护红线区域等生态功能重要地区的转移支付，继续安排中央预算内投资对重点生态功能区给予支持。各省（自治区、直辖市）合理确定补偿标准，并逐步提高补偿水平。完善助力绿色产业发展的价格、财税、投资等政策。大力发展绿色信贷、绿色债券等金融产品。设立国家绿色发展基金。落实有利于资源节约和生态环境保护的价格政策，落实相关税收优惠政策。研究对从事污染防治的第三方企业比照高新技术企业实行所得税优惠政策，研究出台"散乱污"企业综合治理激励政策。推动环境污染责任保险发展，在环境高风险领域建立环境污染强制责任保险制度。推进社会化生态环境治理和保护。采用直接投资、投资补助、运营补贴等方式，规范支持政府和社会资本合作项目；对政府实施的环境绩效合同服务项目，公共财政支付水平同治理绩效挂钩。鼓励通过政府购买服务方式实施生态环境治理和保护。

（三）健全生态环境保护法治体系。依靠法治保护生态环境，增强全社会生态环境保护法治意识。加快建立绿色生产消费的法律制度和政策导向。加快制定和修改土壤污染防治、固体废物污染防治、长江生态环境保护、海洋环境保护、国家公园、湿地、生态环境监测、排污许可、资源综合利用、空间规划、碳排放权交易管理等方面的法律法规。鼓励地方在生态环境保护领域先于国家进行立法。建立生态环境保护综合执法机关、公安机关、检察机关、审判机关信息共享、案情通报、案件移送制度，完善生态环境保护领域民事、行政公益诉讼制度，加大生态环境违法犯罪行为的制裁和惩处力度。加强涉及生态环境保护的司法力量建设。整合组建生态环境保护综合执法队伍，统一实行生态环境保护执法。将生态环境保护综合执法机构列入政府行政执法机构序列，推进执法规范化建设，统一着装、统一标识、统一证件、统一保障执法用车和装备。

（四）强化生态环境保护能力保障体系。增强科技支撑，开展大气污染成因与治理、水体污染控制与治理、土壤污染防治等重点领域科技攻关，实施京津冀环境综合治理重大项目，推进区域性、流域性生态环境问题研究。完成第二次全国污染源普查。开展大数据应用和环境承载力监测预警。开展重点区域、流域、行业环境与健康调查，建立风险监测网络及风险评估体系。健全跨部门、跨区域环境应急协调联动机制，建立全国统一的环境应急预案电子备案系统。国家建立环境应急物资储备信息库，省、市级政府建设环境应急物资储备库，企业环境应急装备和储备物资应纳入储备体系。落实全面从严治党要求，建设规范化、标准化、专业化的生态环境保护人才队伍，打造政治强、本领高、作风硬、敢担当，特别能吃苦、特别能战斗、特别能奉献的生态环境保护铁军。按省、市、县、乡不同层级工作职责配备相应工作力量，保障履职需要，确保同生态环境保护任务相匹配。加强国际交流和履约能力建设，推进生态环境保护国际技术交流和务实合作，支撑核安全和核电共同走出去，积极推动落实2030年可持续发展议程和绿色"一带一路"建设。

（五）构建生态环境保护社会行动体系。把生态环境保护纳入国民教育体系和党政领导干部培训体系，推进国家及各地生态环境教育设施和场所建设，培育普及生态文化。公共机构尤其是党政机关带头使用节能环保产品，推行绿色办公，创建节约型机关。健全生态环境新闻发布机制，充分发挥各类媒体作用。省、市两级要依托党报、电视台、政府网站，曝光突出环境问题，报道整改进展情况。建立政府、企业环境社会风险预防与化解机制。完善环境信息公开制度，加强重特大突发环境事件信息公开，对涉及群众切身利益的重大项目及时主动公开。2020年年底前，地级及以上城市符合条件的环保设施和城市污水垃圾处理设施向社会开放，接受公众参观。强化排污者主体责任，企业应严格守法，规范自身环境行为，落实资金投入、物资保障、生态环境保护措施和应急处置主体责任。实施工业污染源全面达标排放计划。2018年年底前，重点排污单位全部安装自动在线监控设备并同生态环境主管部门联网，依法公开排污信息。到2020年，实现长江经济带入河排污口监测全覆盖，并将监测数据纳入长江经济带综合信息平台。推动环保社会组织和志愿者队伍规范健康发展，引导环保社会组织依法开展生态环境保护公益诉讼等活动。按照国家有关规定表彰对保护和改善生态环境有显著成绩的单位和个人。完善公众监督、举报反馈机制，保护举报人的合法权益，鼓励设立有奖举报基金。

（中共中央　国务院）

关于印发《试点发行地方政府棚户区改造专项债务管理办法》的通知

（2018年3月1日　财预〔2018〕28号）

各省、自治区、直辖市、计划单列市财政厅（局），住房城乡建设厅（局、委）：

按照党中央、国务院有关精神和要求，根据《中华人民共和国预算法》《国务院关于加强地方政府性债务管理的意见》（国发〔2014〕43号）等有关规定，为完善地方政府专项债券管理，规范棚户区改造融资行为，坚决遏制地方政府隐性债务增量，2018年在棚户区改造领域开展试点，有序推进试点发行地方政府棚户区改造专项债券工作，探索建立棚户区改造专项债券与项目资产、收益相对应的制度，发挥政府规范适度举债改善群众住房条件的积极作用，我部研究制定了《试点发行地方政府棚户区改造专项债券管理办法》。现予以印发，请遵照执行。

附件：试点发行地方政府棚户区改造专项债券管理办法

（财政部　住房和城乡建设部）

附件：
试点发行地方政府棚户区改造专项债券管理办法
第一章　总则
第一条　为完善地方政府专项债券管理，规范棚户区改造融资行为，坚决遏制地方政府隐性债务增量，有序推进试点发行地方政府棚户区改造专项债券工作，探索建立棚户区改造专项债券与项目资产、收益相对应的制度，发挥政府规范适度举债改善群众住房条件的积极作用，根据《中华人民共和国预算法》《国务院关于加强地方政府性债务管理的意见》（国发〔2014〕43号）等有关规定，制定本办法。

第二条　本办法所称棚户区改造，是指纳入国家棚户区改造计划，依法实施棚户区征收拆迁、居民补偿安置以及相应的腾空土地开发利用等的系统性工程，包括城镇棚户区（含城中村、城市危房）、国有工矿（含煤矿）棚户区、国有林区（场）棚户区和危旧房、国有垦区危房改造项目等。

第三条　本办法所称地方政府棚户区改造专项债券（以下简称棚改专项债券）是地方政府专项债券的一个品种，是指遵循自愿原则、纳入试点的地方政府为推进棚户区改造发行，以项目对应并纳入政府性基金预算管理的国有土地使用权出让收入、专项收入偿还的地方政府专项债券。

前款所称专项收入包括属于政府的棚

改项目配套商业设施销售、租赁收入以及其他收入。

第四条　试点期间地方政府为棚户区改造举借、使用、偿还专项债务适用本办法。

第五条　省、自治区、直辖市政府（以下简称省级政府）为棚改专项债券的发行主体。试点期间设区的市、自治州，县、自治县、不设区的市、市辖区级政府（以下简称市县级政府）确需棚改专项债券的，由其省级政府统一发行并转贷给市县级政府。

经省政府批准，计划单列市政府可以自办发行棚改专项债券。

第六条　试点发行棚改专项债券的棚户区改造项目应当有稳定的预期偿债资金来源，对应的纳入政府性基金的国有土地使用权出让收入、专项收入应当能够保障偿还债券本金和利息，实现项目收益和融资自求平衡。

第七条　棚改专项债券纳入地方政府专项债务限额管理。棚改专项债券收入、支出、还本、付息、发行费用等纳入政府性基金预算管理。

第八条　棚改专项债券资金由财政部门纳入政府性基金预算管理，并由本级棚改主管部门专项用于棚户区改造，严禁用于棚户区改造以外的项目，任何单位和个人不得截留、挤占和挪用，不得用于经常性支出。

本级棚改主管部门是指各级住房城乡建设部门以及市县级政府确定的棚改主管部门。

第二章　额度管理

第九条　财政部在国务院批准的年度地方政府专项债务限额内，根据地方棚户区改造融资需求及纳入政府性基金预算管理的国有土地使用权出让收入、专项收入状况等因素，确定年度全国棚改专项债券总额度。

第十条　各省、自治区、直辖市年度棚改专项债券额度应当在国务院批准的本地区专项债务限额内安排，由财政部下达各省级财政部门，并抄送住房城乡建设部。

第十一条　预算执行中，各省、自治区、直辖市年度棚改专项债券额度不足或者不需使用的部分，由省级财政部门会同住房城乡建设部门于每年8月31日前向财政部提出申请。财政部可以在国务院批准的该地区专项债务限额内统筹调剂额度并予批复，同时抄送住房城乡建设部。

第十二条　省级财政部门应当加强对本地区棚改专项债券额度使用情况的监督管理。

第三章　预算编制

第十三条　县级以上地方各级棚改主管部门应当根据本地区棚户区改造规划和分年改造任务等，结合项目收益与融资平衡情况等因素，测算提出下一年度棚改专项债券资金需求，报本级财政部门复核。市县级财政部门将复核后的下一年度棚改专项债券资金需求，经本级政府批准后，由市县政府于每年9月底前报省级财政部门和省级住房城乡建设部门。

第十四条　省级财政部门会同本级住房城乡建设部门汇总审核本地区下一年度棚改专项债券需求，随同增加举借专项债务和安排公益性资本支出项目的建议，经省级政府批准后于每年 10 月 31 日前报送财政部。

第十五条　省级财政部门在财政部下达的本地区棚改专项债券额度内，根据市县近三年纳入政府性基金预算管理的国有土地使用权出让收入和专项收入情况、申报的棚改项目融资需求、专项债务风险、项目期限、项目收益和融资平衡情况等因素，提出本地区年度棚改专项债券分配方案，报省级政府批准后下达各市县级财政部门，并抄送省级住房城乡建设部门。

第十六条　市县级财政部门应当在省级财政部门下达的棚改专项债券额度内，会同本级棚改主管部门提出具体项目安排建议，连同年度棚改专项债券发行建议报省级财政部门备案，抄送省级住房城乡建设部门。

第十七条　增加举借的棚改专项债券收入应当列入政府性基金预算调整方案。包括：

（一）省级政府在财政部下达的年度棚改专项债券额度内发行专项债券收入。

（二）市县级政府使用的上级政府转贷棚改专项债券收入。

第十八条　增加举借棚改专项债券安排的支出应当列入预算调整方案，包括本级支出和转贷下级支出。棚改专项债券支出应当明确到具体项目，在地方政府债务管理系统中统计，纳入财政支出预算项目库管理。

地方各级棚改主管部门应当建立试点发行地方政府棚户区改造专项债券项目库，项目库信息应当包括项目名称、棚改范围、规模（户数或面积）、标准、建设

期限、投资计划、预算安排、预期收益和融资平衡方案等情况，并做好与地方政府债务管理系统的衔接。

第十九条　棚改专项债券还本支出应当根据当年到期棚改专项债券规模、棚户区改造项目收益等因素合理预计、妥善安排，列入年度政府性基金预算草案。

第二十条　棚改专项债券利息和发行费用应当根据棚改专项债券规模、利率、费率等情况合理预计，列入政府性基金预算支出统筹安排。

第二十一条　棚改专项债券收入、支出、还本付息、发行费用应当按照《地方政府专项债务预算管理办法》（财预〔2016〕155 号）规定列入相关预算科目。

第四章　预算执行和决算

第二十二条　省级财政部门应当根据本级人大常委会批准的预算调整方案，结合市县级财政部门会同本级棚改主管部门提出的年度棚改专项债券发行建议，审核确定年度棚改专项债券发行方案，明确债券发行时间、批次、规模、期限等事项。

市县级财政部门应当会同本级棚改主管部门做好棚改专项债券发行准备工作。

第二十三条　地方各级棚改主管部门应当配合做好本地区棚改专项债券试点发行准备工作，及时准确提供相关材料，配合做好项目规划、信息披露、信用评级、资产评估等工作。

第二十四条　发行棚改专项债券应当披露项目概况、项目预期收益和融资平衡方案、第三方评估信息、专项债券规模和期限、分年投资计划、本金利息偿还安排等信息。项目实施过程中，棚改主管部门

应当根据实际情况及时披露项目进度、专项债券资金使用情况等信息。

第二十五条　棚改专项债券应当遵循公开、公平、公正原则采取市场化方式发行，在银行间债券市场、证券交易所市场等交易场所发行和流通。

第二十六条　棚改专项债券应当统一命名格式，冠以"××年××省、自治区、直辖市（本级或××市、县）棚改专项债券（×期）——××年××省、自治区、直辖市政府专项债券（×期）"名称，具体由省级财政部门商省级住房城乡建设部门确定。

第二十七条　棚改专项债券的发行和使用应当严格对应到项目。根据项目地理位置、征拆户数、实施期限等因素，棚改专项债券可以对应单一项目发行，也可以对应同一地区多个项目集合发行，具体由市县级财政部门会同本级棚改主管部门提出建议，报省级财政部门确定。

第二十八条　棚改专项债券期限应当与棚户区改造项目的征迁和土地收储、出让期限相适应，原则上不超过15年，可根据项目实际适当延长，避免期限错配风险。具体由市县级财政部门会同本级棚改主管部门根据项目实施周期、债务管理要求等因素提出建议，报省级财政部门确定。

棚改专项债券发行时，可以约定根据项目收入情况提前偿还债券本金的条款。鼓励地方政府通过结构化设计合理确定债券期限。

第二十九条　棚户区改造项目征迁后腾空土地的国有土地使用权出让收入、专项收入，应当结合该项目对应的棚改专项债券余额统筹安排资金，专门用于偿还到期债券本金，不得通过其他项目对应的国有土地使用权出让收入、专项收入偿还到期债券本金。因项目对应的专项收入暂时难以实现，不能偿还到期债券本金时，可在专项债务限额内发行棚改专项债券周转偿还，项目收入实现后予以归还。

第三十条　省级财政部门应当按照合同约定，及时偿还棚改专项债券到期本金、利息以及支付发行费用。市县级财政部门应当及时向省级财政部门缴纳本地区或本级应当承担的还本付息、发行费用等资金。

第三十一条　年度终了，县级以上地方各级财政部门应当会同本级棚改主管部门编制棚改专项债券收支决算，在政府性基金预算决算报告中全面、准确反映当年棚改专项债券收入、安排的支出、还本付息和发行费用等情况。

第五章　监督管理

第三十二条　地方各级财政部门应当会同本级棚改主管部门建立和完善相关制度，加强对本地区棚改专项债券发行、使用、偿还的管理和监督。

第三十三条　地方各级棚改主管部门应当加强对使用棚改专项债券项目的管理和监督，确保项目收益和融资自求平衡。

地方各级棚改主管部门应当会同有关部门严格按照政策实施棚户区改造项目范围内的征迁工作，腾空的土地及时交由国土资源部门按照有关规定统一出让。

第三十四条　地方各级政府及其部门不得通过发行地方政府债券以外的任何方式举借债务，除法律另有规定外不得为任何单位和个人的债务以任何方式提供担保。

第三十五条 地方各级财政部门应当会同本级棚改主管部门等，将棚改专项债券对应项目形成的国有资产，纳入本级国有资产管理，建立相应的资产登记和统计报告制度，加强资产日常统计和动态监控。县级以上各级棚改主管部门应当认真履行资产运营维护责任，并做好资产的会计核算管理工作。棚改专项债券对应项目形成的国有资产，应当严格按照棚改专项债券发行时约定的用途使用，不得用于抵押、质押。

第三十六条 财政部驻各地财政监察专员办事处对棚改专项债券额度、发行、使用、偿还等进行监督，发现违反法律法规和财政管理、棚户区改造资金管理等政策规定的行为，及时报告财政部，并抄送住房城乡建设部。

第三十七条 违反本办法规定情节严重的，财政部可以暂停其发行棚改专项债券。违反法律、行政法规的，依法追究有关人员责任；涉嫌犯罪的，移送司法机关依法处理。

第三十八条 地方各级财政部门、棚改主管部门在地方政府棚改专项债券监督和管理工作中，存在滥用职权、玩忽职守、徇私舞弊等违法违纪行为的，按照《中华人民共和国预算法》《公务员法》《行政监察法》《财政违法行为处罚处分条例》等国家有关规定追究相应责任；涉嫌犯罪的，移送司法机关处理。

第六章 职责分工

第三十九条 财政部负责牵头制定和完善试点发行棚改专项债券管理办法，下达分地区棚改专项债券额度，对地方棚改专项债券管理实施监督。

第四十条 住房城乡建设部配合财政部指导和监督地方棚改主管部门做好试点发行棚改专项债券管理相关工作。

第四十一条 省级财政部门负责本地区棚改专项债券额度管理和预算管理、组织做好债券发行、还本付息等工作，并按照专项债务风险防控要求审核项目资金需求。

第四十二条 省级住房城乡建设部门负责审核本地区棚改专项债券项目和资金需求，组织做好试点发行棚户区改造专项债券项目库与地方政府债务管理系统的衔接，配合做好本地区棚改专项债券发行准备工作。

第四十三条 市县级财政部门负责按照政府债务管理要求并根据本级试点发行棚改专项债券项目，以及本级专项债务风险、政府性基金收入等因素，复核本地区试点发行棚改专项债券需求，做好棚改专项债券额度管理、预算管理、发行准备、资金使用监管等工作。

市县级棚改主管部门负责按照棚户区改造工作要求并根据棚户区改造任务、成本等因素，建立本地区试点发行棚户区改造专项债券项目库，做好入库棚改项目的规划期限、投资计划、收益和融资平衡方案、预期收入等测算，做好试点发行棚户区改造专项债券年度项目库与政府债务管理系统的衔接，配合做好棚改专项债券发行各项准备工作，加强对项目实施情况的监控，并统筹协调相关部门保障项目建设进度，如期实现专项收入。

第七章 附则

第四十四条 省、自治区、直辖市财政部门可以根据本办法规定，结合本地区实际制定实施细则。

第四十五条 本办法由财政部会同住房城乡建设部负责解释。

第四十六条 本办法自 2018 年 3 月 1 日起实施。

住房城乡建设部办公厅关于印发农村危房改造基本安全技术导则的通知

（2018 年 3 月 28 日　建办村函 [2018] 172 号）

各省、自治区住房城乡建设厅，直辖市建委（农委），新疆生产建设兵团建设局：

现将《农村危房改造基本安全技术导则》（以下简称《导则》）印发给你们，请结合实际参照执行。执行过程中的问题和建议，请及时反馈我部村镇建设司。

《导则》规定的技术条款是农村危房改造基本安全的底线要求，各地在实施中可结合本地实际情况进行细化，针对不同结构类型农房，制定既保证安全又不盲目提高建设标准的地方标准。我部将挑选部分地方标准，作为农村危房改造基本安全"领跑者"标准，印发各地参照执行。

（中华人民共和国住房和城乡建设部办公厅）

农村危房改造基本安全技术导则

一、总则

第一条　为规范农村危房改造工程建设与验收，保障农村危房改造的基本安全，制定本导则。

第二条　本导则适用于一、二层农村 C、D 级危房改造项目的建设与验收。

第三条　本导则所称危房改造包括农村危房拆除重建和加固维修。C、D 级危房依据《农村危险房屋鉴定技术导则（试行）》确定。应因地制宜开展 C 级危房加固维修，D 级危房确无加固维修价值的，应拆除重建。

第四条　危房改造必须保证改造后农房正常使用安全与基本使用功能。当遭受相当于本地区抗震设防烈度的地震影响时，不致造成农房倒塌或发生危及生命的严重破坏。

第五条　提升农房安全性的同时，宜结合美丽乡村建设有关要求及农户生产生活需求，实施建筑节能、建筑风貌、厕改厨改及其他宜居性和室内外环境改造，保护自然生态环境。

第六条　在安全、经济可行的前提下，鼓励新技术、新材料、新工艺在农村危房改造中应用和推广。

二、农房重建

第七条　重建农房应保证场地安全。不应在可能发生滑坡、崩塌、地陷、地裂、泥石流的危险地段或采空沉陷区、洪水主流区、山洪易发地段建房。

第八条 在严重湿陷性黄土、膨胀土、分布较厚的杂填土、其他软弱土等不良场地建房，应进行地基处理，并设置钢筋混凝土地圈梁。

第九条 重建农房必须设置基础。基础宽度、埋深可按当地经验确定，且埋深不得小于500mm。

第十条 重建农房应满足基本的功能要求，建筑平、立面应简单规整，结构传力明确。

第十一条 承重墙体最小厚度，混凝土砌块墙不应小于190mm，砖墙不应小于240mm。不应采用空斗砖墙承重。不应采用独立砖柱、砌块柱、石柱承重。

第十二条 承重窗间墙最小宽度及承重外墙尽端至门窗洞边的最小距离不应小于900mm。

第十三条 6度、7度抗震设防地区的砌体结构，宜在房屋四角和纵横墙交接部位设置拉结钢筋，承重墙顶或檐口高度处宜设置钢筋混凝土圈梁、配筋砂浆带圈梁或钢筋砖圈梁。8度及以上抗震设防地区的砖混、砖木结构，应设置钢筋混凝土构造柱，承重墙顶或檐口高度处应设置钢筋混凝土圈梁。现浇钢筋混凝土楼板可兼作圈梁。（注：以下6度、7度、8度抗震设防地区简称为6度、7度、8度地区）

第十四条 传统预制钢筋混凝土楼板（空心板或槽形板）宜限制使用，使用时应采取措施保证可靠支承和连接。8度及以上地区禁止使用。

第十五条 6度、7度地区采用硬山搁檩屋盖时，应采取措施保证支承处稳固，加强檩条之间、檩条与墙体的连接，提高山墙的抗倒塌能力。8度及以上地区，不宜采用硬山搁檩屋盖。

第十六条 木结构房屋木柱应设置柱脚石，柱脚石顶部应高出地面不小于100mm。柱脚与柱脚石之间宜设置管脚榫等限位装置。

第十七条 木构架、木屋盖构件之间应加强节点连接。8度及以上地区，木构（屋）架间应设置竖向剪刀撑。

第十八条 木结构房屋的砖、砌块、石围护墙与木柱、木梁、屋架下弦等构件之间应采取拉结措施。

第十九条 突出屋面无锚固的烟囱、女儿墙等易倒塌构件的出屋面高度，不宜大于500mm。超出时应采取设置构造柱、墙体拉结等措施。

三、农房加固维修

第二十条 通过加固维修，应消除农房正常使用危险点，明显改善危房存在的结构体系不合理、传力不明确、构造措施不完备等问题。

第二十一条 对墙根积水、渗水房屋，应对散水、外墙勒脚进行维修处理，保持房屋周边排水通畅。

第二十二条 对基础不均匀沉降农房，可采用生石灰挤密桩、扩大基底面积、压力注浆等方式加固地基基础，也可通过加强上部结构整体性的措施提高房屋抵抗不均匀沉降的能力。

第二十三条 砌筑质量较差的砖、砌块、石墙体应采用水泥砂浆面层或配筋砂浆带等方法加固。承重墙体出现的受力裂缝、纵横墙体脱闪形成的竖向裂缝应修复补强。墙厚不满足要求或高厚比较大的墙体应采取增设扶壁柱等方法加固。

第二十四条　宜采用内嵌构造柱、配筋砂浆带等措施加强生土墙房屋的整体性。表面出现严重剥蚀、开裂的生土墙体应进行护面处理，墙根碱蚀严重的应进行加固。墙内有较大孔洞或空腔的，应采用草泥或砂浆塞填修复。

第二十五条　局部歪闪墙体应设置可靠支撑进行加固，或拆除重砌。墙体拆除重砌时，应做好楼屋面的临时支撑。

第二十六条　木柱、梁、檩等主要受力构件或木构架出现明显腐朽、虫蛀、挠曲变形、端部劈裂、严重纵向干裂、榫卯节点破损或有拔榫迹象时，应采取局部剔除修补或增设环箍、扁铁、螺栓、扒钉等加固补强和加强连接措施。必要时可落架大修，对不具备加固价值的木构件或木屋架可更换。

第二十七条　混凝土柱、梁、板表面剥蚀严重，或出现明显受力裂缝和变形的，应进行表面处理、裂缝修复或承载力补强。预制板支承长度不足的，应在板底增设角钢或槽钢支托等措施加强。

第二十八条　屋面出现明显塌陷变形、渗水，或椽条、屋面瓦、防水层等损坏的，应进行维修。

第二十九条　应采取措施加强围护结构、非结构构件与主体结构的连接。

第三十条　7度及以上地区，应采取增设砂浆配筋带、型钢圈梁、型钢（木）支撑、拉杆（索）紧固、墙缆连接等加强整体性与抗倒塌构造措施。

第三十一条　拱券出现变形、开裂等安全隐患的危窑应采取内衬券或内支撑加固窑体，边窑腿外闪时应增设扶壁柱（墙）加强侧向支撑。同时，通过维修解决危窑存在的防水、排水、防潮问题。

四、施工与验收

第三十二条　承接农村危房改造工程的建筑工匠或施工单位的技术人员应经过技术培训。

第三十三条　改造户与施工方（施工单位或建筑工匠）应签订施工协议，根据改造设计方案明确重建技术要点或加固维修范围、内容等。

第三十四条　建筑材料与成品构件应采用质量合格产品。常用材料应满足以下强度要求：

（1）混凝土构件强度等级不应低于C20，基础素混凝土垫层可采用C10；

（2）砌筑砂浆强度等级不应低于M5，加固修复砂浆强度等级不应低于M10；

（3）烧结黏土砖、免烧砖、混凝土砌块强度等级均不应低于MU7.5。

第三十五条　施工过程中应有必要的人身安全、用电、防火等安全保障措施。

第三十六条　施工中发现与原检测情况不符，或结构有新的严重危险点的，应暂停施工，封闭现场，并立即报告相关技术人员，采取对应处理措施后方可继续施工。

第三十七条　砖、砌块、石墙应采用水泥砂浆或混合砂浆砌筑。砌筑时应内外搭砌，上下错缝，灰缝砂浆饱满，纵横墙交接处应咬槎砌筑。砖块应提前1～2天适度湿润，严禁采用干砖或吸水饱和状态的砖砌筑墙体。砖、砌块、料石墙体，其墙面垂直度允许偏差不应超过 10mm；毛石墙体，其墙面垂直度允许偏差不应超过 20mm。清水墙面应采用水泥砂浆勾缝处理。

第三十八条 施工过程中，不应在楼板和屋面大量集中堆载。

第三十九条 正常施工条件下，砖、砌块墙每日砌筑高度宜控制在 1500mm 或一步脚手架高度内，石墙不宜超过 1200mm。现浇混凝土强度达到要求时方可拆除模板。

第四十条 当室外日平均气温连续 5 天稳定低于 5℃，或当日最低气温低于 0℃ 时，不应施工。

第四十一条 改造工程竣工后，应由危房改造建设方按照相关要求进行竣工验收，对改造后的农房基本安全作出总体评价，形成验收意见。

第四十二条 验收内容为危房改造技术方案的落实情况和施工质量，重点检查涉及房屋安全的主要技术措施。验收方法包括现场检查，问询施工方、改造户及乡镇监管人员，查阅施工过程的记录、证明材料，核查材料来源、购买渠道等。

住房城乡建设部关于进一步做好城市既有建筑保留利用和更新改造工作的通知

（2018 年 9 月 28 日　建城〔2018〕96 号）

各省、自治区住房城乡建设厅，直辖市规划局（委）、住房城乡建设委，计划单列市建设、规划主管部门，省会（首府）城市建设、规划主管部门，新疆生产建设兵团住房城乡建设局：

新中国成立后，特别是改革开放以来，各地建成了一大批以体育馆、影剧院、博物馆、火车站等公共建筑为代表，具有不同时代特征、兼具技术与艺术价值的既有建筑，构成特定历史时期的文化象征，日益成为城市的特色标识和公众的时代记忆。近期，一些城市简单拆除不同时期既有建筑的做法引发社会广泛关注，这种做法割裂了城市历史文脉，切断了居民乡愁记忆。为贯彻落实习近平新时代中国特色社会主义思想和党的十九大精神，更好地传承城市历史文脉，促进绿色发展，现就进一步做好城市既有建筑保留利用和更新改造有关工作通知如下：

一、高度重视城市既有建筑保留利用和更新改造

城市发展是不断积淀的过程，建筑是城市历史文脉的重要载体，不同时期建筑文化的叠加，构成了丰富的城市历史文化。各地要充分认识既有建筑的历史、文化、技术和艺术价值，坚持充分利用、功能更新原则，加强城市既有建筑保留利用和更新改造，避免片面强调土地开发价值，防止"一拆了之"。坚持城市修补和有机更新理念，延续城市历史文脉，保护中华文化基因，留住居民乡愁记忆。深入贯彻落实中央城市工作会议精神，践行绿色发展理念，加强绿色城市建设工作，促进城市高质量发展。

二、建立健全城市既有建筑保留利用和更新改造工作机制

（一）做好城市既有建筑基本状况调查。

对不同时期的重要公共建筑、工业建筑、住宅建筑和其他各类具有一定历史意义的既有建筑进行认真梳理，客观评价其历史、文化、技术和艺术价值，按照建筑的功能、结构和风格等分类建立名录，对存在质量等问题的既有建筑建立台账。

（二）制定引导和规范既有建筑保留和利用的政策。

建立既有建筑定期维护制度，指导既有建筑所有者或使用者加强经常性维护工作，保持建筑的良好状态，保障建筑正常

使用。建立既有建筑安全管理制度，指导和监督既有建筑所有者或使用者定期开展建筑结构检测和安全性评价，及时加固建筑，维护设施设备，延长建筑使用寿命。

（三）加强既有建筑的更新改造管理。

鼓励按照绿色、节能要求，对既有建筑进行改造，增强既有建筑的实用性和舒适性，提高建筑能效。对确实不适宜继续使用的建筑，通过更新改造加以持续利用。按照尊重历史文化的原则，做好既有建筑特色形象的维护，传承城市历史文脉。支持通过拓展地下空间、加装电梯、优化建筑结构等，提高既有建筑的适用性、实用性和舒适性。

（四）建立既有建筑的拆除管理制度。

对体现城市特定发展阶段、反映重要历史事件、凝聚社会公众情感记忆的既有建筑，尽可能更新改造利用。对符合城市规划和工程建设标准，在合理使用寿命内的公共建筑，除公共利益需要外，不得随意拆除。对拟拆除的既有建筑，拆除前应严格遵守相关规定并履行报批程序。

三、构建全社会共同重视既有建筑保留利用与更新改造的氛围

地方各级建设和规划主管部门要坚持共商共治共享理念，积极宣传和普及传承城市历史文脉、推进绿色发展的理念，鼓励全社会形成尊重、保护建筑历史文化和建筑资源的风气。对重要既有建筑的更新改造和拆除，要充分听取社会公众意见，保障公众的知情权、参与权和监督权。对不得不拆除的重要既有建筑，应坚持先评估、后公示、再决策的程序，组织城市规划、建筑、艺术等领域专家对拟拆除的建筑进行评估论证，广泛听取民众意见。

各省（区、市）建设和规划主管部门要加强对城市既有建筑保留利用、更新改造、拆除管理工作的监督检查，指导城市加强既有建筑更新改造利用工作。

（中华人民共和国住房和城乡建设部）

相关政策法规简介

《自治区住房城乡建设厅关于提前下达 2018 年棚户区（危旧房）改造项目建设计划的通知》

发文机构：广西壮族自治区住房和城乡建设厅

发文日期：2018 年 2 月 7 日

文件编号：桂建保〔2018〕4 号

《通知》规定：一、做好各项前期工作，加快项目建设进度。按照国家和自治区有关要求，列入国家年度建设任务的项目须在 2018 年 9 月 30 日前开工建设；列入自治区新增年度建设任务的项目要力争在 2018 年 12 月 30 日前开工建设。2018 年自治区新增年度建设任务纳入 2018—2020 年三年计划管理。各市、县（市、区）住房保障主管部门要尽快做好土地报批、施工图设计、招投标、报建手续等前期工作，及时签订棚户区（危旧房）房屋征收改造安置协议，加快推进项目建设和回迁安置进度，确保按照国家和自治区要求的时间节点完成年度建设任务。

二、强化项目融资管理，加快资金使用效率。（一）根据自治区财政厅《关于提前下达 2018 年部分中央财政城镇保障性安居工程专项资金指标的通知》（桂财综〔2017〕80 号）要求，2018 年我区部分中央财政城镇保障性安居工程专项资金

9.86 亿元已于 2017 年 12 月提前下达各地。按照棚户区改造资金管理有关规定，本次提前下达的补助资金、项目建设计划可做为项目立项等前期工作经费和项目实施（勘查、设计、施工、监理和招投标）的依据，也可按规定用作项目资本金进行棚户区改造专项贷款融资。（二）根据住房城乡建设部、国家开发银行、中国农业发展银行《关于进一步加强棚户区改造项目和资金管理的通知》（建保〔2017〕226 号）精神，列入本次下达计划的项目所涉及的配套基础设施，包括红线范围内和红线范围外与项目直接相关的项目将继续获得国家开发银行、中国农业发展银行的专项贷款支持，尤其是与棚户区改造安置住房同步规划、同步报批、同步建设、同步交付使用的配套基础设施项目将纳入重点支持范围。

三、多措并举，加强项目监管。（一）规范月报填报工作。一是根据财政部、住房城乡建设部《关于印发中央财政城镇保障性安居工程专项资金管理办法的通知》（财综〔2017〕2 号）精神，各地在填报月报表时，项目所涉及的开工任务考核和专项补助资金分配，应以当年需开工建设安置住房套数和货币化安置套数为准。二是 2017 年自治区新增目标任务结转至 2018 年国家建设任务的项目应以本

次下达计划为准，各市、县（市、区）住房保障主管部门须将本次下达的计划建设项目基本信息全部纳入全区住房保障信息系统进行监管。三是全区住房保障信息系统上的数据填报工作将作为年度绩效考评内容之一，各地填报数据须确保真实可靠，每月数据统计截止日期为当月25日。同时，年末需在原有历年项目台账上填报当地本年度项目信息，并对历年所有项目进行实物盘点，及时更新开工、基本建成和分配入住等信息。（二）规范建设计划项目调整。根据自治区住房城乡建设厅、财政厅《关于规范城镇保障性安居工程项目申报和调整的通知》（桂建保〔2016〕23号）要求，6—10月期间，各市、县（市、区）可根据项目推进实际情况，按照文件要求申请调整变更项目。有项目调整变更需求的地区，需于11月10日前由各市住房保障主管部门将项目调整变更申请报请当地政府批准同意后，报送自治区住房城乡建设厅和财政厅进行备案登记。自治区住房城乡建设厅将依据全区项目推进实际情况对项目进行统一调整，并下达项目调整计划，作为自治区城镇保障性安居工程年度资金调整、考核考评等工作的最终依据。年度建设计划统一调整后将不再另行调整。（三）强化过程管理。各地要进一步落实工作责任，严格执行建设程序，严禁违规建设，不得擅自更改项目建设规模、建设标准和建设内容。要健全工程建设管理制度，严格资金使用管理，切实落实项目法人责任、招投标制、工程监理制、合同管理制，严把工程建设质量、安全关，确保工程建设质量。

《关于进一步做好自治区城镇棚户区改造工作的通知》

发文机构：新疆维吾尔自治区人民政府办公厅

发文日期：2018年3月9日

文件编号：新政办发〔2017〕90号

为深入贯彻《国务院关于进一步做好城镇棚户区和城乡危房改造及配套基础设施建设有关工作的意见》（国发〔2015〕37号），进一步做好棚改工作，确保"十三五"未完成全区既有城镇棚户区改造任务，《通知》如下：（一）多渠道筹措项目建设资金。各地要进一步拓宽融资渠道，积极争取国家专项补助、开发性金融贷款、企业债券支持。自治区将加强统筹协调，督促项目所在地政府筹集项目资本金，将项目列入当地政府购买服务指导性目录，并将购买棚改服务资金逐年列入财政预算，严格按照购买棚改服务协议要求，及时、足额向实施主体支付采购资金，并按时偿还银行贷款。当项目所在地政府年初预算安排有缺口确需举借政府债务弥补的，可通过自治区人民政府代发政府债券予以支持。（二）建立行政审批快速通道。各地要加强与国开行、农发行的工作对接，加快落实棚改项目贷款支持。如相关贷款发放前暂未办理完成建设工程规划许可证、建设用地规划许可证、国有土地使用证、建筑工程施工许可证，可通过有关部门出函等方式作为贷款发放过渡性审批依据，同时抓紧办理"四证"，确保项目依法依规实施。引导符合规定的地方政府融资平台公司、实施棚户区改造项目的企业发行各类债券，专项用于棚户区改造项目。对发行用于棚户区改造的企业债券，优先办理核准手续，提高审批效率。（三）创新融资机制。各地要抓住国家基础设施和生态建设向中西部地区倾斜的机遇，把PPP作为解决基础设施和公共服务投入难题、加大有效投资的重要举措，积极整合优势资源，采取有效措施，提高财力困难县（市）财力信用等级，建立健全融资平台，破解棚改融资困难。创新融资机制，制定贷款担保保障政策，鼓励商业银行和社会资本参与棚改项目。（四）加强风险防范。建立健全资金拨付、使用、监督制度，进一步健全问责机制，规范政府购买棚改服务行为，做好征收、建设贷款资金的监管和审计，将廉政风险防控工作纳入住房保障绩效考核，防止挪用、套取、改变用途等违法违规行为的发生，保证棚户区改造资金的使用安全。健全资金风险防范制度，严格落实棚户区改造政策公开、征收信息公开、流程公开制度，完善工作风险评估、风险分类、风险对策制度，采取有效措施，加强资金监管。（五）加强组织领导。各级人民政府要加强棚户区改造工作的领导，及时分解工作任务，层层签订目标责任书，狠抓任务落实。各级城镇住房保障工作领导小组成员单位要完善棚户区改造联席机制和项目联审制度，推动各部门密切配合，形成合力，按照"政策量化、精简高效"的原则，建立健全"绿色审批通道"，精简合并办理手续，对同一项目的多个审批、许可事项，实行一个窗口对外，由内部协调精简合并办理，减少审批环节，提高工作

效率。认真贯彻落实新发展理念，开创棚户区改造发展新局面。

《关于加强农村危房改造管理的通知》

发文机构：安徽省住房和城乡建设厅
发文日期：2018年5月7日
文件编号：建村函〔2018〕889号

为进一步明确危房改造管理职责，压实责任，精准实施农村危房改造，全面提升农村危房改造管理水平，《通知》如下：

一、强化村、乡镇两级精准管理

农村危房改造对象为建档立卡贫困户、分散供养的特困人员、低保户、贫困残疾人家庭。村级要认真做好农村危房改造农户申请的评议工作，形成评议记录，村委会负责危房改造的同志要在评议记录上签字，努力把住农村危房改造工作精准实施的"第一关口"。乡镇审核人员，要深入农户逐一进行现场核查，主要核查户数、姓名、贫困状况及房屋情况，并在农村危房改造对象的审核表上签名，实行留痕管理，着力解决村、乡镇两级对农村危房改造政策执行不精准问题。

二、严格落实县级审批责任

县级住建部门，加强年度实施农村危房改造对象把关，重点审查乡镇审核落实情况，同时，要积极会同财政、扶贫、残联、民政等部门做好农户信息比对，严格落实审批监管责任，严防虚报、重复申报、分户申报等违法行为，坚决堵住漏洞。县级负责审批同志，应在审批表上签名，进一步明晰责任。

三、加强资金监管

农村危房改造补助资金实行专项管理、专账审核，并按有关资金管理的规定严格使用，健全内控制度，执行规定标准，直接将资金补助到危改户，减少中间环节。县级财政部门要对乡镇报送的资金拨付明细表进行审核，防止危房户补助资金重复发放。

四、加大督查力度

各地要建立对群众反映问题的核查和反馈机制，及时调查情况和反馈结果。开展农村危房改造专项督查，对危房改造补助对象把关不严，套取、冒领、挪用农村危房改造补助资金，损害群众利益行为要进行严肃查处；对村干部优亲厚友等问题，乡镇级审核不严、工作中走程序当"二传手"，县级审核不认真、不仔细等问题要认真分析问题产生的根源，完善措施，认真整改。对发现违规违纪问题，应及时移送同级纪检监察机构。

五、加强政策宣传

各地要通过简明易懂的方式，宣传补助对象条件、补助标准、申请程序、资金发放等要求，做到家喻户晓。完善农村危房改造政策、补助标准、补助对象、资金发放、实施情况、信息档案"六公开"制度，使各项政策和落实情况公开透明。

《关于开展老旧小区改造摸底调查及试点工作的通知》

发文机构：河南省住房和城乡建设厅
发文日期：2018 年 5 月 18 日
文件编号：豫建城〔2018〕31 号

《通知》规定了摸底调查的范围及内容：老旧小区改造对象主要是 2000 年以前建成的环境条件较差、配套设施不全或破损严重、无障碍建设缺失、管理服务机制不健全、群众反映强烈的住宅小区。各省辖市对市本级及所辖区老旧小区房屋建筑本体、小区公共部分基础设施和基本功能，老旧小区居民自治和物业管理的现状，以及居民具体的整治需求等全面进行排查。

工作要求：（一）落实摸底调查工作责任。此次调查是开展下一步老旧小区综合整治工作的基础，各省辖市要认真做好摸底调查工作，落实责任制度，明确专人负责，摸清辖区内老旧小区的实际情况，掌握详实的数据，确保调查结果准确、全覆盖。各地应于 6 月底完成摸底调查工作，并于 6 月 30 日上报"河南省老旧小区改造摸底调查汇总表"及调查工作总结报告。（二）编制试点实施方案。各省辖市要高度重视，充分认识做好老旧小区改造试点工作的重要意义，加紧编制老旧小区改造试点实施方案，明确改造目标、内容、时间安排，细化任务措施，落实责任人，加快推进试点工作进展。于每季度最后一个月月底将改造试点的进展情况上报厅城市建设处（同时上报电子版）。（三）组织试点城市实施。许昌市作为全国老旧小区改造试点城市，要按照住房城乡建设部的要求尽快推进试点小区的建设进度，重点探索老旧小区改造在工作组织、资金筹措、项目建设、长效管理等方面的机制，及时梳理总结老旧小区改造的主要做法和成效，为全省老旧小区改造提供可复制、可推广的经验，充分发挥引领作用。

《关于进一步提升农村危房改造工作质量的通知》

发文机构：河北省住房和城乡建设厅
发文日期：2018 年 5 月 18 日
文件编号：冀建村〔2018〕27 号

《通知》规定：要精准组织实施。（一）做实工作台账。各地要按照省住建厅、扶贫办、民政厅、残联四部门印发的《关于进一步做好农村危房改造精准认定工作的通知》（冀建村〔2018〕12 号）有关要求，精准做实建档立卡贫困户、低保户、农村分散供养特困人员和贫困残疾人家庭 4 类重点对象危房户台账，逐户登记基本信息、危房状况及改造安排等内容，5 月底前将有关信息全部录入全国农房信息系统。同时，完成重复和不完整农户信息的整改，删除不符合条件的农户信息。要依据 4 类重点对象身份动态变化情况，及时将符合条件的 4 类重点对象纳入台账，为精准实施农村危房改造提供基本依据。（二）加快改造进度。2017 年度安排的 93118 户农村危房改造任务，要在今年 6 月底前全部竣工。特别是改造任务较重的张承保三市，要砸实责任，加强调度，确保如期完成任务。现有 4 类重点对象危房户全部纳入 2018—2019 年度改造计划，要尽早安排启动。特别是张承坝上地区，要充分考虑冬季施工的实际困难，积极开工改造。对于符合条件的，将统筹考虑国家任务，在下达正式任务时予以确认。各地有关部门要加强协调沟通，建立信息共享机制，加大工作推动力度，做到符合条件的 4 类重点对象危房户应改尽改，10 月底前要开工 90％以上，年底前全部开工。（三）做好信息管理。2017—2018 年度农村危房改造任务的竣工情况、验收情况以及补助资金兑现等情况，要按照农村危房改造农户档案管理信息系统操作有关要求，与危房改造工作同步、及时录入系统，真实反映工作进展。2018—2019 年度改造户已实施改造的，其基本信息、危房状况及开工、竣工等各环节情况，也应分阶段及时录入系统。对 2016—2017 年度及以前年度、特别是党的十八大以来各年度改造任务录入系统情况，要进行全面检查整改和"回头看"，系统中年度危房改造户数量、开工户数、竣工户数及资金兑现情况，达不到省下达的任务量的，要尽快将当年改造信息补录补齐，与年度任务对应起来。这项工作 5 月底前要全部完成。今后各地上报工作进展应以系统数据为基本依据。

《市建委等六部门关于做好 2018 年农村危房改造提升工作的通知》

发文机构：天津市城乡建设委员会
发文日期：2018 年 6 月 6 日
文件编号：津建村镇〔2018〕253 号

任务目标：（一）完成农村危房改造。完成市政府确定的 2018 年民心工程全市 5000 户危房改造计划。综合考虑各区农村人口、困难家庭数量、财政收入和危房摸底等因素，对改造任务进行分配，改造计划另行下达。（二）全面推广节能示范农房。按照天津市冬季清洁取暖试点城市工作方案，将实施农房建筑节能与农村危房改造相结合，全市新建和改造节能示范户6000户，推进农村地区房屋建筑能效提升，助力我市冬季清洁取暖。（三）推进人居环境示范村创建。以成片房屋整治为重点，对2017年度天津市人居环境示范村进行改造，提升建筑风貌，形成具有地域特色的特色民居。再遴选7个有一定基础的村庄，作为2018年度人居示范村，组织开展村庄规划设计、特色民居改造等工作，以点带面推动天津市人居环境改善。

资金政策：（一）实施危改分类补贴。2018年市财政按照C级户均0.78万元、D级户均2.82万元（宁河、蓟州两区）和2.44万元（其它各区）标准向各区财政下达补助资金。各区可自行制定区级财政补助资金政策，其中C级修缮加固补助标准，应不低于1.2万元/户；D级翻建或修缮加固补助标准，应不低于2013年危改方案中相应档次的补助标准。（二）增加节能改造补助。按照《天津市冬季清洁取暖试点城市中央财政奖补资金分配方案》（津政办函（2017）135号），2018年中央财政安排专项资金用于天津市农房建筑节能。各区要将实施农房建筑节能与农村危房改造充分结合，今年纳入危房改造的农房要按照《市建委关于做好2017年农村危房改造节能示范工作的通知》（津建村镇（2017）357号）要求实施节能改造，对墙体、屋顶、门窗和门斗中两个以上部位进行改造的，即可认为达到建筑节能示范标准，按照节能改造实施部位给予每户

最高1万元中央奖补资金。（三）继续实施危改贷款贴息政策。各区应继续积极探索通过贷款贴息方式，帮助无力出资参与农村危改且有信贷需求的贫困危房户多渠道、低成本筹集改造资金。贷款利息由市区两级财政按各50％比例分担。

工作措施：（一）严格农村危改对象认定；（二）运用互联网手段畅通危改申请渠道；（三）严格实施危房等级鉴定，科学判定二次危改对象；（四）大力推广加固改造方式；（五）结合农村危改，深化农民住房节能改造；（六）加强农村危改质量安全管理；（七）各区结合自身实际，科学制订本地区危改实施方案。

《黑龙江省人民政府办公厅关于转发省住建厅省发改委黑龙江省绿色建筑行动实施方案的通知》

发文机构：黑龙江省人民政府办公厅
发文日期：2018年6月12日
文件编号：黑政办规〔2018〕35号
《通知》规定主要目标：（一）到"十三五"期末，全省城镇新建建筑全面执行节能设计标准，城镇绿色建筑面积占新建建筑面积比重提高到50％。（二）到"十三五"期末，城镇新建建筑能效水平比2015年提升10％，公共建筑节能改造超过260万平方米。（三）大力发展装配式建筑，到"十三五"期末，全省装配式建筑占新建建筑面积的比例不低于10％。（四）推广建筑节能产品和绿色建材，促进低辐射镀膜玻璃、高效节能门窗、新型保温墙体材料、太阳能热水系统等绿色产

业发展。

基本原则：（一）全面推进，突出重点。全面推进城乡建筑绿色发展，重点推动政府投资建筑、保障性住房以及大型公共建筑率先执行绿色建筑标准。（二）因地制宜，分类指导。结合各地经济发展水平、资源禀赋、气候差异和建筑特点，有针对性地制定完善推进绿色建筑发展的相关政策措施。（三）政府引导，市场推动。以政策、规划、标准等手段规范市场主体行为，研究运用价格、财税、金融等经济手段，发挥市场配置资源的决定性作用，营造有利于绿色建筑发展的市场环境，激发市场主体设计、建造、使用绿色建筑的内生动力。（四）立足当前，着眼长远。树立建筑全寿命期理念，综合考虑投入产出效益，选择合理的规划、建设方案和技术措施，避免盲目的高投入和资源消耗。

重点任务：（一）切实抓好新建建筑管理；（二）积极促进建筑能效提升；（三）科学实施清洁供暖；（四）全面提高热网系统效率；（五）积极推进绿色农房建设；（六）加强公共建筑节能管理；（七）加快绿色建筑相关技术研发推广；（八）大力发展绿色建材；（九）推进装配式建筑发展；（十）严格建筑拆除管理程序；（十一）推进建筑废弃物资源化利用。

《市建委市农委关于 2018 年天津市改善农村人居环境示范村提升改造有关工作的通知》

发文机构：天津市城乡建设委员会

发文日期：2018 年 6 月 16 日

文件编号：津建村镇〔2018〕245 号

《通知》明确全年工作目标：组织 2017 年列入全国人居示范村的村庄进行提升改造。以成片房屋整治、农房提升改造，形成具有地域特色的民居群为重点，完善村庄道路，加强绿化美化，改善村容村貌，健全生活污水和垃圾处理机制，切实提升村庄人居环境。遴选 2018 年天津市人居示范村。

主要任务：（一）编制村庄规划和特色民居户设计方案。人居示范村要深入开展村庄调研，科学编制村庄规划，合理布局各项设施。结合已编制的村庄规划，各村要编制到户的特色民居改造设计方案，坚持改造为主，建新为辅。按照《天津市乡村特色民居设计导则》，针对不同地域村庄特色，重点从门楼、院墙、屋顶、立面、门窗、环境六大元素进行改造设计，达到施工图深度。（二）编制提升改造实施方案。有农业的区人民政府要指导督促各乡镇政府，组织人居示范村编制提升改造实施方案，统筹安排建设项目，明确工作推动机构、项目建设计划、总投资、保障措施等。提升改造实施方案要通过村民代表大会等形式征求村民意见，经专家评审通过，报区政府同意后实施，并报市建委、市农委备案。（三）项目建设及资金拨付。建设项目施工采取公开招标方式。提倡选用 EPC 模式（设计施工总承包）组织项目实施。施工单位要严格按规划和技术标准施工，确保工程质量。补助资金实行乡镇报账制。具备项目开工条件后，由村级组织按照项目进度提出申请，乡镇财政部门按工程进度及时拨付兑现建设资金，在项目竣工验收合格后办理清算。中央和市级人居示范村补助资金应主要用于以下建设项目：1.特色民居建设；2.村内道路提升；3.安装路灯；4.村庄绿化；5.管线入地；6.修建健身广场。根据村庄实际，适当安排其他清脏治乱项目。（四）工程验收及经验总结。人居示范村提升改造工程按照验收要求，实行乡镇、区、市级逐级验收。建设项目建成后，施工单位向监理单位提出验收申请，双方自验合格后向村委会提出竣工验收申请。乡镇人民政府组织村两委、村民代表及施工单位、监理单位进行乡镇级建设项目验收，并填写建设项目乡镇级验收表，明确验收结果，上报区建委、区农委。区建委、区农委组织区级验收，对发现问题整改并验收合格后，填写建设项目区级验收表，形成区验收总结报告申请市建委、市农委验收。市建委、市农委对项目建设完成情况和区验收情况进行市级验收。市建委会同市农委组织完成验收后，总结形成可复制、可推广的人居示范村提升改造经验。（五）遴选2018年天津市人居示范村。各区政府组织推荐有一定基础的村庄参加2018年天津市人居示范村评选工作。蓟州、宝坻每个区申报2～3个村庄，武清、宁河、静海每个区申报1～2个村庄，6月30日前提交申报材料。市建委会同市农委组织通过专家评审、现场核查等程序，遴选出不少于7个2018年天津市人居示范村（同时作为2019年全国人居示范村候选村庄），并启动编制村庄规划和特色民居户设计方案工作。

《北京市人民政府办公厅关于印发〈北京市2018年棚户区改造和环境整治任务〉的通知》

发文机构：北京市人民政府办公厅
发文日期：2018年7月19日
文件编号：京政办发〔2018〕4号
《通知》规定：

（一）高度重视，加强领导。各区政府、市政府有关部门要深入贯彻落实党的十九大精神，以习近平新时代中国特色社会主义思想为指导，全面落实习近平总书记对北京重要讲话精神，坚持以人民为中心的发展思想，进一步提高对棚户区改造和环境整治工作重要性的认识，切实加强组织领导，强化责任担当，扎实推进各项工作，确保高质量完成年度任务。

（二）强化统筹，科学规划。各区政府、市政府有关部门要严格落实《北京城市总体规划（2016年—2035年）》，按照人口规模、建设规模双控要求，控制好项目拆占比、拆建比，通过棚户区改造和环境整治推进建设用地减量。要将棚户区改造和环境整治与"疏解整治促提升"专项行动其他任务结合起来，统筹规划，补齐短板，进一步完善公共服务设施，改善人居环境，提升生活品质。

（三）加强审核，严控成本。各区政府、市政府有关部门要认真研究优化项目实施方案，参照土地储备开发项目成本管理模式，规范成本审核，加强过程监管，严格控制棚户区改造和环境整治项目成本。

（四）密切协作，狠抓落实。各区政府、市政府有关部门要密切协作配合，加强上下联动，加快项目审批、征收拆迁、用地供应等各项工作，为棚户区改造和环境整治项目顺利实施创造条件。要认真落实监管职责，在项目设计、招标、施工、竣工验收等各环节严格把关，确保质量安全。

（五）市政府将棚户区改造和环境整治任务列入 2018 年绩效考核项目，各区年度任务完成情况要于年底前报市政府。

《关于进一步做好棚户区改造有关工作的通知》

发文机构：陕西省住房和城乡建设厅
发文日期：2018 年 8 月 10 日
文件编号：陕建发〔2018〕239 号
《通知》规定：

一、确保完成年度棚改目标任务。2018 年棚户区改造开工 20.2 万套，是省政府对全省人民的庄严承诺，各地要采取切实有力措施，加快开工进度；目前仍未开工项目，要逐项目分析原因，提出具体措施，倒排工期，责任到人，确保 9 月底前全部开工。同时，要严格执行保障性安居工程建设进展快报制度，严格落实住建部《关于进一步明确保障安居工程开工统计口径有关事项的通知》（建办保函〔2015〕1153 号）、住建部财政部《关于明确棚改货币化安置统计口径及有关事项的通知》（建保〔2016〕262 号）要求，对虚报开工的，一经发现将严肃问责。对棚改安置住房逾期 3 年以上未交付的项目，各

地要组织开展专项督查检查，建立项目台账，力争早日竣工，并将整改情况于 9 月 20 日前报省厅。

二、制定完善棚户区标准和范围。各地要按照国发〔2013〕25 号、国办发〔2014〕36 号和建办保函〔2017〕551 号等文件要求，坚持"尽力而为、量力而行"的原则，结合本地财政承受能力，制定完善市、县棚户区标准和改造范围。严禁将旧城改造、房地产开发、城市基础设施建设等项目打包纳入棚改；严禁将因道路拓展、历史街区保护、文物修缮等带来的房屋拆迁改造项目纳入棚改；严禁将农村危房改造项目纳入棚改；严禁将房龄不长、结构比较安全的居民楼纳入棚改；严禁将棚改政策覆盖到非国家重点镇；严禁将对小区配套设施进行维修养护、美化亮化，对居民房屋进行外立面整治、节能改造等的项目纳入棚改；严禁将补偿面积过大、改造成本过高的城郊村、城边村改造纳入棚改。9 月 20 日前，市、县要将制定的棚户区标准报送省厅。下一步，省厅将把制定棚户区标准作为落实中省政策的主要考核指标。

三、调整完善棚改货币化安置政策。各地要对本地棚改货币化安置情况进行认真梳理，按照住房城乡建设部、国家发展改革委、财政部等部门印发的《关于申报 2018 年棚户区改造计划任务的通知》（建办保函〔2017〕551 号）的要求，调整完善棚改货币化安置政策，对商品住宅消化周期在 15 个月以下的市县，主要采取新建棚改安置房的方式；商品住房库存量大、市场房源充足的三四线城市和县城，

要合理确定棚改货币化比例，并于9月20日前，将调整完善棚改货币化安置政策的情况报省厅。

四、依法依规控制棚改成本。各地要认真落实住房城乡建设部、财政部、国土资源部《关于进一步做好棚户区改造工作有关问题的通知》（建保〔2016〕156号）要求，树立精打细算理念，严格依法依规办事，严禁大手大脚花钱，严禁违规支出。要建立健全征收拆迁补偿标准的规则，严格评估制度，确保征收过程公开公平公正；严格核定棚户区改造片区内非住宅类建筑内容；严格控制户均改造面积、套均改造成本；加快工程建设进度，提高棚改贷款资金使用效率；确保棚改腾空土地出让收入、属于政府所有的棚改安置小区配套商业设施销售收入优先用于棚改，努力实现在市域范围内棚改资金总体平衡，确保按合同约定及时偿还棚改贷款，切实防范债务风险。

五、提前谋划明年棚改任务。各地要按照棚改"新三年（2018－2020年）"计划和本级财政承受能力，要坚持"成熟一个、申报一个、改造一个"的原则，尽快确定2019年具体项目，严禁将不符合棚改范围和标准、突破总体规划确定的用地性质、范围、建设强度的项目纳入年度棚改计划，严禁将申报资料不全、当年9月底前不能全面开工的项目纳入年度棚改项目计划，确保本地棚户区改造的重点是老城区内脏乱差的棚户区和国有工矿、林区、垦区棚户区。

六、高度重视棚改专项债发行工作。开展棚改专项债试点发行工作，是规范棚户区改造融资行为、坚决遏制地方政府隐性债务增量的举措，是探索建立棚户区改造专项债券与项目资产、收益相对应的制度。各地棚改主管部门要高度重视，会同财政部门做好本地区棚改专项债券试点发行准备工作，要及时准确提供相关材料，配合财政部门做好项目规划、信息披露、信用评级、资产评估等工作。

七、切实抓好审计发现问题整改工作。各地要按照中省要求，对审计发现问题建立整改台账，逐项制定整改方案，明确整改时限，完善月报告制度，以办结一件销号一件的方式跟踪管理，确保问题"条条要整改、件件有落实"。要坚持问题导向，把整改工作和建章立制相结合，加强与相关部门的沟通协作，完善政策措施，力求标本兼治，切实发挥审计对业务工作的"体检"作用，推动全省住房保障工作质量进一步得到提升。

八、加强舆论引导，营造良好氛围。棚改工作社会关注度高，政策性、敏感性强，各地要健全棚改舆论工作机制，建立棚改信息发布常态化机制，建立舆论引导专家库，加大棚改政策解读和信息发布力度；要注意跟踪舆情，对涉及辖区内棚改有关工作的议论，要加强研判，及时予以回应，善于用事实和数据说话，澄清不实之词。

《关于印发〈关于进一步完善北京市棚户区改造计划管理工作的意见〉的通知》

发文机构：北京市住房和城乡建设委

员会、北京市重大项目建设指挥部办公室、北京市规划和国土资源管理委员会

发文日期：2018 年 10 月 10 日

文件编号：京建发〔2018〕455 号

《通知》规定：

一、关于年度实施计划。（一）项目列入年度实施计划前，各区需提交《北京城市总体规划（2016 年－2035 年）》批复以后规土部门出具的项目地块控规批复文件或其他正式书面确认文件，证明项目规划稳定。（二）项目列入年度实施计划前，区政府需做出书面承诺，对项目平衡资金及成本负全责；对于纯市属国有企业用地项目，需市属国有企业向区政府做出书面承诺，对项目平衡资金及成本负全责。当项目成本溢出造成亏损、不能实现资金平衡时，区政府或市属国有企业自行承担解决。（三）列入年度实施计划的项目，区政府要与项目实施主体签订协议，明确改造目标、改造范围、改造要求、工程进度时限和双方权利、义务关系及违约责任等。

二、关于年度前期计划。（一）取得街区控规、尚未取得项目地块控规且符合棚户区改造基本特征的项目，各区可申请列入年度前期计划。不具备街区控规的项目暂不列入年度前期计划。此前，已列入历年前期计划（储备计划）项目按照本意见重新审核确认后可纳入年度前期计划。（二）列入年度前期计划项目，各区可按照棚改路径开展项目地块控规前期研究和方案论证工作；年度前期计划仅作为棚户区改造工作内部各部门、各区开展项目地块控规前期研究和方案论证的依据，不作

为项目纳入棚户区改造范围的依据，不对社会公开。（三）列入年度前期计划一年内未取得地块控规的项目，应退出年度前期计划，由各区研究其他实施途径。列入年度前期计划项目取得项目地块控规、具备年内启动征收拆迁条件后，可按程序由区政府提出申请转入年度实施计划。年度前期计划项目转入年度实施计划前，不得以棚改名义启动征收拆迁腾退。

三、严格项目准入，规范项目实施。市政府各相关部门、各区政府要严格把握好棚户区改造的标准和范围，回归棚改初心，立足改善民生，切实解决老百姓的住房困难问题。要转变观念，推动北京市棚改工作由追求数量向确保质量转型；由政府主导企业主体向政府推动群众主体、企业（或平台）运作转变；由重拆迁到重规划设计、建设、交用与管理、配套和腾退空间利用、保护提升全过程管理转换；由重启动向重收尾转变，实现进度、成本、质量、效果统筹，切实把棚户区改造这一民生工程抓实抓好。严格控制集体土地棚改项目，鼓励采用村庄整治、异地村庄重建等方式改善农民居住条件，促进美丽乡村建设。

《北京市住房和城乡建设委员会关于进一步做好老旧小区综合改造工程外保温材料使用管理工作的通知》

发文机构：北京市住房和城乡建设委员会

发文日期：2018 年 11 月 7 日

文件编号：京建法〔2018〕20 号

按照国务院深化"放管服"改革决策部署，转变政府职能、深化简政放权、创新监管方式，现就进一步做好老旧小区综合改造工程外保温材料使用管理工作有关事项通知如下：

一、根据《北京市住房和城乡建设委员会关于废止部分文件的通知》（京建法〔2018〕18号），自2018年9月30日起，取消老旧小区综合改造工程外保温材料专项备案事项。北京市住房和城乡建设委员会不再发布《北京市老旧小区综合改造工程外保温材料专项备案产品目录》，已经发布的于2018年9月30日起不再执行。

二、老旧小区综合改造工程外保温材料性能指标应满足国家和北京市有关标准和规定要求。外保温材料燃烧性能应不低于B1级，严禁使用B2级及以下的外保温材料；当采用B1级外保温材料时，材料进场前应使用不燃材料进行六面裹覆；有机类外保温材料应采用遇火后无熔融滴落物积聚且阻燃性能合格的材料。

三、向本市老旧小区综合改造工程供应外保温材料的单位对所供应外保温材料质量负责，应按照规定进行出厂检验，并通过市住房城乡建设委建筑节能与建材管理服务平台（以下简称"管理服务平台"）报送供应单位名称、单位产品能耗指标、采购单位、采购数量等信息。

四、施工单位应严格按照相关施工技术与验收标准进行进场验收和施工，并按规定通过"管理服务平台"报送外保温材料采购信息。

五、市和区住房城乡建设主管部门应加强老旧小区综合改造工程外保温材料的使用管理、监督和服务，建立外保温材料供应企业信用管理机制，加强事中事后监管，对使用不合格外保温材料的老旧小区综合改造工程的，严格按照《建设工程质量管理条例》和《北京市建设工程质量条例》等法律法规进行处理处罚，保障工程质量。

《海南省住房和城乡建设厅关于切实做好2018年农村危房改造扫尾工作的通知》

发文机构：海南省住房和城乡建设厅

发文日期：2018年11月15日

文件编号：琼建村函〔2018〕1347号

2018年农村危房改造工作已接近尾声，为了确保11月30日前所有危改户全部搬迁入住，以优异的成绩迎接国家扶贫考核、第三方评估及住建部农村危房改造绩效评价，现就有关事项通知如下：

一、全面完成危房改造验收工作。根据《海南省打赢脱贫攻坚战指挥部关于印发〈关于国务院扶贫开发领导小组巡查组反馈农村危房改造存在问题整改方案〉的通知》（琼脱贫指〔2018〕15号）要求，按照住房城乡建设部《农村危房改造最低建设要求（试行）》标准，坚持"谁验收、谁签字、谁负责"的原则，对已竣工但还未组织验收的危改房，尤其是2018年脱贫退出户的危改房，要尽快组织全面验收，并于11月30日前全部完成竣工验收工作。

二、动员危改户搬迁入住。按照省打赢脱贫攻坚战指挥部9月10日在临高县召开全省打赢脱贫攻坚战农村危房改造工作推进会要求，11 月底前危改户必须全部搬迁入住。各市县危改办要配合乡镇政府、村委会干部动员并督促危改户搬迁入住新房，鼓励村民采取亲帮亲、邻帮邻方式搬迁入住新房。同时各市县要为危改户搬迁提供服务，必要时，协调提供搬迁工具或运输车辆。

三、监督危改户拆除旧危房。对于异地新建危改房的贫困户，搬迁入住新建房屋 3 个月内应拆除旧危房。危改户原旧危房属独立住房的，应按规定予以拆除；属共有住房或联排房屋的，可予以保留，但危改户不能继续使用旧危房。属共有住房的要提供相关证明材料，并将证明材料纳入一户一档纸质档案资料。各市县危改办要建立异地新建危改户台帐，标注危改房竣工时间、拆除时间，对于未能拆除的要注明未拆除原因。

四、查遗补漏完善住房功能。各市县要对危改房进行全面排查，建立问题台账，对于未满足最低建设要求的危改房按照"缺什么补什么"的原则，进行查遗补漏，特别是厨房厕所、水电问题要抓紧建设到位，并在 12 月 10 日前对存在的问题全面整改完成。

五、对不符合面积标准的危改房进行全面整改。对于总面积超标大于 18 平方米的或是人均未达到最低面积标准的危改房，各市县要按照《海南省打赢脱贫攻坚战指挥部关于印发〈关于国务院扶贫开发领导小组巡查组反馈农村危房改造存在问题整改方案〉的通知》（琼脱贫指〔2018〕15 号）要求，于 12 月 20 日前全面整改

完成。

六、按时足额拨付补助资金。协助属地财政部门和乡镇政府按照规定按时足额拨付危改补助资金，确保提高危改户满意度。

七、完善"一户一档"，及时准确录入系统。农村危房改造实行一户一档农户档案管理制度。每户农户的纸质档案必须装订成册，应包括档案表、房屋危险性等级鉴定书、家庭成员有关身份证件、建档立卡贫困户（五保、低保、残疾）等证明复印件、农户申请书、农户档案信息表、审核审批表、公示、协议（或承诺书）、危房改造前、中、后三张照片、竣工验收表、补助资金发放证明等 21 项资料。在完善和规范农户纸质档案管理基础上，将农户档案表及时、全面、真实、完整、准确地录入《全国农村危房改造信息系统》。

八、精准核实建档立卡贫困户危房信息。经大数据平台比对，截至目前，海南省扶贫建档立卡信息系统与全国住建危房改造信息系统共有 8475 条危房信息数据不一致。各市县危改办要主动对接扶贫部门，共同指导乡镇政府逐户逐条精准核实危房信息差异的原因，并对建档立卡贫困户危房信息进行相应修改完善，确保两个系统危房信息一致。

《关于推进老旧小区改造工作的通知》

发文机构：湖北省城市建设绿色发展指挥部

发文日期：2018 年 12 月 17 日

文件编号：鄂城建绿办〔2018〕2 号

《通知》指出，将老旧小区改造作为"补短板、惠民生"的重点工作，力争到2020年，全省各市、州、直管市和林区完成60％以上的老旧小区改造任务，各县（市、区）完成50％以上的老旧小区改造任务。使老旧小区居民的居住条件和生活品质显著提升，社区治理体系趋于完善，切实增强人民群众的获得感、幸福感和安全感。

基本原则：政府主导，居民参与；突出重点，补齐短板；试点引领，政策扶持；积极创新，治管并举。

工作安排：（一）开展调查摸底。各地要按照《关于开展老旧小区改造试点工作的通知》（鄂建函〔2018〕670号）和《住房城乡建设部城市建设司关于做好城市市政基础设施补短板项目储备的通知》（鄂城海函〔2018〕288号）相关要求，对行政区域内的老旧小区进行调查摸底，重点是2000年以前建成、小区功能缺失、物业管理缺位以及脏乱差的住宅小区，建立老旧小区改造项目库，并推荐部分（市州15个，直管市和林区10个以内）具有代表性的老旧小区作为全省老旧小区改造试点项目。（二）全面启动实施。2019年，省城市建设绿色发展指挥部将印发关于老旧小区改造的省级试点名单，一年内完成试点任务。各地要全面启动老旧小区改造工作，力争2019年完成计划项目改造任务的30％以上，2020年完成50％以上。（三）开展总结评估。2019年底，省指挥部将对老旧小区试点工作完成情况进行总结评估，作为城市建设绿色发展的特色加分项进行考核，并对各地老旧小区改造实施情况进行检查。2020年底，对全省老旧小区改造工作进行全面检查，并对下步工作作出部署。

组织实施方式：各地老旧小区改造工作分为5个步骤，要坚持标准化、规范化、项目化原则，科学制定改造方案，建立科学的施工流程和管理机制，严格组织竣工验收，各方责任主体依法承担质量责任，确保改造项目质量。具体步骤包括：制定方案、组织施工、竣工验收、长效管理、评估完善。

二、标准篇

　　工程建设标准对于确保既有建筑改造领域的工程质量和安全、促进既有建筑改造事业的健康发展具有重要的基础性保障作用。本篇以协会标准《公共建筑机电系统能效分级评价标准》、地方标准《既有住宅建筑综合改造技术规程》为例进行介绍。

协会标准《公共建筑机电系统能效分级评价标准》编制简介

一、编制目的及意义

随着城市建设的高速发展，我国建筑能耗逐年大幅度上升。许多专家学者从建筑材料、围护结构到整体设计，从能耗设备、系统运行到综合评价方法等各方面进行了大量研究，并提出节能运行监管是我国大型公共建筑节能管理的必然选择，加强公共建筑的节能管理，切实降低运行阶段的能耗损失是公共建筑节能最直接有效的手段。

机电系统作为公共建筑用能的重要组成部分，其能效提升对整个建筑能耗的降低具有重要意义。为了科学评价公共建筑机电系统的能耗现状，亟需建立一套公共建筑机电系统能效分级评价体系，编制公共建筑机电系统能效分级评价相关标准。

二、主要编制工作

标准编制组就机电系统能效评价关键指标、能效等级特征及分级方法、样本建筑试评价及修正等进行了研究，具体情况如下。

（一）机电系统能效评价关键指标筛选

开展公共建筑机电系统分项计量数据调研，对样本数据总表能耗进行分项、分类拆分，整理统计数据。基于样本的水、电、气分项分类能耗，筛选出直接反映其能效等级的关键指标，并分建筑类型、系统形式、气候区等构建出典型公共建筑机电系统能效等级评价指标体系。

（二）能效等级特征及分级方法研究

通过整理统计调研数据，得出典型既有公共建筑分项能耗网络分布水平、能效等级特征及分级方法，获得水、暖、电能效等级网络分布表，提出反映机电系统能效等级的综合性指标及分级标准。

（三）样本建筑试评价及修正

筛选样本建筑，并基于近三年逐月总表数据及典型日 24h 分类分项能耗、水耗、气耗测试，对所提出的公共建筑机电系统能效分级评价方法进行检验和修正。

三、编制过程中的主要问题

（一）关于公共建筑机电系统能效等级评价指标体系的构建

目前，能耗评价指标多包含在节能设计规范和绿色建筑评价标准中，且主要是从设计角度对建筑用能进行评价，例如用"能量转换效率"（ECC）评价不同供热空调系统及方式，用"输配系数"（TDC）评价水泵、风机等输配系统，用"热回收能效比"（CEP）评价新风热回收。现有的能耗指标多是针对某一部分或针对设计情况，且体系性不强。采用传统的能耗限额指标"年单位建筑面积能耗"（EUI）作为评估建筑能耗的评价标准具有一定的缺陷，使得评估建筑节能的最终目标不明确，导致节能工作评价的统一性不强。现有公共建筑机电系统能效评价指标可分为限制性指标和综合性指标，限制性指标是对耗能系统局部或整体最高能耗或能效的规定，如采暖空调设备的能效指标性能系数（COP）、能效比（EER）、综合部分负荷性能系数（IPLV）、电源使用效率（PUE）等，这些指标较具体但相对独立，缺乏必要的关联性和综合性。

本标准针对暖通空调、给水排水、电气三个子系统，构建出典型公共建筑机电系统能效等级评价指标体系。具体指标方面是从机电系统分项计量调研数据出发，参照欧美有关标准的相关规定，筛选出直接反映机电系统能效等级的关键指标。该评价指标体系能够对公共建筑机电系统的能效作出迅速、全面的评价及诊断，可以更直观地反映公共建筑机电系统运行特性。

（二）关于公共建筑机电系统能效分级评价的约束条件

机电系统能效分级评价参评建筑的能耗应满足现行国家标准《民用建筑能耗标准》GB/T 51161 的约束值。机电系统能效分级评价是对反映建筑机电系统能源消耗量及建筑物用能系统效率等性能指标进行计算、核查和必要的检测，需给出其所处等级的活动，因此公共建筑机电系统能效分级评价应包含能耗评价和能效评价两

个层面。

此外，考虑到机电系统性能是否满足使用需求，在对公共建筑进行机电系统能效分级评价前，应对参评建筑室内环境质量及使用功能进行评估，满足要求后再进行机电系统能效分级评价。其评价结果分为满足和不满足。在进行机电系统能效性能分级评价时，应首先对参评建筑室内环境质量及使用功能进行评价，当参评建筑室内环境质量及使用功能不满足要求时，应进行相应改造，改造后满足要求时再进行机电系统能效分级评价。

（三）关于公共建筑机电系统能效分级评价定级方法

标准编制组借鉴国内外先进标准，确定采用量化评价手段。经分析统计调研数据，总结既有公共建筑分项能耗网络分布规律，分析水、暖、电能效等级网络分布表，进而提出反映机电系统能效等级的综合性指标及分级标准。

公共建筑机电系统能效按照总得分进行分级评价，暖通空调、给水排水、电气系统分值设定为 0～100 分。参评建筑评分项实际得分值除以适用于该建筑的评分项总分值再乘以 100 分计算，同时给出了公共建筑的分项指标权重。其中，各类指标的权重经广泛征求意见、公共建筑机电系统分项能耗分布水平调研和试评价后综合调整确定。

此外，标准规定了暖通空调、给水排水、电气三个子项的最低得分要求，避免仅按总得分确定等级引起参评建筑在某一方面存在能效过低的情况。机电系统能效等级的确定与分值的关系，经广泛征求意

见和试评价后综合调整确定。

（四）关于样本建筑的试评

在标准公开征求意见期间，标准修订组委托中国建筑科学研究院有限公司天津分院、北京建筑大学、天津大学、四川省建筑科学研究院等单位，依据标准征求意见稿对项目开展了试评工作。在标准报批稿定稿时，将基于此前试评的部分项目对稿件进行复核检验。

试评工作成果保障了各星级机电系统得分要求和各类评价指标权重确定的合理性，同时还发现了评价技术条文在适用范围（包括建筑类型、评价条件等）、具体评价方法、技术要求难度等方面存在的问题，对增强标准的可操作性和适用性，以及技术指标的科学合理性都起到了重要作用。

四、结语

《标准》的编制与实施可以对公共建筑机电系统提出针对性的评价要求，并提炼出新的量化考核指标，为公共建筑机电系统能效提升改造提供决策依据。

《标准》编制中的研讨交流及科研课题的开展，可以促进行业专业人员对于公共建筑机电系统能效提升关键难题的思考与审视，继而在机电系统高效供能与综合改造技术集成体系构建等关键技术上形成突破和创新，有利于形成适用于既有公共建筑机电系统低成本能效提升的成套技术产品体系及工程实施模式。

《标准》的编制与实施，将有利于新建公共建筑或既有公共建筑改造过程中，在规划设计、施工、产品、后评价等一系列环节引入机电系统能效分级的思想，为行业的健康发展提供技术依据和参考标准，有利于我国既有公共建筑机电系统能效提升的推广和市场化。

《标准》的编制，是对建筑能耗标准、建筑能耗数据分类等相关规范制定工作的延续和拓展，进一步扩充了我国建筑机电系统的设备组成及能耗分类，并拓展了新的建筑能效评价与诊断方法。

（中国建筑技术集团有限公司供稿，
狄彦强、张志杰、张晓彤执笔）

地方标准《既有住宅建筑综合改造技术规程》编制简介

一、编制目的及意义

我国是人均资源严重不足的国家，巨大的资源、能源需求已经成为制约我国经济发展的一个重要因素。传统的建筑从施工、运行到拆除的全过程中需要消耗大量的资源与能源，并对环境造成严重的负面影响。我国既有居住建筑存量巨大，相对于趋向平稳的新建建筑的完工速度，对既有建筑进行综合改造将成为解决我国当前所面临的资源与环境问题的重要途径和关键环节，有利于促进我国实现从传统消耗型经济发展模式向生态型经济发展模式转变。

受技术、成本等诸多因素的影响，我国以往对既有建筑实施的改造多侧重于单项技术（如结构加固、节能改造、平改坡、给水排水系统改造等）的实施，现有的技术标准体系也呈明显的专业化划分倾向，缺少系统化的既有建筑综合改造标准，易造成由于各专业彼此割裂分期实施引起技术经济性不佳问题的产生。

为此，河北省住房和城乡建设厅及时下达了制定省级标准《既有住宅建筑综合改造技术规程》的任务，以应当前建筑改造现状的需求。

二、主要编制工作

编制组在认真整理各项资料、反馈信息等，以及组织编制组成员学习掌握标准的编制要求及编写方法的基础上，主要进行了以下工作。

（一）搜集相关标准，编制系统化改造内容

针对目前对既有建筑改造侧重于单项技术实施的情况，进行汇总整理，编制系统化的既有建筑综合改造方案，确定既有住宅建筑综合改造技术包含诊断评估、结构加固改造、节能改造、适老化改造、设施改造、施工与验收等方面。

（二）针对改造技术，确定各专业技术内容

通过搜集资料、实地调查等，确定了各专业的细部内容，统筹分析各专业内容，确保各专业技术融合，避免各专业相关技术标准互不关联现象，达到既有建筑综合改造技术方案系统化、全面化的目的。

（三）规程各项具体内容编制

与各参编单位联合，对既有住宅建筑综合改造技术各项内容进行编制，为既有住宅建筑综合改造提供技术依据，确保既有住宅建筑综合改造工程的可行性。

三、规程主要内容

(一)诊断评估

诊断评估主要包含三项内容:一般规定、改造前评估、评估报告。

为确保既有住宅建筑的安全性、适用性,在综合改造前首先对建筑进行安全性评估,若存在问题应先进行加固改造。考虑到既有住宅建筑的实际使用状况,本规程改造前评估除了常规评估外,还包含适老化评估、设施评估等内容,为适老化改造提供诊断依据。

(二)结构加固改造

结构加固改造主要包含四项内容:一般规定、地基与基础加固、上部结构加固、增层改造。

结构加固改造为既有住宅建筑的重要改造内容,结构加固改造设计应综合考虑结构现状和建筑改造需求,做到安全、适用、绿色、经济。加固改造应结合改扩建、节能改造、设施改造、适老化改造等进行一体化设计与施工,不应单独设计施工。在设计施工时宜采用结构与装修一体化的设计施工方式,新增的部分宜采用装配式建造方式。

(三)节能改造

节能改造主要包含四项内容:一般规定、围护结构节能改造、供暖系统节能改造、可再生能源利用。

既有住宅建筑节能改造可根据国家及河北省现行有关居住建筑节能设计标准的要求,因地制宜地开展全面的节能改造或部分节能改造。

实施全面节能改造后的住宅建筑,其室内热环境和建筑能耗应符合河北省现行有关居住建筑节能设计标准的规定。实施部分节能改造后的建筑,其改造部分的性能或效果应符合河北省现行有关居住建筑节能设计标准的规定。

有条件时可进行超低能耗节能改造,并应满足《被动式超低能耗居住建筑节能设计标准》DB13(J)/T 273 的能耗指标。

既有住宅建筑改造应结合所在地区的自然条件,选用适宜的可再生能源技术,如太阳能、地热能、空气能等。

(四)适老化改造

适老化改造主要包含四项内容:一般规定、套内空间、公共空间、加装电梯。

考虑到既有住宅建筑的使用人群,在改造时应针对套内空间、公共空间两方面进行适老化改造,优化老年人居住环境。

加装电梯时,宜优先选用无障碍电梯,应从建筑、结构、设备等方面全面考虑,应根据既有建筑条件、使用要求、安装位置等按照规范合理选择,改装后应符合国家现行相关标准的要求。

(五)设施改造

设施改造主要包含三项内容:一般规定、室内设施改造、室外设施改造。

针对既有住宅建筑的实际情况,应进行室内、室外相关设施改造,配建设施水平应与居住人口规模相对应。室内设施改造主要包含机电设备管线、电气设备装置等方面。室外设施改造主要包含安防设施、停车设施、充电设施、基础设施、环境设施、交通设计、无障碍设施、公共服务设施等方面。

（六）施工与验收

施工与验收主要包含三项内容：一般规定、工程施工、施工质量验收。

改造施工的全过程应有可靠的施工安全措施，且宜按照绿色施工的相关规定执行。改造施工主要包括施工准备、施工、安全环保三方面内容。工程施工、施工质量验收应按国家现行有关标准执行。

四、结语

《既有住宅建筑综合改造技术规程》的编制，改善了目前技术标准体系呈明显的专业化划分的倾向，避免了由各专业彼此割裂分期实施引起技术经济性不佳问题的产生，促进了既有住宅建筑综合改造技术在河北省的推广应用。

《既有住宅建筑综合改造技术规程》的编制，可以促进老旧城区的有机更新，延长建筑的使用寿命，提高建筑的安全性能；促进建筑和房地产行业的供给侧改革，优化老年人的居住环境，提升建筑的使用功能；推进建筑行业实现节能减排，是解决我国当前所面临的资源与环境问题的重要途径和关键环节。

（河北省建筑科学研究院有限公司

供稿，时元元执笔）

三、科研篇

　　2018 年是国家重点研发计划启动重点专项之一"绿色建筑及建筑工业化"相关工作的深入推进之年。"绿色建筑及建筑工业化"专项围绕"十三五"期间绿色建筑及建筑工业化领域重大科技需求，聚焦基础数据系统和理论方法、规划设计方法与模式、建筑节能与室内环境保障、绿色建材、绿色高性能生态结构体系、建筑工业化、建筑信息化七个重点方向，设置了相关重点任务。

　　本篇选取中国建筑科学研究院有限公司牵头承担的国家重点研发计划项目"既有城市住区功能提升与改造技术"，分别从研究背景、目标、内容、预期效益等方面进行简要介绍，以期读者对相关研究内容有一概括性了解。

既有城市住区规划与美化更新、停车设施与浅层地下空间升级改造技术研究

一、研究背景

在新时代城市发展背景下，我国既有城市住区存在规划前瞻性不足、住区环境差、配套设施落后、公共空间紧张等问题，与现阶段居民对美好生活的需要存在较大差距，更新改造的需求迫切。同时，在已建成的既有城市住区范围内改造存在系统工程要求高、可逆难度大、地域差别大、经济和社会可行性要求高等难度，更新改造需要系统的技术指导和支持，而既有城市住区规划更新技术存在没有针对性、不成体系、政策机制不健全、标准体系不完善等问题，因此亟需清晰明确的更新改造技术方法和标准体系。

课题研究对象"既有城市住区"，是指具有一定人口密度，以居住功能为主的城市区域，研究尺度以居住区和街区为主。

目前，我国既有城市住区更新改造有以下几种趋势：越来越注重以人为本，强调因人而异地配置设施；注重居住环境的可持续发展、生态化和节能技术的改造；注重社会可持续发展，进行多元化和多层次的社区营造；注重停车立体化改造、避免大拆大建原则下利用浅层地下空间；同时，注重既有城市住区特有地域文化、建筑风格的保护与传承。

课题针对既有城市住区存在功能单一、品质和服务水平不高、空间紧张和人口混杂、停车困难、更新改造施工难度高、风貌环境差等问题，基于新时代发展背景下更新改造要求和各类既有老旧城市住区特点和人群需求特征，从系统集成、经济可行、以人为本、可持续发展等角度研究既有城市住区的规划升级技术、既有城市住区美化更新技术、既有城市住区停车设施升级改造技术和既有城市住区浅层地下空间升级改造技术。编制既有城市住区美化更新标准、规划升级技术导则等，并开展综合改造示范。

课题通过规划引领，强调物质空间规划与经济、社会、环境和文化相结合，就业和居住相结合，新和旧相结合，地上和地下相结合，点和面相结合。统筹交通、停车、地下、能源、管网、海绵等各方面的更新改造，全面、科学指导既有城市住区更新改造，实现我国既有城市住区功能提升及环境优化目标。

二、研究任务

课题从五个方面展开研究。

（一）既有城市住区规划升级技术研究

主要内容包括：针对典型既有城市住

区开展调研分析，在与时俱进的标准下建立相对综合的全面评价体系，对不同气候区域、不同产权形式、不同人群构成、不同建造年代住区的主要问题进行分类整理；在存量发展时代重新认识既有城市住区的存续价值、更新目标与内容。研究配套公共服务设施的适应性提升和存量空间挖潜等关键技术，提出主要类型住区规划升级的关键技术框架，编制技术导则。基于人群的结构性差异，提出老龄化住区、外来人口集中住区等住区更新方法。

（二）既有城市住区美化更新技术研究

主要内容包括：针对既有城市住区功能形态与风貌特征、价值和存在问题开展调研分析，梳理影响既有城市住区风貌的构成因素，研究既有城市住区风貌保护和提升技术，开发既有城市住区美化更新模拟工具；梳理既有城市住区美化更新改造各环节的关键要素，提出既有城市住区内建筑风貌、空间环境、道路、绿化等方面更新改造的关键指标，编制既有城市住区环境更新技术标准。

重点研究既有城市住区在基本功能相同的前提下，如何因地制宜彰显不同的城市特色，如何协调传统风貌保护与更新的关系。其中，模拟工具包括两个方面功能：一是数据库集成；二是三维交互式可视化技术及更新辅助决策。为美化更新规划、城市风貌和建筑设计管理提供辅助决策。

（三）既有城市住区停车设施升级改造技术研究

主要内容包括：针对不同类型既有城市住区的居住人群特征、停车设施现状、停车需求特点等开展调研分析，结合零散空间利用、周边泊位共享等手段，提出既有城市住区泊位容量提升方法；针对既有城市住区停车问题类型和时空分布规律，研究既有城市住区停车设施升级改造技术。

课题重点根据不同类别既有城市住区特点，与更新规划相结合，考虑不同政策和社会制约条件，从实施层面集约高效地解决停车难问题。

（四）既有城市住区浅层地下空间升级改造技术研究

主要内容包括：针对既有城市住区浅层地下空间用地紧张、情况复杂等问题，研究浅层地下空间利用规划设计方法。针对既有城市住区浅层地下空间功能提升，研究地下空间改造安全控制关键技术，形成既有城市住区浅层地下空间升级改造关键技术。

其中，浅层地下空间升级改造关键技术主要针对建筑密集区、狭小作业场地条件，开发适应性强的微型高压旋喷钻机施工设备及工艺，研究其在基坑维护、地下水控制、地基加固及桩基托换中的应用技术。

（五）既有城市住区综合改造示范

主要内容包括：开展1项既有居住区环境品质和基础设施综合改造示范。开展1项2km² 规模以上绿色低碳区或健康城区示范，改造后的碳排放强度降低20%，健康性能指标达到国际先进水平。

三、预期成果

基于以上研究内容，课题预期形成的成果有：既有城市住区规划升级技术导则

1 项；既有城市住区更新规划设计新方法1 项；既有城市住区更新模拟工具1 项；既有城市住区环境更新标准1 项；既有城市住区停车泊位容量提升的技术方法研究报告2 项；施工过程既有建筑安全性控制技术研究报告1 项；专利1 项；施工设备1 项；既有居住区环境品质和基础设施综合改造示范工程1 项；2km² 规模以上绿色低碳区或健康城区示范1 项；示范工程实施方案论证研究报告2 项；示范工程报告2 项；培养人才3 名；发表或录用论文10 篇，其中核心及以上论文不少于3 篇。

四、研究展望

课题从规划引领和专项技术两个层面建立既有城市住区更新改造技术方法体系，为我国既有城市住区更新改造提供技术支持、政策引导与标准支撑。预期将提出符合我国经济、社会发展基础，针对不同地域、不同区位、不同人群特征的更新改造技术方法体系；基于安全、宜居、节能、功能提升等原则，研发更新改造施工设备。

既有城市住区规划与美化更新关键技术，可根据人群和住区特点进行分类提质改善和有的放矢地配套服务设施，引导更新资金的合理分布，取得经济效益最大化。有针对性地减少居民对生活环境的不满，推动社区重构与优化，提升社会效益。通过技术手段挖潜存量空间，能够节约能源和土地资源，因地制宜提升生态效益，有利于城市推动存量改造、由扩张型发展模式向内涵型发展模式转变。

既有城市住区停车设施升级改造关键技术，可缓解居民停车困难问题，减轻道路压力、提升住房价值，提升经济效益。升级改造后可减轻邻里间因"停车难"产生的矛盾，且腾退出的空间可改造为其他功能以提高居住体验，能够产生良好的社会效益。合理的停车设施可以提高停车效率，减少尾气排放，降低燃料消耗，对于提高生态效益具有重要作用。

既有城市住区浅层地下空间升级改造关键技术，可提高老旧小区改造的工程技术水平，减少工程浪费和风险，提升经济效益。解决城市空间用地紧张、设施及安全环境提升迫切的需求，提高环境舒适度，改善居民生活品质，产生良好的社会效益。既能满足人们对城市空间功能提升的需求，又避免了大拆大建，节约建筑资源，减少环境污染，有利于生态环境建设。

（中国城市规划设计研究院供稿，李迅、余猛、周博颖执笔）

既有城市住区历史建筑
修缮保护技术研究

一、研究背景

自1982年国务院发出保护历史文化名城通知以来，我国开展了对历史建筑及其文化传承的保护工作。目前，我国对历史建筑修缮保护方面出台了一系列相关政策和措施：《住房城乡建设部关于加强历史建筑保护与利用工作的通知》（〔2017〕212号）中强调，要充分认识保护历史建筑的重要意义、加强历史建筑的保护与利用。要求做好历史建筑的确定、挂牌和建档，最大限度发挥历史建筑使用价值，不拆除和破坏历史建筑，不在历史建筑集中成片地区建高层建筑。

课题针对既有城市住区历史建筑修缮的需求，拟解决既有城市住区历史建筑适用性检测鉴定和安全评估、保护修缮、设计融合方法等关键技术问题，预期提出既有城市住区历史建筑评价检测方法、保护修缮关键技术、设计融合方法、信息化管理运维方法，编制历史建筑修缮保护标准，并进行工程示范，实现既有城市住区历史建筑的保护利用与文化传承。

二、研究任务

课题从五个方面对既有城市住区历史建筑修缮保护技术开展研究。

（一）既有城市住区历史建筑评价与检测鉴定技术研究

主要内容包括：针对典型既有城市住区的历史建筑，结合历史、人文、社会环境分析和三维实景模型分析，研究历史建筑风貌、安全、人文价值等方面的综合性能评价方法，形成既有城市住区历史建筑评价标准；针对既有城市住区历史建筑不同状况，提出与历史建筑等级修缮保护要求相适应的检测技术，研究既有城市住区历史建筑结构安全性能化抗震鉴定方法、修缮保护适宜性抗震加固技术；针对有一定人文价值、风貌特点或重大纪念意义的历史建筑，在木结构历史建筑无损或微损检测技术、砌体历史建筑适用的高延性水泥基复合材料抗震加固技术等方面进行精细化分析，提出既有城市住区历史建筑结构安全评估方法。

（二）既有城市住区历史建筑保护修缮技术研究

主要内容包括：结合地域性、气候适应性，基于历史建筑保护工作，围绕城市历史空间与现代空间关系，结合区域范围内的历史建筑、匠人普查工作，从"全专业"角度（包括建筑设计、结构设计、设备设计、施工组织等）和"全过程"角度（包括基础、砌体、结构体系、装饰、门窗、屋面、排水、暖通、照明、监控和消防等）研究历史建筑保护修缮的设计阶段和施工阶段紧密结合的综合性修缮设计策略、精细化修缮施工技术；针对历史建筑修缮时，历史信息保留不当、修缮缺乏整体性、忽视原住民等问题，探讨历史建筑全要素、系统的保护方法和"原材料、原工艺、原形制、原结构、原环境"适宜性的修缮技术，构建既有城市住区物质遗产与非物质遗产保护结合的改造方法和结合历史信息的适宜性修缮技术。并从"全周期"角度，引入"产权地块"信息维度，研究建筑信息技术在典型历史建筑保护修缮过程中的应用，提出历史城区保护的新理念。

（三）既有城市住区历史建筑改造升级技术研究

主要内容包括：一体化计算方法：研究历史建筑新旧结构统一建模，协同承载的计算方法。结构计算过程中真实体现新旧结构不同材料、不同体系条件下的荷载传递路径、荷载分配比例及一体化承载模式，大幅度提升结构计算模拟与真实承载情况的匹配程度，保证计算成果真实可靠。一体化安全判别准则：基于历史建筑新旧结构一体化计算分析成果，以新旧结构协同工作模式为前置条件，建立综合考虑新旧结构性能属性并进行统一化定量分析的安全性判别准则。以新旧结构共同体的考察模式进行结构性能判别，并提出定量化判别准则。

一体化关键连接节点：基于历史建筑新旧结构一体化计算分析成果和一体化安全判别准则，对既有新旧结构节点连接样式进行改进和更新，有效保证新旧结构的荷载传递途径和协同承载属性，对一体化计算模拟和一体化设计分析提供有效的节点构造支持。

（四）既有城市住区历史建筑智慧化管理运维技术研究

主要内容包括：基于既有城市住区历史建筑运维的使用现状，分析历史建筑现状的安全性、能耗等现实情况，同时模拟修缮保护或改造后的结构安全性、能耗和造价及运行情况，构建既有城市住区历史建筑群信息化管理系统；深度融合 IBMS、GIS、BIM 和 VR 技术等多种智慧化辅助手段，实现历史建筑群电子档案管理、日程运营与维护、健康监测与预警的修缮保护全过程智慧化管理行为，提出既有城市住区历史建筑信息化管理运维方法。

（五）地域性、文脉传承和气候适应优先的绿色建筑工程示范

主要内容包括：在严寒地区、寒冷地区、夏热冬冷地区和夏热冬暖地区开展五个地域性、文脉传承和气候适应性优先的绿色建筑示范工程。确定示范工程采用的修缮、保护技术措施，应用建筑性能模拟工具对示范工程的结构性能、能耗情况及初步造价进行模拟，提出优化设计方案，并最终确定改造实施方案，以确保示范项目的能耗比《民用建筑能耗标准》GB/T 51161—2016 同气候区同类建筑能耗的引导值降低 10%，室内环境品质达到国际水平优级以上，可再循环材料利用率超过 10%。通过各气候区示范工程的实施，总

结不同修缮、保护技术措施的应用特点及存在问题，形成历史建筑修缮保护工作的标准化技术路线，完成示范工程研究报告，以期对其他历史建筑修缮保护工程提供借鉴作用。

三、预期成果

基于以上研究内容，本课题预期形成的成果有：编制既有城市住区历史建筑评价标准、形成既有城市住区历史建筑修缮保护报告、形成历史建筑绿色化设计新方法；完成绿色历史建筑性能模拟工具，适用性检测鉴定评估专利；完成绿色建筑工程示范五项。

四、研究展望

既有城市住区历史建筑的文化载体价值和绿色性能亟待保护与提升，本课题从构建评价体系—历史建筑修缮保护系列关键技术—模型验证—示范应用的技术框架，开展既有城市住区历史建筑修缮保护技术研究与应用，预期实现既有城市住区历史建筑的保护利用和文化传承。

课题通过对既有城市住区历史建筑评价和检测鉴定、保护修缮、改造设计、智慧化管理运维等关键技术开展攻关，研究我国既有城市住区历史建筑分级标准，提出适用性检测鉴定和安全评估技术、全面系统保护和适宜性修缮技术与改造设计的融合方法，从而促进既有城区历史建筑修缮保护技术全面发展，推动城市住区功能的提升与可持续发展。

（中国建筑设计院有限公司供稿，
苏童、李哲执笔）

既有城市住区能源系统升级改造技术研究

一、研究背景

随着我国城市化进程的加快，能源消费总量日益增加。我国城市住区的能源消费占据较大份额，其中既有城市住区存在负荷特性多样、能源形式单一、能源系统规划有待提升、清洁能源利用不足、智能化程度低等问题，亟需开展与能源结构相匹配的系统升级改造关键技术研究。

目前，从能源角度看，既有城市住区的升级改造仅停留在清洁、低碳方面，缺乏与城市其他系统的深度融合。如何优化大规模、存量化能源资产的配置，解决能源品种"竖井化"发展的惯性，是我们面临的考验。同时，城市智慧能源系统仍处于概念层面，大量理论与实践问题需要厘清。

课题基于低碳、优化配置的用能原则，研究既有城市住区能源强度负荷预测、清洁能源替代、多能互补的能源规划、智慧能源系统等关键技术，研发既有城市住区能源强度负荷预测工具，形成既有城市住区多能互补的能源系统规划设计方法，实现既有城市住区能源高效、综合利用。

二、研究任务

课题从五个方面对既有城市住区能源系统升级改造技术开展研究。

（一）既有城市住区能源强度负荷预测技术研究

主要内容包括：

（1）针对典型既有城市住区内的冷热负荷、燃气负荷、电力负荷等开展调研与分析，研究既有城市住区全年各类负荷的需求特性，形成既有城市住区能源强度负荷基础数据。

（2）针对典型既有城市住区用能特点，建立既有城市住区能源强度预测模型，开发既有城市住区能源升级改造的负荷预测软件，提供了既有城市住区能源强度负荷预测工具。

（二）既有城市住区清洁能源替代技术研究

（1）针对典型既有城市住区的能源种类、形式等，采用模拟、实测的方法，研究与既有城市住区能源强度负荷相匹配的清洁能源高效利用技术。

（2）针对典型既有城市住区动态负荷特点，结合节能、环境等指标，提出既有城市住区规模适用、性能高效的清洁能源替代技术，制订既有城市住区清洁能源高效利用策略。

（三）既有城市住区多能互补的能源规划技术研究

主要内容包括：

（1）针对常规能源与可再生能源综合

利用方式，研究不同能源耦合利用技术，达到既有城市住区动态能量平衡利用。

（2）基于既有城市住区能源协调利用、梯级利用、综合利用的原则，研究典型既有城市住区多能互补关键技术，提出既有城市住区能源系统升级改造规划设计方法。

（四）既有城市住区智慧能源系统技术研究

主要内容包括：

（1）针对既有城市住区能源利用智能化不足，结合大数据或云平台技术，研究既有城市住区能源系统的智慧化改造技术。

（2）建立既有城市住区智慧能源管理系统，实现能源系统的智能需求互动、负荷匹配协调、多能运行平衡控制。

（五）既有城市住区综合改造示范

开展1项既有居住区环境品质和基础设施综合改造示范；开展1项两平方公里规模以上绿色低碳区或健康城区示范，碳排放强度降低20%，健康性能指标达到国际先进水平。

三、预期成果

基于以上研究内容，课题预期形成的成果有：既有城市住区多能互补的能源规划新方法、清洁能源升级改造技术等研究

报告2项；环境品质和基础设施综合改造示范论证报告1项；完成1套具有自主知识产权的既有城市住区能源强度负荷预测工具1套；申请专利1项；发表相关学术论文5篇，其中核心及以上论文不少2篇。

四、研究展望

既有城市住区能源系统升级改造将以现有能源体系为框架和基础，基于各类负荷的需求特性，通过存量升级和增量换代逐步完成对能源系统的升级改造。通过对包括煤、油、气、电、热等多个能源品种的独立系统与多能互补系统的融合，科学规划热电联产、热泵、燃气三联供等多能耦合布局，形成既有城市住区多能互补的能源系统规划设计方法，制订既有城市住区清洁能源高效利用策略。

同时，建立以城市能源综合服务平台为中枢的智慧能源系统，研究既有城市住区能源系统的智慧化改造技术，实现能源系统的智能需求互动、负荷匹配协调、多能运行平衡控制。从而在控制层面上，实现既有城市住区能源的安全调控、数据共享，破除各类能源"竖井式"壁垒，实现既有城市住区能源高效、综合利用。

（中国中建设计集团有限公司供稿，
满孝新、张楠执笔）

既有城市住区管网升级换代技术研究

一、研究背景

2014 年 6 月，国务院办公厅下发了《关于加强城市地下管线建设管理的指导意见》（国办发〔2014〕27 号），要求"加强城市地下管线维修、养护和改造，提高管理水平，及时发现、消除事故隐患，切实保障地下管线安全运行"。

目前，既有城市住区管网主要存在以下四类问题：1）管网无序杂乱，地下管线管位不明，架空线路走线紊乱，既有城市住区中"蜘蛛网"现象随处可见；2）管网漏损检测手段以人工排查为主，工作量大、耗时长，导致检测鉴定低效、不准；3）维护修复效率低，多伴有道路开挖作业，污染严重且给居民生活和出行带来不便；4）运行管理技术滞后，交叉作业组织混乱，资源浪费严重且事故处理存在滞后性。这些问题大大制约了住区整体发展与品质提升，亟需进行升级换代改造。

本课题针对既有城市住区管网升级改造的需求，拟解决既有城市住区管网快速检测准确鉴定、高效维护、低影响修复、集约化敷设等关键技术问题，提出既有城市住区管网设计新方法，建立管网更新模拟优化模型，形成既有城市住区管网智慧化运行管理技术等成果，实现既有城市住区管网性能和环境品质的提升。

二、研究任务

课题从四个方面对既有城市住区管网升级换代技术开展研究。

（一）既有城市住区管网检测评估技术研究

主要内容包括：搜集典型既有城市住区管网基础数据及维修数据，统计分析住区管网管道结构特征及管网网络特征，针对不同住区功能与环境条件，结合管网维修数据，确定既有城市住区管网破损特征规律及其影响因子；收集国内外针对雨污水管等无压重力流管道的漏损检测和管周空腔探测技术，探索一种适用于既有城市住区管网的管道安全隐患排查方法；基于住区管网破损特征，选取合适的感知指标，针对检测感知指标开展传感器选型，并在检测网络同步、检测场定位的研究基础上，研发既有城市住区管网无线检测传感原型；考虑城市住区管网特征及环境条件，采用广度优先算法开展监测区域重要性排序及其优化，应用检测传感原型提出既有城市住区管网快速检测技术；依据采集的检测数据，建立感知指标与管道破损状态映射，构建既有城市住区管网鉴定分级体系，提出既有城市住区管网破损泄漏鉴定方法。并在典型住区开展检测鉴定技术现场应用。

（二）既有城市住区管网维护修复技术研究

主要内容包括：选取华北平原地区、长江中下游平原地区、西南山地丘陵地区、南方丘陵地区及其他地区的典型城市，从中选取建成年代、区域面积规模不同的住区作为调查样本，调研分析不同建成年代、规模、类型、敷设方式以及既有城市住区管网的物理特性、运行特性、日常巡检维护策略及应对方式、常规修复方式及其时间成本投入等；研究可有效判断管网运行特性的关键性指标，通过数据采集、信息整合、数据分析、增强响应单元、维护方案制订等多个环节数据整合分析，研究管网指标波动特征规律与管网运行状态及损坏的关联性，建立问题指标预警库，并将管网损坏按照修复难度、对住区居民的影响等进行分级，再与监测预警指标对应，提出管网故障诊断方法；研究基于关键指标的不同管网维护技术及要点，将技术与针对问题、处理效果、处理周期、处理成本等进行整合，用于帮助快速确立维护方案；调研分析目前通用的管网修复方法，以最小化影响为原则，分类别提出管网系统性修复、局部修补及管道更新技术与方法，从住区管网整体高效运行角度研究既有城市住区管网低影响的精准修复技术应用及指导方案；形成覆盖既有城市住区管网形式、集成信息化措施的修复技术导则。

（三）既有城市住区管网更新换代技术研究

主要内容包括：

1. 既有城市住区管网更新模拟工具编制

建立既有城市住区典型地下管网供应评估与需求预测模型，为地下管网更新改造辅助决策提供理论基础；面向综合管网更新改造实际需求，以各类管线的运行状态、管理状态、空间因素、环境因素、社会因素等为约束条件，建立地下管线综合布局模型，实现地下管网更新改造辅助决策，开发地下管网更新改造模拟工具。

2. 既有城市住区管道系统改造技术研究

既有城市住区管道系统改造技术主要包含管材升级、综合管廊与海绵城市的融合和既有城市住区海绵化改造三部分，具体为：

（1）管材升级：在管道直埋及综合管廊内敷设两种工况下，研究管道工作环境对管道工作状态及管道使用寿命的影响，对不同工作环境下的管道管材进行优化比选。

（2）综合管廊与海绵城市的融合技术：主要体现在雨水舱的优化设计和布置上，对雨水系统末端排水形式进行比选，研发适应综合管廊独特环境的雨水舱排水体系、通风系统、清淤方式，提出其舱室壁的防腐及防渗要求，建立雨水舱容积与暴雨模式和强度的映射关系，研究具备初期雨水处理能力的构筑物形式。

（3）既有城市住区海绵化改造：建立基于路面透水率及下沉式绿地储水量、种植植物类型等参数的雨水调蓄模型；以既有城市住区管网为边界条件，研究雨水调蓄模型优化；研究初期雨水的调蓄后回用模式，并基于不同的回用用途，研究初期雨水一体化处理设备的设计参数及形式。

3.既有城市住区缆线集约化敷设技术研究

开发适用于既有城市住区的缆线集约化敷设技术，对缆线管廊进行预制化、标准化、耐久化，具体为：

（1）标准化。从各类道路管线容量、缆线权属单位管理要求等维度研究缆线管廊断面形式，形成标准化、模数化的断面形式。

（2）轻量化。通过优化缆线排列、选用不同材质及其组合等方式减小缆线管廊预置组件质量，便于规模运输及安装。

（3）耐久化。研究缆线管廊预置组件的不同构造，以结构可靠、防沉降变形、防水止水为目标确定缆线管廊预置组件的构造形式。

4.既有城市住区管网 BIM 正向设计方法研究

梳理设计专业间的工作流和数据流，结合 BIM 设计工具形成既有城市住区管网的设计流程，根据不同的专业需求定制三维设计模板，基于三维参数化平台进行设计工具研发，形成一套适合综合管廊、各专业管线 BIM 正向设计的设计工具。针对既有城市住区管网特点，强化设计过程中的人机交互，即时反馈设计管道和既有城市住区下现有构筑物、管道的空间关系，同时参数化生成设计。

5.既有城市住区管网管线安全保障技术研究

针对既有城市住区直埋敷设和集约化敷设的管道，提出一种用于地下管线安全运行的预警系统，实现部分管线事故的提前监测预警。

（四）既有城市住区管网智慧化运行管理技术研究

主要内容包括：研究既有城市住区不同种类地下管线特性差异、不同管线的管理内容差异、综合管线的协调统筹等，利用系统分析、责任矩阵分析、综合归纳等方法，提出与我国国情和既有城市住区特点相适应的管网综合管理体系；融合多种技术手段，构建适用于我国既有城市住区实际特点的地下管网综合信息平台，实现管网运行管理从"被动运维"向"主动运维"的转变。

三、预期成果

基于以上研究内容，课题预期形成的成果有：开发既有城市住区管网检测无线传感原理样机；形成既有城市住区管网维护修复技术导则；形成既有城市住区管网设计新方法、更新模拟工具及智慧化运行管理平台等 3 项新方法、新技术或信息平台；专利不少于 1 项，软件著作权不少于 1 项等。

四、研究展望

既有城市住区管网系统故障率高、维护修复成本昂贵，其安全性、稳定性和功能性均无法满足住区居民的现阶段要求。课题根据既有城市住区管网的现状问题和实际需求，以实现安全、集约、有序、绿色、智慧的下一代管网为目标，针对我国既有城市住区管网检测不便、故障频发、维护滞后的问题，首次研发无线检测传感阵列原型，建立住区管网检测评估方法，实现区域管网漏损快速检测与故障准确诊断的技术突破；针对既有城市住区管网作业空间小、施工难度大的实际问题，从各类管网综合敷设的兼容性、安全性及集约性等多角度出发，基于不同道路断面设计及道路下管线规划情况，结合非开挖技术，研发多种管网组合的管网综合敷设新形式；针对既有城市住区管网敷设年代早、负荷持续增加等特点，将管道内检测视频、图形辨识缺陷定量化，建立管网隐患评估指标体系，形成隐患评估模型，构建管网漏损和故障的预警机制，实现管网运维管理从被动保护到主动维护的跨越，进一步降低管网的漏损率，延长管线使用寿命。

研究紧密结合我国既有城市住区管网运行过程中可能出现的各类故障问题，研究成果以指导手册、技术标准或者方法、专利的形式发布，将直接服务于管网的运维工作，以提高城市管网的安全运行水平，最大限度降低故障事故带来的社会成本，降低管网运维工作的能耗，减少碳排放，助力城市建设向生态化居住适宜化发展。

（上海市政工程设计研究总院（集团）有限公司供稿，刘澄波、王嘉伟执笔）

既有城市住区海绵化升级改造技术研究

一、研究背景

随着我国城镇化水平提高，城市开发建设强度加大，对自然空间的占用越来越多，建设模式缺乏对自然规律的尊重，引发一系列严重问题，造成水生态破坏、水资源短缺、水环境恶化、水安全事件频发。

我国目前也正处于由"增量"向"存量"转型的阶段，既有城市住区规模庞大，已经成为城镇建成环境的主体，需要关注其内在提升需求，改善居民生活品质。

在海绵城市建设的实践中，城市新区进展较好，推行速度较快，既有城区相对涉水问题集中，但是进展缓慢。

课题基于"需求导向""系统构建"及"信息化支撑"的既有城市住区海绵化改造路径，将在既有城市住区海绵化改造评估技术、集成技术、海绵设施与景观系统有机融合技术、海绵化智能监测与信息化技术方面形成突破，提出既有城市住区海绵化改造设计新方法、改造集成技术、监测与信息化技术，研发既有城市住区海绵化改造设备、模拟工具；编制既有城市住区海绵化评估标准，为既有城市住区海绵化改造提供指导。

二、研究任务

课题从五个方面对既有城市住区海绵化提升改造技术展开研究。

（一）既有城市住区海绵化改造评估技术研究

主要内容包括：搜集国内外海绵城市建设及既有城市住区海绵化改造案例，结合我国在海绵化建设过程中面临的问题（如黑臭水体、内涝积水、干旱缺水、城市热岛等），从气候、水文、地质、排水现状、水环境、场地利用、区域经济发展水平等方面，寻找解决上述问题的关键影响因子，初步构建既有城市住区海绵化改造评估因子库；针对既有城市住区海绵化改造过程中评价标准缺失，综合排水体系、下垫面性质、住区功能布局、场地利用情况、地块竖向条件等方面，编制既有城市住区海绵化改造评估标准体系，结合改造目标要求，对因子进行打分评定，确定因子权重，形成完整的评估分析报告，并编制海绵化改造评估标准，为海绵化改造提供支撑。

（二）既有城市住区海绵化升级改造集成技术研究

主要内容包括：分析国内外现有既有城市住区雨水管理的升级改造方法及技术类型，总结各类改造技术的设计要点、施工要求以及运行和维护方法，结合改造后的模型评估效果，针对海绵设施的工程应用，从安全性、经济性、科学性和观赏性等多维度提出适用于既有城市住区的单项设施与集成技术方案和图示，提出海绵化升级改造的规划设计流程和技术体系，同时针对提出的改造技术方案中的关键技术参数进行优化，让技术集成更加贴近实际应用。基于海绵城市建设中对既有城市住区海绵化升级改造技术的需求，针对既有城市住区场地空间有限、渗透能力低、地表径流污染大、排水能力不足等问题，研发适用于既有城市住区的新型多功能渗排水一体化系统设备，提出系统化设备的构造、材质、运行原理，以及尺寸标准，同时明确新型设备应用条件、应用方式和应用场景，为既有城市住区海绵化升级改造提供技术支撑。

（三）海绵设施与景观系统有机融合技术研究

主要内容包括：针对海绵城市作为复杂系统工程的特点，从整体上把控景观设施布局和水循环系统构建，关注规划、设计、建设、运营、维护各个环节的融合要求。结合气候分区、住区场地条件、空间特征、建筑特点等，基于适宜的海绵技术组合方式提出相应的景观化改造方法。探索住区雨水集蓄与净化利用的一体化设计，创新景观要素设计和施工方法。在满足海绵功能的前提下，从观赏价值、生态价值、适应能力、应用潜力、经济成本等方面，细化评价 N 个指标，采用层次分析法（AHP）构建分析模型，筛选海绵设施植物，并因地制宜提出典型配置模式；结合产汇流分析，营造雨水集蓄利用的微地形景观；在景观化海绵设施建造方面寻求技术突破，降低施工过程中对原有植被的影响。

（四）既有城市住区海绵化智能监测与信息化技术研究

主要内容包括：基于既有城市住区典型海绵城市基础设施的监测指标种类、采集方式的不同特点，以雨水径流总量控制、路面内涝风险评价、径流污染物消减、地下水潜水位下降趋势、城市热岛效应缓解等指标为评价核心，围绕既有城市住区海绵化性能升级改造目标，研究多个监测指标间的关联度，甄选关键监测指标，保障监测数据的科学性、有效性。基于既有城市住区海绵城市基础设施的不同监测指标，开展关键指标监测方法研究，保障监测数据的精确性、可读性。以监测数据的差异性和同质性为目标，研究监测网络优化布局，提出适用于既有城市住区的海绵化性能监测方法。

（五）既有城市住区综合改造示范

主要内容包括：遴选 1 项 $2km^2$ 规模以上绿色低碳区或健康城区示范项目、1 项既有居住区环境品质和基础设施综合改造示范项目。分析既有城市住区功能提升与改造技术在示范工程中的适用性和经济性，制订成套技术路线，并编制改造实施方案。充分考虑既有城市住区的特殊性，分析提升改造技术在示范工程中的实施要点，密切跟踪示范工程改造实施进程，保证改造效果，完成绿色低碳或健康城区、既有城市住区环境品质和基础设施综合改造示范工程。

梳理既有居住建筑改造各环节的关键要素，提出既有居住建筑改造诊断、设计、施工、检测及评价等方面的关键指标；编制行业相关重点标准，突出安全、宜居、适老、低能耗、功能提升等改造性能提升。

三、预期成果

基于以上研究内容，本课题预期形成的成果有：研究1套既有城市海绵化改造设计新方法；试制1套海绵化升级改造设备；编制1份海绵化改造评估标准；研发1套海绵化改造性能指标监测模拟工具；申请1项海绵化改造相关专利；完成2项海绵化改造示范工程；发表学术论文7篇。

四、研究展望

既有城市住区存在的问题和本底条件存在较大差异，本课题针对既有城市住区海绵化改造集成技术进行工程示范和应用，提供适用性较强的设计方法和新型设备，完善既有城市住区海绵化改造集成技术体系。提高既有城市住区海绵化改造技术的科学性，促进技术的发展。改善建设年代久远的既有城市住区人居环境，提高与周边景观的融合度，增加设施的安全性和观赏性，提高居民幸福感。

（北京清华同衡规划设计研究院有限公司供稿，张险峰、夏小青、潘晓玥、马宪执笔）

既有城市住区功能设施的智慧化和
健康化升级改造技术研究

一、研究背景

我国既有城市住区由于建设年代以及遵循的标准不同，大量早期建设的城市住区在空气质量、水质、噪声、光污染等物理环境，健身、人文、服务等功能设施，智能监测、智能感知、现代化管理平台等智慧设施等方面的健康化与智慧化水平偏低。近年来，国家有关部门相继出台了系列政策，例如《关于进一步加强城市规划建设管理工作的若干意见》《"健康中国 2030"纲要》《关于印发促进智慧城市健康发展的指导意见的通知》《国家新型城镇化规划（2014—2020 年）》等，均要求加强城市管理和服务体系智能化建设，完善相关公共设施体系、布局和标准，把健康和智慧融入城乡规划、建设、治理的全过程，促进城市与人民健康协调发展。故从我国既有城市住区的现状，以及政策需求而言，亟需开展既有城市住区功能设施的智慧化和健康化升级改造技术研究。

课题拟在既有城市住区功能设施的智慧化和健康化升级改造技术上形成突破，构建既有城市住区智慧化和健康化改造指标体系，研究既有城市住区功能设施的智慧化和健康化升级改造关键技术及集成技术，建立既有城市住区智慧与健康平台，并在实际工程上示范应用，为既有城市住区的智慧化和健康化升级改造提供技术支撑。

二、研究任务

课题从五个方面对既有城市住区功能设施的智慧化和健康化升级改造技术开展研究。

（一）既有城市住区智慧化和健康化改造指标体系及评估方法研究

主要内容包括：

（1）既有城市住区智慧化和健康化改造指标体系研究。通过文献调研、现场测试和用户反馈，按照一定的筛选原则，例如技术是否适用于住区改造，技术与区域环境调控需求是否一致，技术是否能与当地气候相适应，国家以及环境保护、城市规划、建设、管理、能源方面的政策法规是否允许，当地社会风俗文化、宗教信仰方面的禁忌是否允许等，构建既有城市住区智慧化和健康化改造指标体系，如下表所示。

既有城市住区智慧化和健康化
改造指标体系

一级指标	二级指标	三级指标
智慧	安防	安保和消防的监控、监测、报警等
	物理环境监测	空气质量、噪声、光照、水质、温度、湿度、垃圾回收清运等
	交通	车辆出入、停车、应急车道管理等
	物业服务检测	供暖设备、供热水系统、公共照明、水电燃气等设备运行的监测、检修与维护等
	设施配套	医疗、教育、娱乐、商业、公益等
物理环境	声环境	噪声源控制、布局调整、声屏障、声景营造等
	光环境	改善光源、避免白亮污染、夜景照明的生态设计等
	热环境	优化热源布局、合理的通风、绿化、下垫面和水景设施等
	空气品质	污染源控制、通风和净化措施等
服务设施	健身场地	智慧垃圾系统、健身和体育设施、适老性等

（2）建立功能设施的智慧化和健康化升级改造评估方法。在改造指标体系研究的基础上，构建既有城市住区功能设施的智慧化和健康化升级改造潜力评估方法。研究思路如下：首先，构建评价指标体系，例如一级指标可包括经济、环境、健康性能、运营管理等；其次，选取科学评价方法，例如模糊综合评价法、灰色综合评价法、数据包络分析法、人工神经网络法等；然后，确定指标权重，主要赋权方法包括：统计平均数法、层次分析法等主观赋权法，因子分析法、变异系数法、组合赋权法等客观赋权法，以及主客观的赋

权法组合。同时，开展基于物联网的监测技术与数据接口研究，制定数据交换格式，研发既有城市住区智慧化与健康化升级改造模拟软件。通过模拟软件，从经济、环境、健康性能、运营管理等方面对整个住区的改造潜力或某项技术的适用性进行定性与定量评价，为既有城市住区改造方案提供技术支撑。

（3）构建既有城市住区改造全寿命期标准体系。针对既有城市住区改造相关标准缺乏的问题，通过调研国内外绿色建筑、健康建筑相关标准，例如《绿色建筑评价标准》、《健康社区评价标准》、美国的 WELL 和 LEED、英国的 BREEAM、德国的 DGNB、日本的 CASBEE 等，构建适合于我国的、涵盖规划、设计、施工、运维、评价等全寿命期的既有城市住区改造标准体系。

（二）既有城市住区功能设施智慧化改造关键技术研究

主要内容包括：

（1）既有城市住区功能设施的智慧监测改造与智慧运行策略研究。在既有城市住区智慧化升级改造指标体系研究的基础上，研究既有城市社区功能设施的智慧化升级改造的技术方案；对需要长时间运行调控的社区设施，如供暖、供热水、公共照明、安防等，开展实时监测；结合群体特征，建立个性化的既有城市住区功能设施的运行控制策略的数学模型，并通过相关监测数据，采用机器学习和人工智能技术，优化设备运行控制策略，提高住区节能水平和用户体验度，实现提升既有城市住区的智慧化水平。

（2）面向既有城市住区重点人员和特殊人群的智能监测预警技术研究。针对社区重点人员和特殊人员的静态属性和动态轨迹，设计与开发重点人员和特殊人员基础数据库，实现社区重点人员和特殊人员多源数据汇聚与融合；建立静态属性库和动态信息库，对社区人员进出住区实现存储和管理，实现与既有城市住区智慧化改造共享平台基础数据库的共享交换。利用BP神经网络、支持向量机、深度森林等机器学习技术，研究社区人员的异常行为模式识别方法，从而实现异常行为的预警。开发基于智能监测预警技术的社区人员监测软件，实现自动报警、主动求助、紧急呼叫、行为监测、健康关爱及管理等功能。

（三）既有城市住区功能设施健康化改造关键技术研究

主要内容包括：

（1）既有城市住区声景观改造研究。从"声、景、人"多要素的角度，全面解析声景在不同季节、不同时段的动态变化规律；根据声景的内在运行规律，提炼既有城市住区声景评价方法；对不同特征的既有城市住区，提出合适的声景措施并进行改造优化。

（2）既有城市住区热环境评估技术及优化策略研究。对典型城市住区进行模拟分析研究，评估针对其热岛强度、标准有效温度SET、预测平均投票制PMV指数等住区热环境参数，并与实测结果进行对比校验，研究既有城市住区热环境评估技术；分析影响既有城市住区热环境的主要影响因素，如硬质铺装、绿化、景观水

体、规划布局、通风等；基于既有城市住区热环境评估技术，提出研究相关影响因素不同组合对既有城市住区热环境的影响，提出既有城市住区热环境系统性能改善关键技术的优化策略。

（3）既有城市住区市政公用服务设施健康化升级改造集成技术研究。深入分析既有城市住区公共服务设施的现状、使用规律、制约因素等关键问题，提出既有城市住区服务设施健康化升级改造原则；针对既有城市住区服务设施健康化升级改造规划布局、点位线路、材料选择等关键问题展开研究，提出服务设施健康化升级改造策略。

（四）既有城市住区功能设施智慧化与健康化升级改造集成技术研究

主要内容包括：

（1）基于分布式架构的既有城市住区智慧和健康平台开发。基于既有城市住区健康和智慧改造技术研究成果，采用现场调研、理论分析、机制研究、智能化集成等研究方法，基于Hadoop生态环境，采用分布式数据管理、数据挖掘平台体系架构、数据访问、服务构建等技术，开发既有城市住区健康和智慧改造平台，通过分析—验证—优化，将研发方向与实际需求结合。通过有代表性的示范应用，实现既有城市住区的综合集成、跨时空交互、共享分发、应用服务。

（2）既有城市住区碳排放计算方法研究。根据住区碳排和碳汇特征，建立适用于评价既有城市住区运营和改造过程的碳排放的计算方法，用于统计、分析和比较不同生活模式、健康化升级改造程度的住

区使用过程的碳排放情况，为实施各项升级改造提供碳排放计算方法。

（3）集成技术研究。在本课题的研究基础上，结合既有城市住区规划与美化更新、停车设施与浅层地下空间升级改造技术、历史建筑修缮保护技术、能源系统升级改造技术、管网升级换代技术、海绵化升级改造技术及其他成熟改造技术，构建既有城市住区升级改造集成技术，并编制《既有城市住区健康改造技术规程》和《既有城市住区健康改造评价标准》。

（五）既有城市住区综合改造示范

主要内容包括：将前述研究成果应用于示范工程的建设，课题将开展1项既有居住区环境品质和基础设施综合改造示范；开展1项2km² 规模以上绿色低碳区或健康城区示范，碳排放强度降低20%，健康性能指标达到国际先进水平。

三、预期成果

基于以上研究内容，本课题预期形成的成果有：既有城市住区环境品质和基础设施综合改造示范工程1个，2km² 规模以上绿色低碳区或健康城区1个，碳排放强度降低20%，健康性能指标达到国际先进水平；既有城市住区智慧化与健康化升级改造模拟软件1套；既有城市住区功能提升与改造技术相关标准2部；既有城市住区健康智慧平台1个；专利1项以及多篇论文和研究报告等。

四、研究展望

通过课题的实施，可为既有城市住区功能设施健康化和智慧化升级改造提升提供前瞻性科学理论依据和切实可行的关键技术，有效推动功能设施的智慧化和健康化升级改造的实施与推广，提高既有建筑市场在整个建筑市场中的比重。同时，课题研究成果可促进既有城市住区功能设施智慧化和健康化升级改造，可提升居民的居住感受和生活品质，间接创造良好的经济效益。

课题的研究与应用，将大力推动既有城市住区改造发展，解决制约既有城市住区发展的突出矛盾和深层次问题。通过对住区智慧性能和健康性能进行综合改造，可有效提升住区智慧管理水平，改善住区健康环境，进一步强化居民环境保护、节能、生态保护等理念，增强幸福感、获得感，具有良好的社会效益。

（中国建筑科学研究院有限公司供稿，
王清勤、孟冲、朱荣鑫执笔）

四、成果篇

　　随着我国既有建筑改造工作的不断推进，在研发工作和实际施工过程中逐渐形成了部分建筑绿色改造技术、产品等成果。本篇选取了既有建筑改造的部分研究成果，就成果主要内容和经济效益等方面进行介绍，以期进一步促进成果的交流和推广。

"既有公共建筑综合性能提升与改造关键技术"项目阶段性研究成果介绍

一、成果名称

既有公共建筑综合性能提升与改造关键技术（2016YFC0700700）项目阶段性研究成果

二、供稿单位

供稿单位：中国建筑科学研究院有限公司

供稿人：王俊

三、成果简介

项目基于"顶层设计、能耗约束、性能提升"的改造原则，重点研究既有公共建筑综合性能提升与改造实施路线、标准体系，研发既有公共建筑能效、环境、安全的综合性能提升与监测运营管理关键技术，形成技术集成体系并进行工程示范。项目形成阶段性成果如下：

1. 既有公共建筑性能提升路线与标准建设

以"改造目标、政策目标、技术目标、市场目标"的"四位一体"综合目标为导向，从"空间、时间、对象"三个维度，初步构建了我国分阶段、分步骤、循序渐进的既有公共建筑综合性能提升路线图。初步构建以逻辑序列维（时间轴）和层次维（性能轴）为主架构的既有公共建筑综合性能提升标准体系。编制重点标准11项，为全文强制技术规范提供公共建筑部分编制建议报告2份（图1）。

2. 既有公共建筑性能提升关键技术

在建筑能效提升方面，针对围护结构建立其综合性能评价指标，开发保温、隔热、新风一体化窗，建立一体化窗中试生产线，初步实现规模化生产。针对机电系统提出了"原始数据拆分、快速模糊评价、设备能效无线识别"能效提升诊断决策全过程解决方案以及"单机设备节能高效、机电系统能效提升、建筑终端能耗目标限额"的改造实施模式。针对大型公交场站提出了典型地铁车站的通风运行调控策略，在苏州地铁站应用实现节能15％的效果；研制适用于地铁车站"大风量高效直接蒸发式组合空调机组"，机组 $IPLV>4.8$，比传统系统能效提升35％。

在建筑环境性能提升方面，形成既有公共建筑室内环境性能评价体系，开发覆盖热湿环境、声环境、光环境与空气品质等关键指标的多参数现场监测仪器；形成针对单一环境性能与综合环境性能提升的系列关键技术与装置。

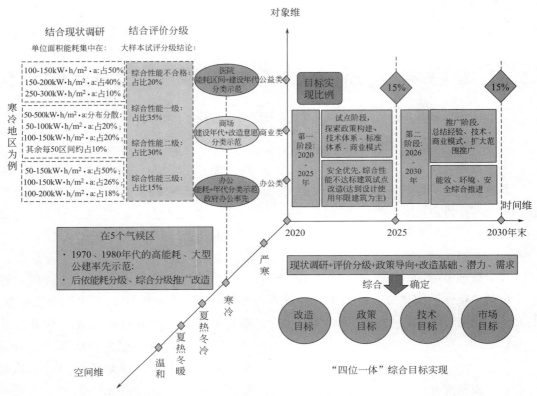

图 1　既有公共建筑性能提升路线系统构架图

在建筑安全性能提升方面，多角度证明了地震作用概率属于极值 II 型分布，得到了相同设防区不同设防水准（小震、中震、大震）下具有相同的地震作用折减系数及取值，为既有公共建筑性能化（包含大震）抗震鉴定与加固提供了理论基础；完成了三种新型抗震加固技术有效性的模型抗震性能试验（图 2）。

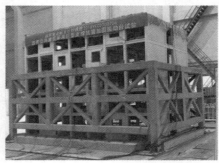

图 2　既有公共建筑模型抗震加固性能试验（一）

图2　既有公共建筑模型抗震加固性能试验（二）

3.既有公共建筑监测与运营关键技术

形成多目标系统快速诊断方法及快速诊断仪器，开发多目标低成本调适技术，形成不同工况下的运营控制策略。构建了基于性能导向的既有公共建筑综合监测指标体系，开发了集成建筑能效、环境、安全等综合关键性能指标的监测管理平台，实现建筑综合性能监测、预警、数据对比分析等功能。

4.既有公共建筑性能提升技术集成与示范

编制既有公共建筑综合性能提升技术规程，为既有公共建筑改造前后综合性能评定提供技术支撑；遴选27项示范工程，其中7项为综合示范。

一种基于末端设备能耗估算模型的分项能耗拆分方法

一、成果名称

一种基于末端设备能耗估算模型的分项能耗拆分方法

二、完成单位

完成单位：中国建筑技术集团有限公司

完成人：狄彦强、李小娜、张振国

三、成果简介

由于既有建筑配电系统的情况较复杂，有些情况下难以依靠有限的电表通过直接计量的方式获取所需分项能耗的准确数据。本文通过能耗拆分计算出机电系统各项用电设备的能耗量，让机电系统管理体系内的节能工作能够有的放矢，使节能工作建立在定量化的基础上，为节能运行管理、节能改造和各节能措施的节能效果后评估等工作提供数据支持。

该方法将公共建筑机电系统能耗拆分分为两个环节：

（1）一级子项快速拆分，拆分出四大类分项能耗；

（2）二级设备能耗优化拆分，对一级拆分结果进行优化修正。案例分析结果表明：

一级拆分环节，可快速、简单获得各子项电耗，并且拆分结果准确度往往较高，可为前期改造提供决策依据。二级拆分环节，可获得带有"不确定度"的能耗优化拆分结果，但计算过程较为繁琐，一般需借助计算机编程计算，如果一级拆分能够满足要求，则不建议使用二级拆分进行优化。

应用一级快速拆分和二级优化拆分方法对配电系统中的节点进行拆分组合可得到准确的分项能耗，相关结论如下：

（1）一级子项快速拆分方法可以实现快速、简单地计算出各项能耗，并且通过一级子项拆分数据可以判断是否需要进一步进行二级设备能耗优化拆分。

（2）应用二级设备能耗拆分方法进行优化，可以得到较为准确的分项能耗数据。

（3）通过能耗拆分实例研究，说明了该拆分方法的简单有效性。

这些分项能耗数据不仅能够实现节能诊断，还能反映使用者的节能意识和管理水平。随着建筑节能思想的不断深入，能耗监测系统的应用范围也越来越广，建立开放的、全局的、分层分布的监测系统将是一个总的趋势。

一种新型浮动式自适应非折叠臂车辆搬运器

一、成果名称

一种新型浮动式自适应非折叠臂车辆搬运器

二、完成单位

完成单位：江苏中泰停车产业有限公司

完成人：吴斌、赵雪刚、姚刚

三、成果简介

当前既有老旧小区的平面移动车库中，搬运器的类型为折叠臂车辆搬运器和固定叉齿车辆搬运器。折叠臂搬运器的缺点：不能对中停偏车辆，搬运器臂挤压对汽车方向机有损伤，机械动作太多而引起故障率高，长期偏心行走导致寿命短，速度慢，结构复杂，前后定位与车辆纠偏难。固定叉齿车辆搬运器的缺点：搬动器厚，重心高，导致稳定性下降和速度不能太高，噪声大，停车位与出入口装置复杂且对楼板与司机造成损伤，对中不彻底易伤车轮。陈旧的搬运器技术，导致车库可靠性低、舒适度低、效率低及空间利用率不高。针对上述问题，研究高可靠性、高舒适度、高密度、高效率（简称"四高"）的智能停车设备成为热点。

该搬运器避免了以上技术的缺点，取得了较大的进步：

（1）采用直臂搬运车辆，合力受力，可以搬运较重车辆；

（2）采用浮动自动适应直臂，来搬运不同长度的车辆，真正实现了搬运对车辆的二维对中；

（3）直臂伸缩时，不会对轮胎产生伤害；

（4）自适应浮动臂不会出现误搬，对于轮胎缺气或粘有冰块等异物，都不会出现折叠臂依靠传感定位误搬车辆的情况；

（5）车库出入口平整，不会对车主产生伤害；

（6）停车位机构简单，不会对建筑楼板造成伤害；

（7）设备结构紧凑，维修方便，成本低，安全可靠；

（8）搬运器行走，浮动小车同步寻找车辆的后轮中心，当搬运器到达前轮定位时，浮动臂也几乎完成了后轮定位，快速定位车辆能减少停车时间，提高工作效率。

既有居住建筑加层轻型结构体系及标准化构件研发

一、成果名称

既有居住建筑加层轻型结构体系及标准化构件

二、完成单位

完成单位：中国建筑技术集团有限公司

完成人：张宇霞

三、成果简介

（一）研究背景

近年来，随着城市工业化和商业化的迅速发展，城市建设用地日趋紧张，原有老旧建筑已经不能适应日益增长的物质和文化需求，建筑使用功能也受到了限制，需进一步扩大使用面积，增加使用功能。由于既有建筑的加层改造工程周期短、投资小、见效快，同时能改善原有建筑的使用功能和条件，且在短时间内投入使用，因此，既有建筑的加层改造就成为缓解用地紧张与日益增长的需求之间矛盾的一种有效技术手段。随着建筑技术与建筑工业化的不断发展，各类房屋的既有建筑的加层改造工程日益增多。

国内加层改造工程探索始于20世纪70年代，经过较长时间的积累与发展，既有建筑的加层改造工程由一般的民用建筑加层改造发展到商业建筑、办公建筑、工业厂房等建筑加层改造；由砖混结构加层改造发展到多种结构形式的加层改造。同时，结构加层方法多样化，各种新工艺、新材料逐步应用于既有建筑的加层改造中。

现阶段，我国既有建筑的加层结构主要采用钢筋混凝土结构、钢结构等传统结构形式，其中钢筋混凝土结构刚度大，整体性能好，结构牢固，但混凝土加层结构自重大，对原有结构底层构件以及基础的要求较高，通常需要加固原有建筑的地基基础及梁柱构件；同时，钢筋混凝土加层结构需现场浇筑施工、养护，因此钢筋混凝土加层改造施工周期长。钢结构加层结构自重轻，可以减少下部结构的受力，对原有结构构件的要求较混凝土加层结构低；加层钢结构构件采用工厂预制，施工速度快，周期短；同时，加层结构的墙体材料多采用普通黏土砖或砌块、钢筋混凝土砌块或轻质复合墙板等，这些传统墙体的砌筑需进行现场施工，且施工工序多，施工顺序复杂。传统的加层建筑技术装配化和工业化程度较低，与我国现阶段先进建筑方式及绿色建筑的要求有较大差距。

我国既有住宅建筑一般为20世纪80～90年代及之前建成的住宅，这些房屋大部分是2～6层的砖混结构，因建设标准低，已严重落后于城市发展水平，滞后于民生发展需要，其居住功能亟待改善。我国《既有住宅建筑功能改造技术规范》JGJ/T 390—2016 中指出：既有住宅建筑改造提倡采用节能技术，住宅改造应在确保结构和消防安全的前提下，采用施工简便快速的技术方案和信息建材与设备，以减少改造对居民生活的影响。近年来，我国积极探索发展装配式建筑，2016 年国务院《关于进一步加强城市规划建设管理工作的若干意见》中指出：力争用 10 年左右时间，使装配式建筑占新建建筑的比例达到 30%。2017 年国务院颁发的《国务院办公厅关于促进建筑业持续健康发展的意见》中指出：要坚持标准化设计、工厂化生产、装配化施工、一体化装修、信息化管理、智能化应用，推动建造方式创新，大力发展装配式混凝土和钢结构建筑，在具备条件的地方倡导发展现代木结构建筑，不断提高装配式建筑在新建建筑中的比例。在国家相关政策的支持下，装配式建筑正如火如荼地开展。在此大形势下，既有建筑的加层改造工程也应顺应国家政策导向，积极发展工业化部品，研究标准化轻型加层构件，探索新型装配式加层结构体系的受力特点及抗震特性，为加层结构装配化程度的提高提供一定的技术支持。

本成果是在调研及前期研究基础上，提出的适应于现阶段绿色、环保、工业化的加层结构体系，为我国加层体系的工业化发展提供技术支持。

1. 加层轻型结构体系

冷弯薄壁型钢结构，也称为轻钢结构体系是装配化程度较高的一种体系，在美国、澳大利亚和日本选用较多，研究也较为成熟。该体系的承重墙体、楼盖、屋盖及围护结构均由冷弯薄壁型钢及其组合件构成，是通过螺钉及扣件进行连接形成的结构，该结构体系一般适用于三层以下的住宅。薄壁型钢结构体系能较好地实现现场施工装配化，是装配式钢结构住宅的发展趋势之一，但该结构体系构件长度不一、构件类型较多、构件品种较多、现场拼接具有一定的难度；外墙板需在主体结构安装完毕后，填充保温材料，加装内外结构与装饰板材，增加了施工周期，装配化程度较低。本成果提出的一种装配化程度较高的薄壁型钢结构体系，其特点是将薄壁轻钢结构中的墙体更换为模块式预制轻钢轻混凝土墙板体系，该墙板体系在工厂预制成型，直接运输至施工现场，按照设计方案，将墙体按序进行拼装。

2. 轻质加层梁柱体系

单肢 C 形、U 形冷弯薄壁型钢是薄壁型钢结构体系中常采用的型钢类型，对于承重构件，有时也采用各种截面形式的拼合构件。在轻质加层结构中，采用薄壁型钢拼合柱或小截面型钢柱作为房屋转角、内墙连接节点及中间连接墙体柱截面形式；根据房屋设计情况，选取薄壁型钢拼合构件、薄壁型钢桁架或小截面型钢梁作为梁构件。

3. 墙体体系

模块式轻钢轻混凝土预制墙板体系以薄壁轻钢为支撑骨架，墙体两侧采用高强纤维水泥板作为免拆面板，中间填充保温性能较好的轻质混凝土材料。该轻钢轻混凝土预制墙板体系充分利用冷弯薄壁镀锌/镀铝锌钢板的轻质、高强、耐腐蚀和轻质混凝土的重量轻、保温隔热性能好等特点，同时又保证了墙板体系的标准化设计、工厂化生产与装配化施工。

4.墙体构造

轻钢轻混凝土预制墙板体系以C形镀锌薄壁型钢为骨架，墙体两侧采用高强纤维水泥板作为墙体的外墙板，中间填充保温性能较好的轻质发泡混凝土，墙体构造示意图如图1、图2所示。

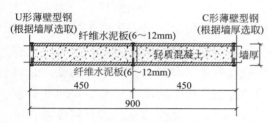

图 1　墙板构造剖面示意图

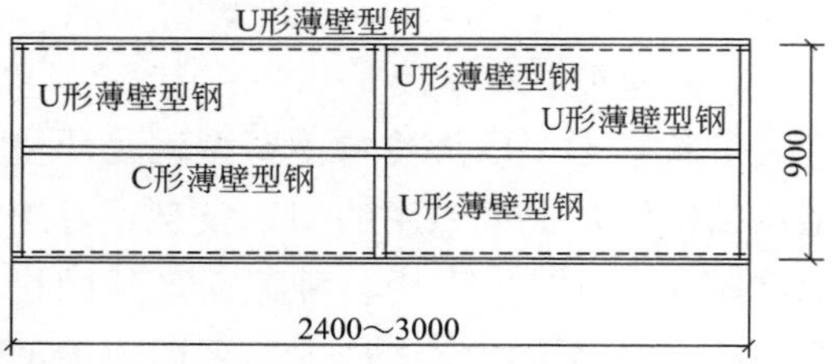

U形薄壁型钢

U形薄壁型钢	U形薄壁型钢
	U形薄壁型钢
C形薄壁型钢	U形薄壁型钢

2400～3000

900

图 2　墙板构造平面示意图

5.墙体尺寸

结合我国《建筑隔墙用轻质条板通用技术要求》JG/T 169—2016中隔墙尺寸规定，参照日本板肋结构住宅体系中墙体尺寸，确定本体系中标准外墙板块宽度有300、600和900mm三种规格，墙板高度根据建筑设计情况取2400～3000mm，内墙墙体板块厚根据建筑设计需求，有90mm、120mm、170mm及200mm四种规格，外墙墙体板块厚度有170mm与200mm两种规格。

构成墙体的薄壁型钢采用U形薄壁型钢与C形薄壁型钢形成轻钢龙骨框架，可便于与周围墙体、龙骨柱及上下梁之间的连接，同时可作为混凝土浇筑时的模板。C形薄壁型钢设置于墙体中间，可作为墙体的一部分受力构件，增强墙板的受力性能。

墙板中采用的C形与U形薄壁型钢规格见表1。

轻钢轻混凝土预制墙板型钢规格

表 1

序号	名称	断面	编号	实际尺寸（mm）	
				A×B	厚度
1	U形薄壁型钢		U75	75×40	0.6～0.8
			U100	100×40	0.6～0.8
			U150	150×40	0.8～1.0
			U180	180×40	0.8～1.0
2	U形薄壁型钢		C75	75×40	0.6～0.8
			C100	100×40	0.6～0.8
			C150	150×40	0.8～1.0
			C180	180×40	0.8～1.0

6.墙板连接构造

根据墙体特点，设计了墙板与墙板的连接、墙板与内墙、墙板与外墙的连接方式（图3）。

（二）墙体与既有砖混结构的连接专利

随着装配式建筑的发展，除了主体结构创新以外，墙体与梁的连接结构部分更是不可忽略，例如因墙梁连接不稳而导致装配式墙体变形、裂缝等一系列问题的发生，为了满足适应和提倡装配式建筑的发展，必须研发具有良好而且方便实用的装

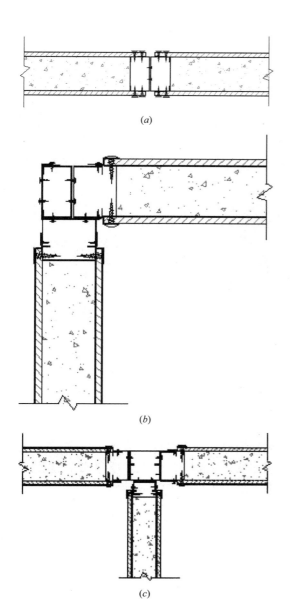

(a)

(b)

(c)

图 3 墙板连接构造示意图

（a）墙体与墙体及墙体与中柱连接；

（b）墙体转角处连接；（c）内墙与外墙连接

配式建筑墙梁结构连接部件或者方式，以满足装配式建筑的功能需求。

本实用新型的目的是为了提供一种新型预制轻钢轻混凝土墙板与既有混凝土梁

装配连接方式，来解决上述背景技术中提出的墙梁结构连接的问题。

为了实现上述目的，本实用新型提出以下技术方案：一种新型预制轻钢轻混凝土墙板与既有混凝土梁装配连接方式，包括既有建筑混凝土梁、工字形钢、预制轻钢轻混凝土墙板、L形薄壁型钢、哈芬槽、U形薄壁形钢、螺栓。在既有建筑混凝土梁安装墙体的部位凿去原有部分混凝土，浇筑新混凝土，并埋置工字形钢，而预制墙体构件在工厂预制时预埋有哈芬槽，以用于 T 形螺栓将工字钢和墙体相连，用 L 形钢侧向构件和连接件进行墙体和工字钢的限位，便于准确连接。

工字形薄壁形钢预留有 T 形螺栓孔，翼缘宽度为 200mm，螺栓采用直径 12mm，两个螺栓相距 80mm。哈芬槽由 U 形卡固定在 U 形薄壁形钢上面，保持它的位置在预制轻钢轻混凝土墙板构件时不会偏移，U 形卡的钢边开设有螺栓孔，与底部的 U 形钢固定，U 形薄壁形钢开设有螺栓孔。哈芬槽内填充有海绵，防止在工厂制作构件时混凝土的进入。L 形侧向定位构件和连接件，L 形钢的长边与预制轻钢轻混凝土墙板用 4 个螺栓连接，短边与工字形钢用 2 个螺栓连接，来保证安装时的位置准确（图 4、图 5）。

本实用新型提供了一种新型预制轻钢轻混凝土墙板与既有混凝土梁装配连接方式，具有以下有益效果：通过工字形钢和哈芬槽配合使用螺栓将预制轻钢轻混凝土墙板和既有结构混凝土梁连接在一起，可以简单有效地保证连接的稳定性，同时墙体外部设有限位连接件，有效地保证了

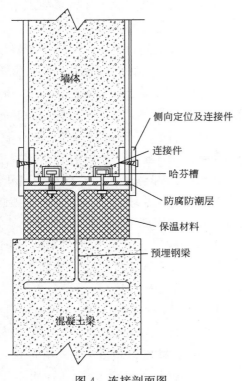

图 4　连接剖面图

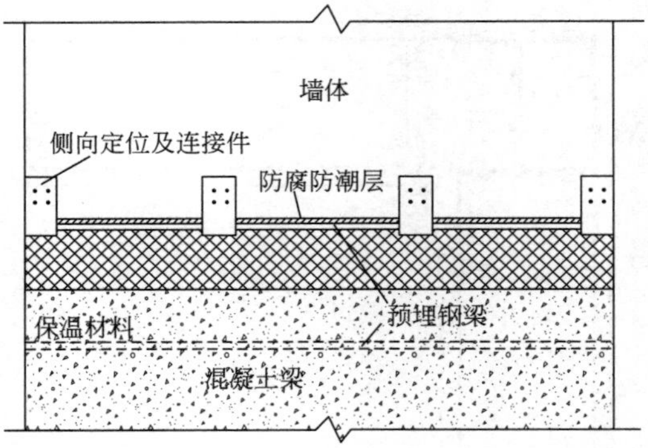

图 5　连接侧立面图

连接时位置的准确性，在墙体底部设置一层防潮防腐层，可以保证刚性连接件不被腐蚀，能够长久使用，提升了构件的耐久性，工字形钢周围填充了保温材料以此来达到保温效果，该连接方式便于拆卸，使用方便、快捷，确保工程质量和安装施工效率的同步提高。

基于光纤光栅微应变传感的工程监测技术

一、成果名称

基于光纤光栅微应变传感的工程监测技术

二、完成单位

完成单位：中建科技有限公司

完成人：齐贺、王静贻、王欣博、田中省、孙晖

三、成果简介

传统施工在面对既有建筑改造、复杂或大型建筑主体结构施工时，常出现高难度的建造问题，在智慧建造发展背景下，传统技术亟待加强与信息通信等高新技术的融合。

基于光纤光栅微应变传感的工程监测技术利用应变与光栅波长偏移量的线性关系，通过计算得出被测结构应变量，可监测的形变精度不超过 10^{-6}m，该精度可以满足几乎所有土木工程对结构微小形变监测的精度要求。在工程实施中通过监测构件的微小位移，确保误差在允许范围之内，在复杂工况和不利施工条件下仍能有效保证施工安全及质量。

光纤光栅监测技术可做到无间断实时监测及无人控制远程操作，减少了人力成本和设备成本。在监测过程中抗干扰能力强，传感器的使用寿命长。其技术体系能根据使用场景灵活组合，可适用于所有在施工过程中有结构性破坏危险的土木工程。

该工程监测技术是光纤光栅微应变传感技术、数据温度补偿技术、复杂结构体系实时数值分析技术和云平台互联网技术的集成。所需材料设备包括通信光纤材料、光信号调制解调设备、通信设备等。它通过以下流程实施：监测点位设计—监测系统设计—传感器安装—系统集成安装—监测参数设定—通过监测系统的实时反馈指导施工。在设计监测点位时，需对监测对象作出结构建模计算，确定结构薄弱点的位置并对应设置。无明确结构薄弱点时，可采取分布式监测。

传感器可分为表面式和埋入式。表面式传感器用于监控结构体表面或整体的应力，埋入式传感器用于监测结构体内部局部的应力表现。为保证监测质量，需先清理布设位置容易断裂或剥落的表层结构。

光纤光栅技术精确度高，能捕捉到温度变化引起的应变变化。因此，需对监测结果作出温度补偿，将温度变化产生的热胀冷缩效果反向抵消掉。

监测频率需根据工序实际需要设定，在稳定持续施工时可 2h 以上采集一次数据，较高风险时则调至每分钟采集一次数据。

五、论文篇

　　随着节能环保、绿色发展理念深入人心，我国政府和社会更为关注既有建筑改造工作，科研人员在既有建筑改造领域持续深入开展研究，研究成果以论文形式发表。为进一步推进既有建筑改造技术的交流和推广，本篇选取了部分既有建筑绿色改造相关的学术论文，与读者交流。

大跨网架结构风致响应及阻尼减振分析

一、导言

随着我国经济的发展，建筑技术不断进步，建筑形式越来越新颖、多样，大跨度屋盖结构被越来越多地应用于公共建筑。此类结构往往具有质量轻、柔性大、阻尼小、自振频率低等特点，并且建筑高度普遍较低，处于大气边界层中风速变化大、湍流度较高的近地区域，因此，风荷载往往成为此类结构设计需优先考虑的控制荷载。

不同类型屋面的风压分布特性不同，通过风洞试验分析女儿墙、挑檐对屋面风载分布的影响；通过数值模拟分析有悬挑大跨屋面结构风致响应，以及增设阻尼器的既有大跨屋盖结构风致响应减振效果。

二、风洞试验

（一）试验风场模拟

常见大跨度结构常处于城市郊区地带，属 B 类地貌。参考《建筑结构荷载规范》GB 50009—2012，确定风洞试验大气边界层模拟流场地面粗糙度系数 $a = 0.15$。由图 1 和图 2 可看出，模拟的风速剖面和湍流度剖面，与我国荷载规范的 B 类风场吻合较好。

（二）试验模型和测点布置

试验采用三个刚性结构模型，分别为

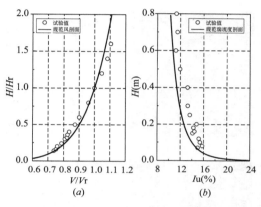

图 1　B 类地貌风剖面及湍流分布
（*a*）平均风速剖面；（*b*）湍流度剖面

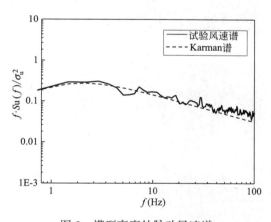

图 2　模型高度处脉动风速谱

普通平屋面模型（模型一）、有女儿墙平屋面模型（模型二）和有挑檐平屋盖模型（模型三），模型缩尺比例取为 1∶100，采用有机玻璃制成。其中，模型一屋盖为 550mm×310mm 的长方形，模型二与模型三的主体屋盖同模型一，模型二设 12mm 高女儿墙，模型三设宽度为 55mm 挑檐（屋盖平面 605mm×365mm），如图 3 所示。风洞试验中风场实际布置见图 3 (c)，试验中最大阻塞率为 2%，满足阻塞率大于 5% 的试验要求。

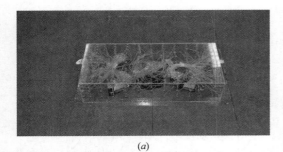

(a)

(b)

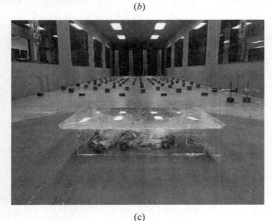

(c)

图 3　风洞试验模型

（a）普通平屋面模型（模型一）；

（b）有女儿墙平屋面模型（模型二）；

（c）有挑檐平屋面模型（模型三）

模型一与模型二屋面的测点布置一致，模型三在挑檐部分的上下表面也布置测点，三种模型屋面测点布置见图 4。

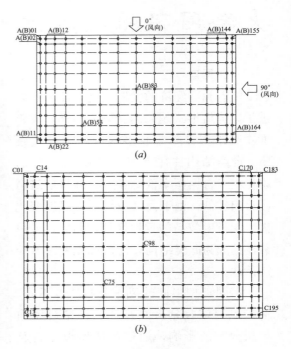

图 4　测压点布置图

（a）模型一与模型二屋面测点布置图；

（b）模型三屋面测点布置图

风洞试验风向角在 0°～360° 范围内取 10° 为间隔，并加测 45°、135°、225°、315°，即试验共模拟了 40 种风向的作用。

（三）试验数据处理

取风压力（压力的作用方向指向作用面）的风压系数为正；风吸力（压力的作用方向背离作用面）的风压系数为负。模型屋盖表面测点 i 的风压力用无量纲压力系数 C_{Pi} 来表示。

$$C_{Pi}(t) = \frac{P(t)_i - P_\infty}{P_0 - P_\infty} \quad (1)$$

式中，$C_{Pi}(t)$ 为 t 时刻测点 i 的压

力系数；$P_i(t)$ 为 t 时刻作用在测点 i 的风压力；P_0 和 P_∞ 分别是参考高度处的总压和静压。风洞试验中，参考点高度为 15cm（即模型顶面距地面的高度）。

根据式（1），可得模型屋盖表面各测点的平均风压系数和均方根压力系数。

平均风压系数

$$\overline{C}_{Pi} = \frac{\sum\limits_{i=1}^{M} C_{Pi}(t)}{M} \quad (2)$$

脉动均方根压力系数

$$C_{prms} = \sqrt{\frac{\sum\limits_{i=1}^{M} \left[C_{Pi}(t) - \overline{C}_{Pi} \right]^2}{M-1}} \quad (3)$$

式中，M 是测点 i 的样本采集数。

测点的脉动风压极值

$$C_{p,max} = \overline{C}_{Pi} + g C_{prms} \quad (4)$$

$$C_{p,min} = \overline{C}_{Pi} - g C_{prms} \quad (5)$$

式中，g 为峰值因子，参考相关文献取为 3.0。

（四）平均风压分布特性

三种模型在不同风向角作用下，屋面风压主要呈现为负压，即风吸力。当风向角 $\beta = 210°$ 时，模型一屋盖表面出现最大负风压系数。三种模型在 210°风向角下屋盖平均风压系数分布如图 5 所示。

在 210°风向角下，风向与屋盖迎风边缘存在一定夹角，气流在屋面角部区域产生分离，在屋面形成锥形旋涡，旋涡中存在相当大的逆压梯度，导致在气流分离处产生很大负压区。从图 5 可看到，模型一的屋面角部区域平均风压系数达到了 -3.58；模型二由于女儿墙的影响，角部区域平均风压系数为 -2.60，在下游区域出现小部分正压区；模型三由于气流在挑檐处分离，角部平均风压

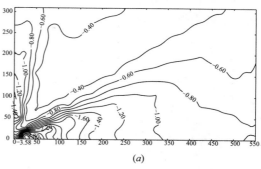

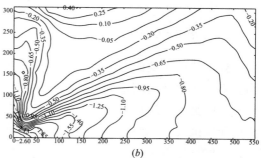

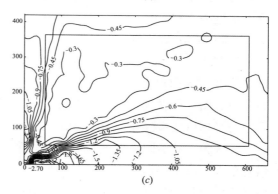

图 5　210°风向角下屋面平均风压分布

（a）模型一屋面平均风压分布（$\beta = 210°$）；

（b）模型二屋面平均风压分布（$\beta = 210°$）；

（c）模型三屋面平均风压分布（$\beta = 210°$）

系数为 -2.70，屋面中心部分风吸力相对于模型一有所降低。

从图 6 可看出，模型二在绝大多数风向角下，屋面最大负风压系数都小于模型一。模型三当风向与屋面迎风前缘有一定

夹角，即在风向处于 30°~60° 之间时，屋面风压减小效果明显。

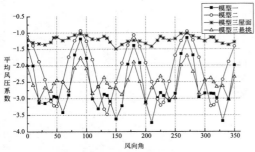

图 6　最大平均负风压系数随风向角的变化

模型三由于挑檐部分承担了大部分吸力，降低了主体屋面最大平均负压，使主体屋面的最大平均负风压系数在全风向角内变化幅度很小。但挑檐迎风前缘风压较大，易使挑檐发生破坏，设计挑檐时应综合考虑这一不利影响。

（五）脉动风压分布特性

按照式（5）可计算极小风压系数，图 7 为 210° 风向角下三种模型极小风压系数分布云图。可看到，三种模型极小风压系数与平均风压系数分布规律类似。

图 8 为三种不同模型屋盖表面 4 个最敏感角点，以及屋面中心点，脉动风压系数随风向变化的趋势图。总体来看，在全风向角下，模型二与模型三角部测点脉动风压系数在 1.0 以下，而模型一的角部测点脉动风压系数达到了 1.3 左右。

三、风致响应分析

（一）节点时程数据

对风洞试验获得的屋面测点风压系数时程数据，使用 POD 法插值，得到各节点处风压时程数据，选取 210° 风向角风载

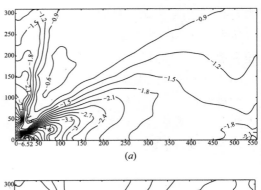

(a)

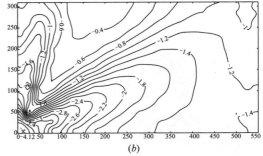

(b)

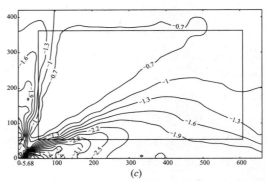

(c)

图 7　210° 风向角下屋面极小风压分布
（a）模型一 210° 风向角屋面极小风压分布；
（b）模型二 210° 风向角屋面极小风压分布；
（c）模型三 210° 风向角屋面极小风压分布

作为时程分析荷载，应用 ANSYS 对普通平屋盖与带悬挑平屋盖结构进行风致响应分析，研究屋面节点风致响应。

（二）有限元建模及自振特性分析

平屋盖结构平面轴线尺寸为 54m×30m，网架高度为 2.1m，网格大小为 3m×

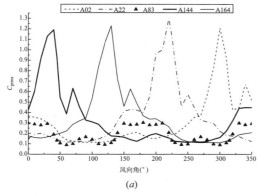

(a)

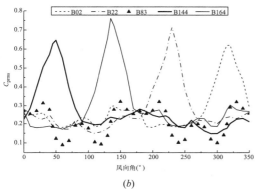

(b)

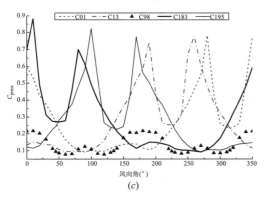

(c)

图8　典型测点脉动风压系数随风向变化

（*a*）模型一典型测点脉动风压系数；

（*b*）模型二典型测点脉动风压系数；

（*c*）模型三典型测点脉动风压系数

3m，正三角锥网架结构，选用钢材 Q345B，强度设计值为 215MPa，密度为 7850kg/m，钢材截面选取 $\phi 60 \times 3.5$、

$\phi 114 \times 4$、$\phi 159 \times 8$ 三种型号。带悬挑的大跨屋盖结构平面轴线尺寸为 66m×42m，其他参数同普通平屋盖结构。

由于大跨屋盖网架结构的风致响应主要由屋盖自身的振动引起，下部结构的振动对屋盖响应影响较小，在建模及计算过程中忽略下部支撑体系，约束条件取为铰支。网架杆采用 link180 单元，阻尼比取 0.02，计算模型见图9、图10。

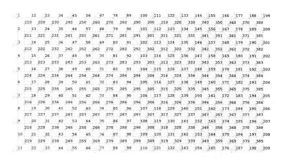

图9　普通大跨平屋盖计算模型

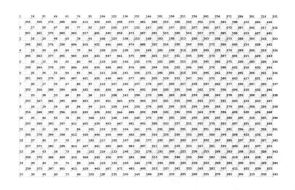

图10　带悬挑的大跨屋盖计算模型

自振频率和振形是结构固有动力特性。由图11可看到，无悬挑屋盖结构的前30阶频率增长速率较快，后70阶频率增速放缓，较均匀地分布在 25～45Hz 之间；而带悬挑屋盖结构的自振频率呈现出接近线性增长的趋势。由于带悬挑结构自

重增加，其自振频率低于无悬挑屋盖结构。两种结构的自振周期均大于 0.25s，需考虑脉动风压对结构的风致振动影响。

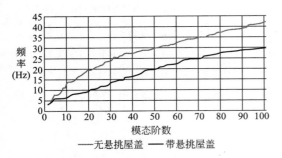

图 11　屋盖前 100 阶振型频率

（三）风致响应分析

考虑一般设计荷载下结构的响应，设计荷载组合取为：恒载×1.0＋活载×0.5，全跨风荷载，恒活荷载均取 0.5kN/m²。

对风致位移响应进行统计，分析悬挑对结构风致响应的影响。由于结构初始响应不规律，选取 20～100s 的结构响应，统计分析公式如下：

$$\overline{X} = \frac{\sum\limits_{i=1}^{N} X_i}{N} \qquad (6)$$

$$\sigma = \sqrt{\frac{\sum\limits_{i=1}^{N}(X_i - \overline{X})^2}{N-1}} \qquad (7)$$

式中，X_i 代表样本点 i 的样本值，具体指代节点位移值；$\overline{X}$、σ 分别指代响应的均值和均方差。

图 12 中 105 点为普通平屋盖结构中心节点，图 13 中 173 点为有悬挑屋盖结构中心节点，可看到在结构中部区域，带悬挑屋盖结构的脉动风致响应明显减弱。

表 1 与表 2 为典型节点的风致响应对

比，带悬挑屋盖约为不带悬挑屋盖的风致响应均方差的 25％，说明悬挑结构对于减小结构风致响应作用明显。

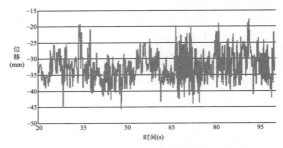

图 12　普通平屋盖 105 点位移响应时程

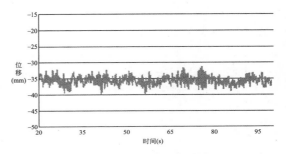

图 13　带悬挑平屋盖 173 点位移响应时程

普通平屋盖典型节点统计值　表 1

节点编号	均值(mm)	均方差(mm)
83	−32.61	4.65
105	−32.62	4.58
127	−32.77	4.30
285	−21.91	4.80
315	−21.98	4.52

带悬挑平屋盖主体部分典型节点统计值　表 2

节点编号	均值(mm)	均方差(mm)
113	−35.07	1.31
158	−36.16	1.34
173	−35.63	1.37
188	−35.08	1.40
233	−31.54	1.49
437	−26.62	1.17
493	−27.73	1.18
507	−27.17	1.19
563	−22.79	1.34

从表3可看到，悬挑屋盖位于迎风向悬挑部分的角部节点响应受脉动风影响较大，大于中部区域的节点响应。位于迎风向的两个角部节点15和345，与迎风向的中部节点8与180的均方差相比，可看到中部受脉动风影响较角部区域有明显减弱，这与风压系数分布情况相吻合。

带悬挑平屋盖悬挑部分典型节点统计值

表3

节点编号	均值(mm)	均方差(mm)
1	−18.26	1.04
8	12.83	1.50
15	−14.59	2.89
180	20.90	1.52
331	−15.45	1.77
345	−14.15	2.73

四、黏弹性阻尼器减振效果分析

大跨度屋盖结构有比较大的风敏感性，结构风致动力响应较大，特别是带有大悬挑的屋盖结构。黏弹性阻尼器通过黏弹性材料的滞回耗能为结构提供附加刚度和阻尼，可减小结构的动力反应。

（一）黏弹性阻尼器有限元模型及布置

在大跨度有悬挑网架结构中增设圆筒式黏弹性阻尼器，采用 ANSYS 软件进行分析，阻尼器采用 COMBINE14 单元，考虑悬挑网架的挑檐角部区域风致响应较大，将阻尼器增设在挑檐角部区域，具体布置方式如图14 所示。

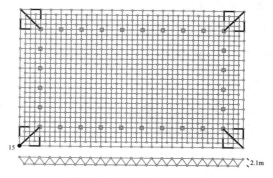

图14 阻尼器布置示意图

（二）黏弹性阻尼器风振控制分析

1.普通大跨度悬挑网架分析

将最不利210°风向角的风压时程施加在网架结构上，进行风致响应分析。设置阻尼器前后，节点15处的位移响应时程曲线如图15 所示。

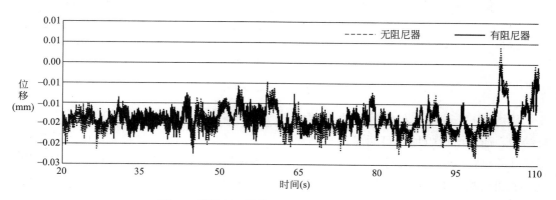

图15 增设阻尼器前后节点15位移响应对比

从图 15 可看到，设置阻尼器后，结构悬挑部位在风荷载作用下的风致位移响应有明显减小，表明在悬挑部位设置黏弹性阻尼器进行风振控制效果明显。

2. 既有大跨度网架分析

由于网架结构一般采用钢制材料，很容易出现锈蚀，使得结构变形增大。在对大量既有网架结构调查的基础上可知，钢制构件的锈蚀深度一般在 1mm 左右。

对有悬挑的既有大跨度网架结构，模拟分析网架发生锈蚀后的风致响应，从图 16 可看到，由于网架锈蚀造成整体刚度降低，挑檐迎风前缘节点风致响应增大。

在发生锈蚀网架的悬挑部分增设阻尼器，设置阻尼器前后的典型节点风致位移响应时程曲线，如图 17 所示。

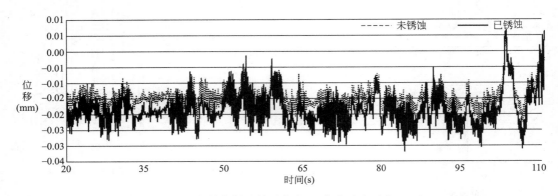

图 16　结构锈蚀前后节点 15 位移响应对比

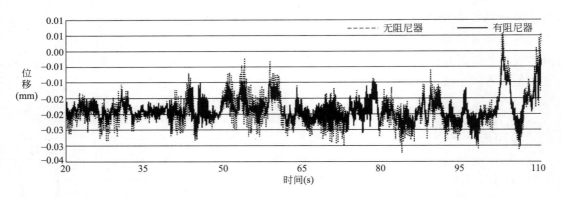

图 17　增设阻尼器前后已锈蚀结构节点 15 位移响应对比

从图 17 可看到，发生锈蚀的悬挑网架结构，通过增设阻尼器可明显减小挑檐位置处的风致响应，且小于无锈蚀结构响应。表明在既有悬挑网架结构中附加黏弹性阻尼器进行风振控制可取得明显效果。

五、结论

对三种不同类型的平面屋盖结构刚性模型进行了风洞试验，分析了屋盖结构风致响应，以及设置阻尼器屋盖结构风致响应的减振效果。

（1）挑檐与女儿墙对屋面风压具有减小作用，挑檐对主体屋面风压减小更为明显，但挑檐部分由于上下表面风压叠加作用，负风压较大。

（2）悬挑可减小屋盖中部区域的风载作用，但悬挑部分风致响应较为剧烈，尤其是迎风向角点区域。

（3）在大跨度屋盖悬挑部分设置黏弹性阻尼器，对悬挑部位结构的风致位移响应有较好的控制作用。

（4）对发生一定程度锈蚀的既有网架结构，增设黏弹性阻尼器对风致响应减振效果明显。

（北京建筑大学供稿，韩淼、李万钧、李双池执笔）

采用城市动力弹塑性分析方法
预测唐山市区建筑震害

一、导言

城市区域建筑震害预测是城市防震减灾工作的重要决策基础，也是开展既有建筑防灾减灾综合改造的前期研究基础。目前，区域建筑震害预测方法主要包括经验方法和分析方法。其中，目前广泛应用的易损性矩阵方法是一种典型的经验方法，它通过对历史震害的调查，得到不同地震烈度下各种建筑达到不同破坏状态的概率。易损性矩阵方法简单易行，但是对于缺少历史震害数据的地区，或者当前建筑与历史震害建筑差异较大时，应用难度较大。此外，该方法也难以考虑不同建筑特性和地震动特性对震害结果的影响。分析方法通过建立结构力学模型，来计算建筑的破坏状态，可以分为静力分析方法和时程分析方法。美国联邦应急管理署（FE-MA）提出的基于能力－需求分析的建筑震害预测方法是一种典型的静力分析方法。然而，该方法难以全面考虑地震和结构的动力特性，并且将 FEMA 的方法直接应用于中国建筑在适用性上也存在一定问题。时程分析方法则能弥补静力分析法的缺陷，但该方法没有高层建筑模型，也没有给出具体建筑计算模型参数的确定方法。

有学者提出了城市动力弹塑性分析方法。在原理上，该方法对建立的模型多考虑不同建筑特性和地震动特性，更符合地震工程的基本原理，使得计算结果的精度有保证；在模型上，参数具有明确的物理意义，只需要建筑的结构类型、高度、层数、建造年代、楼层面积这些宏观信息就能对建筑模型进行参数标定，建模简单；在计算效率上，该方法在普通桌面计算机上就可以完成大规模的震害预测；在预测结果上，能够考虑不同楼层震害的差异，给出直观的三维建筑震害预测结果。

因此，本文采用城市动力弹塑性分析方法，对唐山市 23 万多栋建筑进行了震害模拟。在此基础上，对比了 3 种地震动衰减关系的震害结果，并基于较为合理的椭圆形衰减关系的震害预测结果，从建筑设防分类、建造年代等角度进行了深入的分析和讨论。

二、城市动力弹塑性分析方法

城市动力弹塑性分析方法采用非线性多自由度剪切模型和非线性多自由度弯剪耦合模型对建筑进行建模，通过非线性动力时程分析来预测建筑在不同地震作用下的破坏情况，并给出直观的三维建筑震害可视化结果。其中，中低层建筑采用多自由度剪切模型来模拟，高层建筑（10 层及 10 层以上或者房屋高度大于 28m 的住宅建筑和房屋高度大于 24m 的其他高层民用建筑）采用多自由度弯剪耦合模型模拟。

（一）多自由度剪切模型

城市中存在大量中低层建筑，大部分中低层建筑结构类型明确，形体规则，通常表现出较为明显的剪切变形模式。因此，可以将每栋建筑简化成图 1 所示的剪切层模型。该模型假设结构每一层的质量都集中在楼面上，认为楼板为刚性并且忽略楼板的转动位移，因此可以将每一层简化成一个质点。不同楼层之间的质点通过剪切弹簧连接在一起。楼层之间剪切弹簧的力－位移关系如图 2 所示。其中，骨架线为三线性骨架线，如图 2（a）所示，层间滞回模型采用图 2（b）所示的单参数滞回模型。

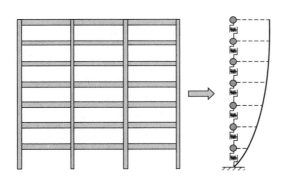

图 1　多自由度剪切模型示意图

参数标定方法是建立在建筑抗震设计规范、大量的试验数据和数值分析的基础之上的。因此，无论是何种结构类型，都只需要知道建筑的结构类型、高度、层数、建造年代、楼层面积这些宏观信息，就可以确定图 2 中骨架线和滞回模型中的各个参数，简单方便，从而非常适用于大

规模区域建筑群的建模。

（二）多自由度弯剪耦合模型

高层建筑的侧向整体弯曲变形不可忽略，因此可采用非线性弯剪耦合模型（图 3）对高层建筑进行分析。该模型能够同时考虑高层建筑的弯曲变形和剪切变形，根据建筑的基本属性（结构类型、高度、层数、建造年代、楼层面积），就能自动合理地标定模型各参数，并且拥有很高的计算效率。非线性弯剪耦合模型采用三线性骨架线模型模拟高层建筑弹塑性层间行为，采用与 RC 框架结构相同的易于参数标定的单参数滞回模型（图 2（b））。具体的模型介绍和参数标定方法以及损伤判定准则可以参考相关文献。

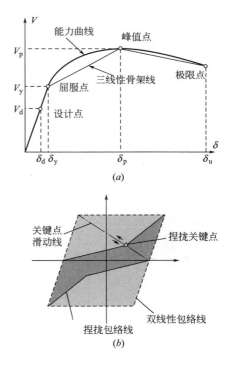

图 2　层间剪切弹簧力－位移模型
（a）三线性骨架线示意图；（b）单参数滞回模型

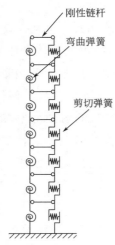

图3　非线性多自由度弯剪耦合模型示意图

三、唐山市建筑震害模拟

（一）建筑信息

作者通过唐山市规划局获得了该地区230683栋建筑的建筑属性信息，包括结构类型、高度、层数、建造年代、楼层面积等，数据翔实。利用这些数据即可采用本文所用的分析模型对每一栋建筑进行模拟。建筑年代和建筑类型的组成情况如图4所示，其中，20世纪90年代以前的建筑的面积占19%，老旧平房的比例占9%。

（二）地震动输入

由于唐山地震发生时，我国强震观测站很少，因此主震在Ⅷ度以上区未测得强震记录，因此本次模拟从美国联邦应急管理署（FEMA）的P695报告中挑选了4条代表性近场地震（震源距小于10km）记录，其震级与唐山大地震相近。其中，中国台湾Chichi记录震级为7.6级，土耳其Kacaeli记录震级为7.5级，美国Denali记录震级为7.9级。

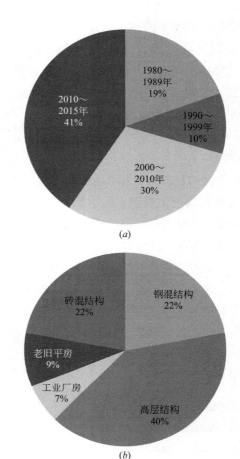

图4　唐山市建筑信息
（a）建筑年代比例（按照建筑面积）；
（b）建筑类型比例（按照建筑面积）

由于目标区域范围较广，单一的地震动输入和实际情况相差较大，因此需要考虑地震动的衰减。此次模拟采用了三种地震动PGA（Peak ground acceleration）衰减关系，后文分别简称为场景A（同心圆衰减关系，震中PGA=850cm/s²）、场景B（椭圆衰减关系，震中PGA=1160cm/s²）、场景C（椭圆衰减关系，震中PGA=850cm/s²）。

（三）震害预测结果及分析

基于以上区域建筑基本信息及地震动

信息，采用多自由度剪切模型和多自由度弯剪耦合模型对唐山市进行了震害模拟，每种场景下四条地震动的震害结果的平均值如表1所示（以下震害结果分析均为建筑面积比）。

三种场景的震害结果平均值　表1

	完好	轻微破坏	中等破坏	严重破坏	毁坏
场景A	0.00%	0.00%	13.10%	56.88%	30.02%
场景B	0.00%	0.00%	4.40%	61.76%	33.84%
场景C	0.00%	2.05%	22.98%	48.82%	26.15%

从表中可以看出，建筑震害由轻到重依次为：场景C、场景A和场景B。说明PGA按照椭圆形衰减的速度快于按照圆形衰减的速度；同时，本文所使用的区域建筑震害分析方法能够考虑不同地震动衰减关系对震害结果的影响。

考虑到唐山大地震实际的烈度分布更接近椭圆形，以及椭圆形的衰减关系理论上具有更高的合理性，因此，下面将进一步分析场景B预测得到的震害结果。

B场景下（Chichi-TCU065地震动）建筑震害可视化结果如图5所示。该可视化结果不仅能直观清楚地展示区域内建筑的破坏情况，还能给出各个建筑每层的破坏状态及其时程动态过程，相较于传统的易损性矩阵分析方法，提供了更为直观、丰富的震害信息。为了更好地分析震害模拟结果，以下从建筑设防分类、建造年代的角度对唐山市建筑震害模拟结果进行了分析。

1.按照建筑设防分类

根据苏幼坡等统计的唐山大地震的实际震害结果，所研究的区域在1976年唐

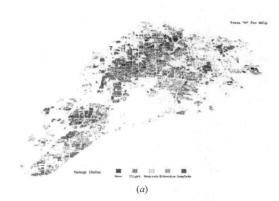

(a)

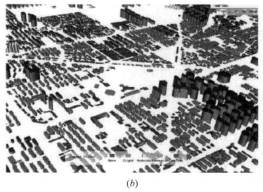

(b)

图5　场景B下唐山市建筑震害可视化结果
(a)唐山市震害结果整体视角；
(b)唐山市震害结果局部视角

山大地震时倒塌率超过80%。本文分析结果表明，四条地震动下所有建筑的平均倒塌比例为33.84%，因此当前唐山市建筑的抗倒塌能力比1976年已经有显著提高。特别需要说明的是，这33.84%的倒塌比例很大程度上是由大量的老旧未设防建筑导致的。进行过抗震设防的建筑，其平均倒塌比例为18.58%，而未设防的建筑，平均倒塌比例达到了97.49%。所以，建筑抗震设防对提高其抗震性能具有决定性的作用。今后应对未设防建筑尽快逐步更新或加固，以解决城市抗震防灾能力的短板。

另外，值得注意的是，即便是对于设防结构，超过中等破坏的建筑物比例也达到了94.55%，这些建筑基本都不存在修复的价值或可能性。因此，如果1976年唐山地震再次发生，虽然随着倒塌率的降低，人员伤亡率会得到有效控制，但是基本上整个城市都要拆除重新建设，粗略估算重建面积超过1.0亿 m²。其经济代价及环境、资源代价都非常高昂，因此，提高城市的抗震"韧性"（Resilience）极为重要。

2. 按照建造年代分类

按照建造年代分类，四条近场地震动的震害结果平均值如表2所示。

建造年代对抗震能力的影响是一个复杂问题。不同建筑年代对应的抗震设计规范、施工质量水平、耐久性等都对建筑抗震性能有影响。整体上，随着时代的发展，设计能力、施工质量和耐久性等都在提高，相同结构体系下，建造年代越近的建筑抗震能力越强。本文中主要考虑不同年代设计规范对抗震性能的影响，不同年代建筑所采用的损伤指标、强度参数等都不同。表2结果也进一步说明随着抗震规范的不断完善，建筑的抗震能力在提高，老旧房屋是城市加固改建工程的重点对象。

按建造年代分类的建筑不同破坏程度的比例（%）　　表2

建造年代	完好	轻微破坏	中等破坏	严重破坏	毁坏
1980～1989年	0.00	0.00	0.00	2.51	97.49
1990～1999年	0.00	0.00	4.27	47.61	48.12
2000～2009年	0.00	0.00	6.30	73.87	19.84
2010～2015年	0.00	0.00	5.14	84.56	10.21
汇总	0.00	0.00	4.40	61.76	33.84

四、结论

本文采用城市动力弹塑性分析方法，考虑了不同地震动衰减关系，对唐山市23万多栋建筑进行了震害模拟。可得到如下结论：

（1）当前唐山市在4个不同地震动下的平均倒塌率仅有33.84%，远低于1976年唐山大地震时80%的倒塌率，因此，唐山市目前建筑抗倒塌水平相比40年前有了显著的进步。

（2）非设防结构的倒塌率（97.49%）远高于设防结构的倒塌率（18.58%），而且新建造的房屋的震害程度轻于以前建造的房屋，应逐步对非设防结构的老旧房屋进行加固改建。

（3）现行建筑抗震设计方法，虽然可以有效控制建筑物的地震倒塌比例，但是重大地震下的建筑物破坏及其导致的恢复重建成本依然非常高昂。因此，提高城市的抗震"韧性"极为重要。

（4）本文所采用的城市动力弹塑性分析方法能够实现更加合理、细致、直观的城市区域建筑震害预测，为大规模的城市震害预测提供了重要方法。

注：本文受国家重点研发计划项目（2017YFC0702900）资助，全文已正式发表在《自然灾害学报》（2018年第27卷第1期），此处仅作关键内容节选。

（清华大学供稿，程庆乐、
陆新征执笔）

城市中小套型住宅中厨卫空间的居住使用问题调查与分析

一、研究背景

目前，我国既有住房存量大、品质低，建设方式粗放，对住宅内装、居住者使用需求重视不足。随着时代的发展，人们对居住品质的要求日益高涨，住房性能亟需提升，现状与需求之间的矛盾在住房厨卫部分显得尤为突出。

住宅中的厨卫空间是居住使用上最容易产生问题的区域，同时，居住者对厨卫空间的重视程度也逐渐提高。厨卫作为生活的辅助功能区域，要容纳各式电器、设施，在建造装修上，集中了各种管线、接口，如水、电、燃气等，施工周期长、工序复杂，而我国现有住宅厨卫的设计、装修、技术局限性大，难以满足居民增长的生活需求。

现有住宅设计及相关研究对于厨房、卫生间的关注度不足，缺乏针对性的厨卫调查研究。现有研究多从精细化设计、产品研发的角度出发，较少探讨厨卫功能空间居住使用中的具体问题，没有对实际问题的剖析则难以得出科学合理的解决方案。

本文以厨卫空间的居住使用问题为切入点，探讨我国城市中小套型住宅的现状。通过现状调查分析目前住宅厨卫部分的建造、使用上的弊端，归纳厨卫问题，通过分类分析探讨住宅厨卫中的共性问题，以期为今后城市中小套型住宅厨卫空间设计与相关研究提供科学依据，从而优化厨卫居住空间的品质。同时，揭示现有建造模式于解决厨卫问题的局限性，思考采用装配式建造手段解决厨卫问题的必要性。

二、调查实施与方法

本研究调查分为两个部分，首先，对住宅厨卫空间的使用现状、建造装修条件展开具体调查，归纳厨卫中常见的问题，为进一步调查分析奠定基础。其次，在明确厨卫问题指标基础上，进一步展开厨卫使用问题的调查，采用聚类分析方法进行定量分析，针对存在的问题对厨卫空间进行分类，梳理厨卫空间问题的关键因素，并从设计及建造的视角探讨如何解决现有住宅厨卫的问题。

三、城市中小套型住宅厨卫使用现状调查

首先，通过对住宅户内功能空间的综合评价调查，发现厨卫是住房内满意度评价较低的功能空间，受调查者普遍反映厨卫空间并不能很好地满足其使用需要

（图1），同时，与厨卫直接相关的装修、管线的评分也明显较低（图2）。究其原因，主要是由于既有住宅存在面积普遍偏小的问题，厨卫空间更受到压缩，难以适应变化的居住需要，此外，厨卫空间涉及各式管线、设备及厨卫设施，装修复杂，极易产生各种问题。

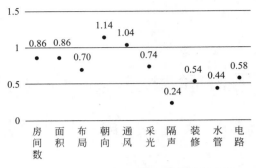

图2　住房物理性能综合评价得分散点图

（一）调查结果

为了解厨卫空间的现状条件及问题点，课题组从使用问题、管线设备、装修、布局限制因素等方面展开问卷调查，探讨厨卫空间的现状，分析总结住宅厨卫使用中普遍存在的问题。

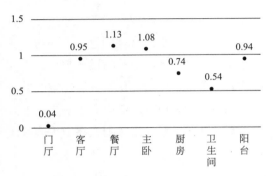

图1　居住功能空间综合评价得分散点图

1. 基本使用问题（表1）

厨卫使用问题统计描述　　　　　　　　　　表1

厨房使用问题统计			卫生间使用问题统计		
有效答题样本数量	53		有效答题样本数量	57	
存在问题	个案	百分比	存在问题	个案	百分比
通风不好	12	22.6%	通风不好	26	45.6%
采光不好	12	22.6%	采光不好	19	33.3%
橱柜不好布置	13	24.5%	洁具不好布置	13	22.8%
没有冰箱位置	13	24.5%	没有洗衣机位置	18	31.6%
操作面长度不够	21	39.6%	管道布局不理想	6	10.5%
管道布局不理想	9	17.0%	有窜味现象	15	26.3%
有窜味现象	12	22.6%	有虫害	6	10.5%
有虫害	13	24.5%	排水噪声大	10	17.5%
排水噪声大	6	11.3%			

在对厨房、卫生间使用问题的调查中，多项问题出现频次达到30%以上。综合来看，厨房各项问题的分布较为平均，且反映空间格局方面问题的相对较多。另外，在对卫生间问题的统计中，则集中在通风、采光上。

118

2. 布局限制因素（表2）

厨卫布局限制因素统计描述 表2

厨房布局限制因素			卫生间布局限制因素		
有效答题样本数量	53		有效答题样本数量	56	
限制因素	个案	百分比	限制因素	个案	百分比
燃气管、燃气表位置	29	54.7%	给水管位置	15	26.8%
排水立管、管井位置	19	35.8%	排水、排污管位置	28	50.0%
烟道位置	24	45.3%	管井位置	17	30.4%
门窗位置	28	52.8%	排风管位置	20	35.7%
散热器位置	8	15.1%	门窗位置	28	50.0%
			散热器位置	4	7.1%

根据调查结果认为厨房燃气管线的布置和门窗位置是主要限制因素的占比最高（54.7%、52.8%），烟道位置，排水立管、管线居其次。卫生间则为门窗位置、排水、排污管线占比最多。

通过住房实态调查可知，我国厨卫通常将公共立管设置在户内，距离厨卫近，便于排布管线。而这种建设方式是影响厨卫空间布局的主要因素，限制了燃气灶、马桶等厨卫设施的布置，造成厨卫空间布置不合理、难以变更等问题。

3. 管线设备（表3）

管线铺设、排水方式统计描述 表3

管线铺设方式			排水方式		
有效答题样本数量	39		有效答题样本数量	57	
方式	个案	百分比	方式	个案	百分比
墙上开槽埋设	28	71.8%	穿楼板排水	43	75.4%
地面开槽埋设	20	51.3%	降板排水	3	5.3%
吊顶内敷设	14	35.9%	地面上排水	13	22.8%
明敷	9	23.1%	后排	4	7.0%
			墙排	9	15.8%

通过对管线铺设方式、排水方式的调查可知，住宅户内管线建设采用的主要形式为墙、地面开槽埋设管线，占比分别为71.8%、51.3%；主要排水方式为穿楼板的排水方式（75.4%）。

墙地面开槽这种传统的施工方式，伴随着大量问题，如施工过程复杂且麻烦、破坏墙地面结构、施工中产生大量粉尘及噪声等。穿楼板排水，则有排水噪声大、上下楼互相干扰、检修不便等问题，降板排水是能解决上述问题的建设方式，实际上却很少使用。

排水方式问题得分统计 表4

排水方式问题	得分统计
维修不方便	3.2
排水噪声干扰大	2.92
排水点布置不合理	2.75
占用部分使用面积（如排水管井）	1.99
排水点过少	1.31
占用部分层高	0.95

在对排水方式问题的调查中，要求受调研者对排水方式伴随的若干问题进行排序（选项内容见表4）。其中得分最高的为维修不方便（3.2）、排水噪声干扰大（2.92）、排水点布置不合理（2.75）。其次为占用部分使用面积、排水点过少等问题。

由此可见，传统穿楼板方式最主要的问题是检修不便，自家管线漏水必须到楼下住户家中才能修理，其次为噪声干扰，排水管在使用过程中对下层住户造成影响。排水方式引发的问题直接影响了住户的居住品质。

通过对厨房排烟方式的调查可以看出，使用烟道进行排烟是主要的方式（47.4%），直排户外的也较多（35.1%）。而在住户使用过程中，公共烟道也容易产生窜味、排烟不畅或烟气倒流等问题（表5）。

对户内通风方式的统计结果显示，自然通风方式仍是主流，多数人对于住房的窗户的设置、通风性能十分重视，机械设备辅助通风的手段应用并不广泛。

4.装修（表6）

排烟、通风方式统计描述 表5

厨房灶台的排烟方式			户内通风方式		
有效答题样本数量	57		有效答题样本数量	57	
排烟方式	个案	百分比	通风方式	个案	百分比
排向烟道	27	47.4%	自然通风	46	80.7%
直排户外	20	35.1%	卫生间机械排风	13	22.8%
户内无排烟机	10	17.5%	厨房机械排风	17	29.8%
			中央新风系统	3	5.3%
			壁挂式新风换气	7	12.3%
			空气净化器	5	8.8%

地板装修及问题统计描述 表6

地板装修情况			地板装修及使用中遇到的问题		
有效答题样本数量	70		有效答题样本数量	45	
地板形式	个案	百分比	问题点	个案	百分比
瓷砖	35	50.0%	地面不平整	16	35.6%
实木地板	8	11.4%	防潮防霉不好	18	40.0%
复合地板	26	37.1%	行走噪声大	18	40.0%
卷材地板	1	1.4%	返灰	11	24.4%
			瓷砖开裂	2	4.4%

调查发现，墙地面的施工工序为开槽埋设管线、水泥灌浇抹平，其后进行地面铺装和墙面涂刷等工序。地板采取的建造形式的统计显示，在地面找平后直接敷设瓷砖、铺木地板是住房装修最为常见的形式。

在地板施工或使用问题的统计中，反映防潮防霉、地面不平整、行走噪声大的占比较多。此外，还有部分为地面返灰、瓷砖开裂的问题。

地板使用情况的调研显示，目前住房普遍采取的地面施工做法存在施工水平低、质量差、寿命短等问题，影响居住的品质。

户内装修改造及问题统计描述　　　　表7

户内曾做过的装修改动			户内改造的主要困难		
有效答题样本数量	36		有效答题样本数量	38	
装修改造部位	个案	百分比	问题点	个案	百分比
承重墙	4	11.1%	承重墙不可改	17	44.7%
户内隔墙	15	41.7%	隔墙拆建麻烦	12	31.6%
门窗	18	50.0%	管线剔凿铺设麻烦	17	44.7%
水管	17	47.2%	改动对邻居造成干扰	15	39.5%
电路	18	50.0%	改动涉及立面，与物业有冲突	7	18.4%
地漏	9	25.0%			
电视网线	13	36.1%			
煤气管道	2	5.6%			
排烟	2	5.6%			
穿管凿洞	5	13.9%			
散热器	1	2.8%			
其他	1	2.8%			

对住房已有的装修改造统计结果显示，其中对电路、门窗进行改造的均达到半数，改造过户内隔墙、水管的也较多（41.7%、47.2%）。住户装修改造基本涉及水电等隐蔽工程，以及户内隔墙、门窗的拆改（表7）。

整体来看，进行装修改造的住户中，约半数住户对隔墙、门窗、水管、电路有过改造，其次对电视网线、地漏进行过改造的也较多，显示住户在装修过程中往往需要对户内空间格局、管线设施等重新进行改造，以满足生活需要。

住户进行二次装修改造的现象普遍，住户在改造装修中也遇到许多困难。调查统计发现，认为承重墙不可改、管线剔槽铺设麻烦的人次较多（各占44.7%），其次认为改动对邻居造成干扰，协商麻烦的也较多。受调查者对于装修困难的反馈也说明，房间格局改造的局限、技术实施是较为突出的问题。

既有住宅，尤其是老旧住宅中，大量的住房户内隔墙多为承重结构，导致房间格局难以变更，难以适应居民多样化的居住需求，此外，装修过程复杂、麻烦，施工质量难以保证，更加剧了改造的难度。

（二）调查分析小结

通过对厨卫空间的整体调查，研究发现厨卫区域问题的产生应从户型设计、建造方式、装修方式三个方面来考量。

在户型设计上，我国住宅厨卫空间所占面积往往偏小，许多住宅户型厨卫面积、布局不合理，不符合住户多样的需求，且缺乏对未来适应性的考虑。另外，厨卫的总体布局又受到诸多限制，如承重墙等结构体、户内公共管井，而造成二次改造困难。

在建造方式上，厨卫的排水、排污通常采用穿楼板排水的方式排至户内的公共竖向管道，排烟以烟道排放为主，住房建设完成多为毛坯房，由住户进行二次装修。且基本为传统泥瓦匠手工湿作业施工，实际装修质量参差不齐。

在装修方式上，以湿式施工、手工作业为主，给水排水、电路、燃气等管线均采用开槽埋设方式施工，水泥抹平后，在墙地面涂刷防水层，然后抹水泥铺贴瓷砖，最后由橱柜、卫浴设施进场安装。一旦装修完成则难以更改或检修，而这些电路管线又与居民日常生活关系密切，多数住户只能另外牵拉电线或引接水管（图3）。

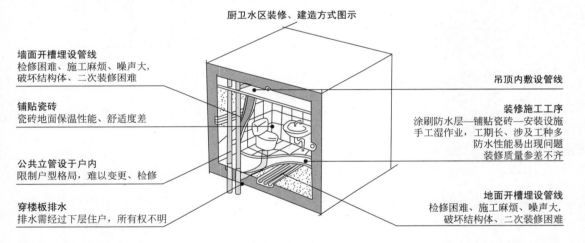

厨卫水区装修、建造方式图示

墙面开槽埋设管线
检修困难、施工麻烦、噪声大、破坏结构体、二次装修困难

铺贴瓷砖
瓷砖地面保温性能、舒适度差

公共立管设于户内
限制户型格局、难以变更、检修

穿楼板排水
排水需经过下层住户，所有权不明

吊顶内敷设管线

装修施工工序
涂刷防水层—铺贴瓷砖—安装设施
手工湿作业，工期长、涉及工种多
防水性能易出现问题
装修质量参差不齐

地面开槽埋设管线
检修困难、施工麻烦、噪声大、破坏结构体、二次装修困难

图3　厨卫水区装修、建造方式分析

为了对厨卫问题进行进一步考察，课题组根据初步调查的结果，对目前厨卫空间存在的问题进行汇总，主要分为8个方面：①设备设施（布局不合理、性能不足等）；②管线（漏水、漏电、老化、检修更换不便等）；③接口（位置不合理等）；④门窗（位置不合理等）；⑤储藏（空间不足等）；⑥竖向管井（权属不明、占用室内面积等）；⑦铺装（性能不佳、损坏等）；⑧空间面积（空间不足等）。由此，课题组对这些指标进行进一步梳理、筛选，根据居住实态调查、访谈的经验以及专家意见，选出较为重要的指标，并对指标表述进行修正，最终明确了18项厨卫问题指标（表8）。

厨卫使用问题统计描述　　表8

序号	问题指标	频率	百分比
1	排水噪声大	22	33.8%
2	自家或楼上漏水检修不便	26	40.0%
3	多设备同时用水时水压不足	26	40.0%
4	管线占据储藏柜空间	23	35.4%
5	燃气表、水表占据储藏柜空间	24	36.9%
6	竖向管线或烟道占用使用面积	27	41.5%
7	用水点布置不合理或不够用	20	30.8%
8	排水点、地漏布置不合理或不够用	23	35.4%
9	插座布置不合理或不够用	29	44.6%
10	管线埋设在墙地面内,检修、更换困难	31	47.7%
11	水、电管线老化,出现漏电、漏水等现象	18	27.7%
12	门窗位置不合理	16	24.6%
13	储藏空间不足	43	66.2%
14	操作台面或洗面台台面太小	36	55.4%
15	洁具设施或厨房设施布局不合理、不符合使用流线	33	50.8%
16	房间面积太小	38	58.5%
17	地板、墙面易潮湿发霉	24	36.9%
18	瓷砖开裂	16	24.6%
	合计有效样本数量	65	100.0%

四、城市中小套型住宅厨卫使用现状调查

在对厨卫现状的初步调查中,明确了城市中小套型住宅中厨卫现状及问题,基于上述问题指标,课题组展开进一步调查。通过问卷来探查居住者对目前住房厨卫空间存在或出现过的问题,并以量表形式对采取新技术的内装做法的倾向、厨卫格局的调整意向进行测量。

调查采用18项厨卫问题为评价厨卫现状的指标,要求受访者根据现有使用情况判断问题存在与否。为了进一步分析住宅内,厨卫问题的分类特点,本文拟采用聚类分析方法。

聚类分析方法又称层次分类分析方法(Cluster Analysis),是研究样本(或指标、变量)分类问题的一种多元统计分析方法,提供了对调查样本或评价指标进行分类的可能。本研究中尝试对18项问题指标进行分类分析,并根据调查评价结果,对调查对象即厨卫空间进行分类,来观察不同的厨卫分组,其问题倾向的异同。由此可以得到调查对象厨卫问题的基本特征,从而反映城市中小套型住宅厨卫问题的状况。通过分类方法的运用,来揭示厨卫在建造、设计、使用上存在的问题。区分不同类型的厨卫问题,可以更深入地分析住宅厨卫空间的现状特征,有助于剖析厨卫空间的共性问题,从而根据问题的层级找到更恰当的解决策略。

（一）调查结果统计描述

调查共回收问卷65份,问卷抽样对象分布主要包括上海、北京、厦门等城市,受调查对象均为面积在100m²下的中小套型住宅（表8）。

调查结果显示,厨卫问题在城市既有住宅中普遍存在,问卷中的18个问题,出现频次均在20%以上,可见,厨卫空间问题较为严重,亟需引起重视。

仅从厨卫各项问题的频率分布来看,反映最突出的问题为"储藏空间不足""房间面积太小",各占66.2%、58.5%,其次,也有半数以上受调研者反映"操作台面或洗面台台面太小""洁具、厨房设施布局不合理"的问题。在设备与管线方面,问题反映人次相

对接近，有"插座布置不合理""管线埋设检修困难"问题的占比较高。

空间格局方面的问题相对突出，这也是由于这方面的问题对居民生活影响最大，是导致生活不便的直接原因。另外，设备管线方面的问题也较为严重，各项问题反映人次基本占总人次的三分之一以上，插座布置和检修问题则最为突出，这也说明既有住房开槽埋设管线的建造方式有很大弊端，如何解决管线设备装修带来的负面影响十分重要。

厨卫空间格局与居民的日常生活息息相关，直接影响居民的生活品质，而居民在厨房、卫生间的体验却常受到设计人员的忽视。厨卫空间格局体现在厨卫设施布局、空间大小、操作台面布置等几个方面，但由于建设方式的局限，实际上设备管线的布置对厨卫空间也起到重要影响。

（二）调查结果统计描述

1. 厨卫问题指标的分类归纳

研究首先对 18 项厨卫问题指标进行归类分析。采用分层（系统）聚类分析方法，将指标进行分类（结果见图 4）。

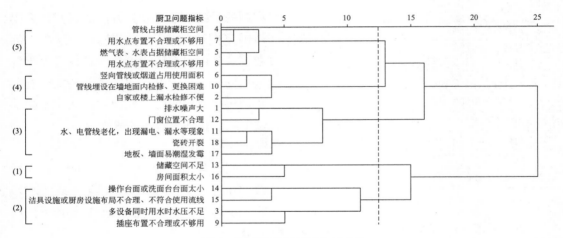

图 4 厨卫问题指标聚类树状图

根据聚类分析的结果，可将问题指标分为五类：

（1）空间局促问题。均涉及空间太小或不足，厨卫空间在中小户型住宅中设计偏小，受访者反映空间局促造成的居住品质问题。

（2）布局及基本使用问题。涉及设施、插座布置不合理，台面太小，水压不足等，反映了厨卫中一些基本功能，如电器插座、水压、台面的布局使用问题。

（3）厨卫设施物理性能。涉及易潮湿、发霉，瓷砖开裂，噪声大，反映了厨卫铺装以及部分设施的物理性能不足的问题。

（4）管线权属、检修问题。涉及竖向管线、烟道，排水方式、管线铺设方式导致的检修困难，反映了厨卫管线权属不明、检修困难、难以更新的问题。

（5）管线布局及使用问题。涉及管线、管线接口（包括给水排水点、水电燃气表）的使用问题，反映管线及其接口这些固定设施的布局、使用不合理问题。

2.厨卫问题样本的分类分析及特征描述

厨卫分组描述统计表　　　　表9

系统聚类分组	A		B		C		D		E	
样本数量合计	14		14		13		13		11	
问题指标	频数	百分比	频数	百分比	频数	百分比	频数	百分比	频数	百分比
1 排水噪声大	3	21.4%	4	28.6%	6	46.4%	6	46.2%	3	27.3%
2 自家或楼上漏水检修不便	0	0.0%	3	21.4%	7	53.8%	10	76.9%	6	54.5%
3 多设备同时用水时水压不足	1	7.1%	10	71.4%	10	76.9%	3	23.1%	2	18.2%
4 管线占据储藏柜空间	3	21.4%	2	14.3%	12	92.3%	6	46.2%	0	0.0%
5 燃气表、水表占据储藏柜空间	0	0.0%	1	7.1%	13	100.0%	5	38.5%	5	45.5%
6 竖向管线或烟道占用使用面积	0	0.0%	4	28.6%	11	84.6%	9	69.2%	3	27.3%
7 用水点布置不合理或不够用	3	21.4%	2	14.3%	10	76.9%	4	30.8%	1	9.1%
8 排水点、地漏布置不合理或不够用	0	0.0%	3	21.4%	10	76.9%	7	53.8%	3	27.3%
9 插座布置不合理或不够用	4	28.6%	8	57.1%	12	92.3%	2	15.4%	3	27.3%
10 管线埋设在墙地面内检修、更换困难	1	7.1%	7	50.0%	10	76.9%	10	76.9%	3	27.3%
11 水、电管线老化、出现漏电、漏水等现象	1	7.1%	2	14.3%	8	61.5%	7	53.8%	0	0.0%
12 门窗位置不合理	3	21.4%	4	28.6%	8	61.5%	1	7.7%	0	0.0%
13 储藏空间不足	9	64.3%	10	71.4%	12	92.3%	9	69.2%	3	27.3%
14 操作台面或洗面台台面太小	7	50.0%	11	78.6%	10	76.9%	7	53.8%	1	9.1%
15 洁具设施或厨房设施布局不合理、不符合使用流线	2	14.3%	13	92.9%	10	76.9%	7	53.8%	1	9.1%
16 房间面积太小	12	85.7%	4	28.6%	11	84.6%	11	84.6%	0	0.0%
17 地板、墙面易潮湿发霉	4	28.6%	3	21.4%	5	38.5%	11	84.6%	1	9.1%
18 瓷砖开裂	2	14.3%	2	14.3%	6	46.2%	5	38.5%	1	9.1%
分组命名	空间局促型		布局、使用不合理型		重度问题型		检修困难型		轻度问题型	

本研究对调查样本进行聚类分析，通过分类明确住宅厨卫问题的基本特征。通过分析发现，聚类为五类时，解释效果较好。通过对各类厨卫存在问题的频数统计（表9），可以看出厨卫问题在频数分布、分布轮廓上都有较显著的差异。

一方面，五类厨卫问题在问题出现频数的多寡上有明显差异。通过统计出现频率在50%以上的问题个数，可得出厨卫问题严重程度的排序：

E类（1）＜A类（3）＜B类（6）＜D类（10）＜C类（15）

由此，可将厨卫问题初步分为轻度（E、A）、中度（B、D）、重度（C）层级。

另一方面，从分布的轮廓来看，五类厨卫之间问题集中的部分也有较为明显的差异。通过对厨卫问题的统计特征进行分析，得出五类厨卫的问题分布特征如下：

（1）A类厨卫整体产生问题较少，各项问题出现频率均在一半以下，问题主要集中在"房间面积太小""储藏空间不足""操作台面或洗面台台面太小"三项，其中，"房间面积太小"最为显著，约占该类样本总量的86%。这类厨卫问题主要集中在空间不足、面积小等方面，由此，可将这类厨卫问题命名为"空间局促型"。

（2）B类厨卫问题集中在"洁具设施或厨房设施布局不合理、不符合使用流线""操作台面或洗面台台面太小""储藏空间不足""多设备同时用水时水压不足""插座布置不合理或不够用""管线埋设在墙地面内检修、更换困难"。这类厨卫问题主要集中在布局不合理、台面储藏少、水压不足等。由此，可将这类厨卫问题概

括为"布局、使用不合理型"。

（3）C类厨卫问题最为显著，反映突出的问题为空间局促、设施布局不合理、管线接口布局不合理，绝大多数问题的出现频次都在一半以上，基本包含了其他几类涵盖的问题，由此将这一类厨卫问题命名为"重度问题型"。

（4）D类厨卫问题较多，有九项问题出现频次超过一半，集中在"房间面积太小""地板、墙面易潮湿、发霉"以及"自家或楼上漏水检修不便""管线埋设在墙地面内检修、更换困难""竖向管线或烟道占用使用面积"。总体来看，这类厨卫问题主要为空间局促、通风差、管线检修困难。基于与其他类的差异性，将这一类厨卫问题命名为"检修困难型"。

（5）E类厨卫问题数量明显最少，仅有"自家或楼上漏水检修不便"一项超过半数，由此，将此类厨卫问题命名为"轻度问题型"。

综合上述厨卫问题分类的分析，目前厨卫存在问题主要分为空间大小、布局问题以及管线权属、检修等综合问题两个层级，空间局促、布局不合理最为常见，在多数厨卫问题分类中均有出现，管线权属、检修等与管线接口使用相关的问题则集中分布在厨卫问题严重的分类中。

3.新技术意向、厨卫格局调整意向分析

问卷对内装分离、管线分离、整体卫浴等住宅工业化技术的居民接受度以及厨房、卫生间格局调整意愿展开调查。通过对传统建造方式的劣势、问题，新技术的优势、特点进行表述，采用7级量表的方

式测量受访者的接受程度和需求。调查结果显示，居住者对于厨卫问题的经验也直接影响了他们对于新型工业化技术的接受程度以及厨卫格局调整的意愿。

根据统计结果，居住者遇到厨卫问题越严重，对于新技术方式的接受度评价也越高（图5）。整体来看，中度、重度层级的三个厨卫问题较多的分类，其对于新技术的接受度评价明显较高，A类、E类厨卫问题较少的分类则接受度评价也较低。这也说明遇到问题更多的居住使用者，对于采用新技术来解决厨卫问题的需求也更大。

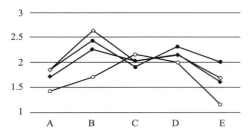

图 5　新技术接受度得分

在采用内装填充体分离技术方面，厨卫问题最为复杂的 C 类（重度问题型）、D 类（检修困难型），其受访者对于这一新技术的接受度评价分值最高，且明显高于其他分类。这也显示对于管线问题认知更明确即曾遇到更多管线问题的受访者，对于内装体分离工业化技术的接受度也更高。

在厨卫格局调整意向方面，厨卫问题越多、越复杂的居住者，其意向得分越高，表明这些居住者进行厨卫格局改造的意愿更强（图6）。

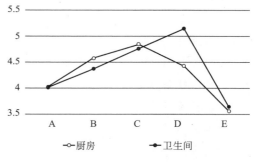

图 6　格局调整意向得分

这也表明厨卫问题要得到解决，则需进行厨卫的二次改造。然而，现有建造模式有着诸多局限，使居住者难以根据自己的意愿进行相应的调整。住房厨卫空间的设计亟需加入可更新、可改造的因素进行考虑，从而更好地适应居住者的使用需要。

（三）厨卫问题调查小结

对于厨卫问题的调查显示，对于居民来说，既有住房厨卫中空间格局的问题最为显著。而固定管线设施、用水管线是厨卫布局问题中的关键因素。由于既有住房中给水、排水等管线在毛坯房阶段就已固定，且往往埋设于墙内或管道井内，住户在二次装修中仅能对部分管线进行变更，是改变空间格局的一大局限。在此次调查中，厨卫相关问题的数据统计更加证实了这一现状。厨卫空间布局直接影响了厨卫功能空间的使用，既有住房中管线设施固定不可改的现状亟需重视。

对于厨卫、内装等问题深入考察则表明，目前，既有住宅中户内厨卫区域为了便于管线布置，均将公共的排水、排烟、燃气立管设于户内，对住户厨卫改造、布置造成限制，而这些公共管道必须在设计阶段就要有成熟的考虑，否则，不合理的管道布局更会影响厨卫空间的布局，造成厨卫设施难以排布、无法合理使用等问题，此外，还引发了检修困难、权责不分、互相干扰等问题。

对于技术接受度倾向、厨卫改造意向的调查则显示，居住者对于空间布局的灵活性的需求度很大，而实际住宅能提供的灵活可变程度十分有限，由于上述各个限制因素，往往造成难以变动、改造困难的现实，住宅在建造和设计上，亟需加强对居住者使用的重视，将住房厨卫的灵活性、可更新性纳入统筹考虑，才能达到适应未来居住需要的目的。

五、结论与反思

通过对厨卫问题进行分类分析，显示厨卫使用问题存在不同层级的差异。根据厨卫分类分析的结果，可对厨卫问题进行分级评价（表10）。

厨卫问题及分类　　表10

问题归纳/分类	A 空间局促型	B 布局、使用不合理型	C 重度问题型	D· 检修困难型	E 轻度问题型
（1）	●	○	●	●	
（2）		●	●	○	
（3）			○	●	
（4）		○	●		○
（5）		○	●	○	

注：●此类问题严重（频率在75%以上）○有此类问题（频率在30%～75%）

首当其冲的是厨卫空间的大小问题，居住者普遍对厨卫面积大小感到不满，过于小的空间直接限制了厨卫的使用。而在居住者对于厨卫大小需求差异化的现状下，住宅的设计应充分考虑厨卫布局的灵活性，打破现如今厨卫普遍偏小、格局固定的户型模式，为厨卫空间大小的调整提供可能，才能更好地适应广大住户的需要。

其次，厨卫布局和使用问题、设施物理性能问题显示，厨卫中设施、插座、管线接口的布局并不尽如人意，尤其是随着时代的进步，住户中厨卫电器的增多，对于布局要求更有不同，居住者对于设施物理性能的要求也在提升，由此，设计者在厨卫方案设计阶段就应考虑住户未来10年、20年的需求变化，实现设备、设施、管线的可变、可更新，才能使厨卫的功能使用更具适应性。

管线、门窗等是户内难以变更的部分，且在建造时就没有将这些固定部分的改造更新纳入统筹考虑，由此，引发公共管线权属不明、检修困难，埋设管线无法拆改、更新困难等问题。对于住户二次装修面临着大量困难，户内格局的改变也受各种局限性因素的限制。因此，住宅建筑在长期的使用中将难以适应住户需求的变化，造成废置和资源浪费，与可持续发展的目标相悖。

通过对厨卫建造实施方式的现状调查也发现，许多问题是现有建造模式的局限性导致的，要解决棘手的厨卫问题，则需改变建设方式。要实现布局灵活性、设备设施管线的可更新性，要从根本上转变设计、建造方式，其中较为关键的是：

（1）实现管线分离。管线分离意味着将公共管井移出户内，采用同层排水、排烟的方式，从而打破传统不合理的布局模式，将厨卫空间从固定结构中解放出来，厨卫空间的大小、布局都得以灵活变更，在设计上实现最大化的自由，从而满足不同居住者对于厨卫的需求。

（2）集成部品技术。厨卫是各式管线、接口的集中区域，要解决综合的技术问题，则应将厨卫集成化、部品化，统筹厨卫的设施、产品，采用工厂预制、现场装配方式，综合解决厨卫管线、设施及性能的问题。

本研究通过定性、定量结合的方式对城市中小套型住宅的厨卫问题展开调查分析，尝试运用聚类分析这一数学工具来分析厨卫问题，以期为今后的住宅研究提供新的思路。然而，研究采用的调查量表尚在研究开发中，其科学性有待进一步论证，在未来的研究中，课题组也将继续改进这一调查方式。

注：

1）《2017 中国厨卫市场及消费行为研究报告》中也显示，厨卫空间受到重视的程度不亚于卧室，调查显示，居民消费者对于厨卫空间的重视程度与城市发达程度呈正相关。

2）调查要求受访者对住宅各个功能空间及各项性能进行打分，从低到高依次为 −3（非常不满）、−2（不满意）、−1（稍有不满）、0（一般）、+1（基本满意）、+2（满意）、+3（非常满意）。共计有效样本 50 份。采取 −3 到 +3 的七段式计分方法量化住户评价，并根据评价结果计算各项目的平均得分，以此衡量住户对住房各项因素的满意度。

3）得分统计的计算方法为：选项平均综合得分＝（Σ 频数×权值）/本题填写人次。权值由选项被排列的位置决定。例如有 3 个选项参与排序，那排在第一个位置的权值为 3，第二个位置的权值为 2，第三个位置的权值为 1。

（同济大学供稿，周静敏、陈静雯执笔）

装配式混凝土新型钢筋连接施工灌浆技术研究

一、导言

装配式混凝土结构是实现建筑产业化发展模式的一种重要结构形式，其经济、便捷、环保的优势更是得到了国内外专业人士的关注。节点连接方式是装配式混凝土结构设计与施工中的关键问题，在当前装配式混凝土实际工程中，框架结构的梁柱节点、主次梁节点采用预制构件伸出钢筋在后浇区（梁柱节点核心区）中锚固连接。为了满足构造要求，梁底筋在节点处一般采用直线锚固、弯折锚固或机械锚固，这使得钢筋在节点区排布密集，构件放置困难，以及后浇混凝土不易充分振捣密实。而在框架结构中的预制柱之间的连接，和剪力墙结构中的预制墙体竖向连接多采用钢筋套筒灌浆连接。套筒灌浆工艺要求对预制构件中的受力钢筋进行逐一连接，这种连接方式存在施工精度要求高、施工工艺难度大等问题，尤其是到目前为止尚未有可行的对套筒灌浆的密实度进行现场检测的方法。

针对上述问题，本文提出了一种适用于装配式混凝土预制构件之间连接的新型构造措施，该连接构造是在待连接的两个预制件端部预埋C形卡槽，将端部设有端头的连接钢筋（对于柱或剪力墙构件可以做成工字钢形式）的两端分别放入预埋的C形卡槽中，随后在钢筋锚头和C形卡槽的空隙内灌入高强砂浆，最后进行混凝土后浇形成整体。

该技术的特点是，现场放置的连接钢筋是灵活可动的，且C形卡槽和连接钢筋的锚头之间有较大的空隙，因此它的容错性很强，使得现场施工效率大幅提高。由于特殊的构造，当连接钢筋受力时，在C形卡槽和连接钢筋的锚头之间的空隙内灌注的高强砂浆处于三向受压状态，其承载力和延性得到极大提高，保障了破坏不发生在C形卡槽内。本文将以预制主次梁连接为例，详细介绍这种新型节点连接技术的施工工艺和构造要点，在此基础上，通过灌浆试验证明该技术的可行性和可靠性。

二、连接介绍

（一）梁柱连接节点

本文以梁柱连接节点为例介绍新型连接技术。新型钢筋连接构造主要由预埋C形钢卡槽、两端带锚头的连接钢筋或工字钢、后灌高强砂浆三部分组成。其中，预埋C形钢卡槽由钢材料制作，呈长条形，断面呈C字形，C形钢背部焊接预制构件内的锚固钢筋或受力钢筋。图1所示为节点应用于梁柱连接的示意图。

图1　梁柱连接示意

其中，梁端C形卡槽在其腹板外侧焊接一排矩形钢板，用以与梁内纵筋进行焊接；柱中C形卡槽除了在其外壁焊接若干矩形钢板外，还需在矩形钢板上焊接一排锚固用带弯钩钢筋，用于卡槽与混凝土预制柱间的拉结，以免卡槽过早地被拉出混凝土体，梁端与柱端的C形卡槽截面尺寸保持相同（图2）。

连接用钢筋可采用带锚头的钢筋或工字钢，如图3所示，将其两端分别放入待连接的预制构件中的C形钢卡槽内；最后，用高强砂浆灌注于上述由预埋钢卡槽和后装连接钢筋或工字钢之间的空腔，当其凝固后，成为预埋钢卡槽和连接钢筋之间的传力介质。

（二）受力机理分析

作为一个传力装置，外荷载首先通过梁内的纵筋和柱内的锚固钢筋将力传递给C形卡槽，卡槽利用其C形的弯钩构造借助高强砂浆将荷载传递给连接钢筋的锚头，钢筋锚头最终将力传给钢筋。在上述力流传递路径中，由于砂浆的强度最小，因此，作为C形卡槽和连接钢筋之间的传

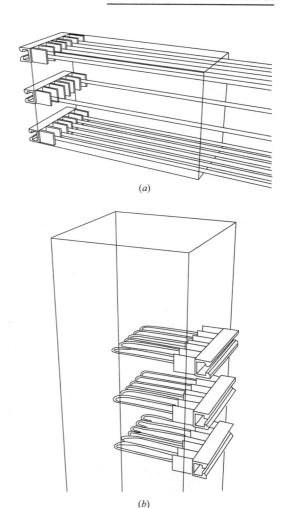

图2　埋件构造

（a）梁中C形槽埋件与纵筋

（b）柱中C形槽埋件与锚固筋

力介质，其承载能力直接影响整个装置的破坏限值。如果仅按受压材质来分析，即便是高强砂浆，其受压承载力也远远低于钢筋的屈服承载力。但由于本构造中砂浆被围合在C形卡槽之中，尤其是C形弯钩和连接钢筋锚头之间直接传力的砂浆区段，其受力状态为三向受压，承载力和延

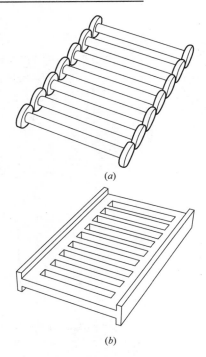

图 3　连接钢筋示意图

（a）普通钢筋加锚头；（b）开槽工字钢

性得到大幅提高，完全可以保障节点首先不因砂浆被压坏而退出工作（图4）。

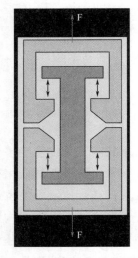

图 4　新型连接的受力机理

三、试验设计

（一）灌浆工艺

砂浆的密实性是保障砂浆能够有效传力的关键，虽然砂浆具有较高的流动性，但是由于C形槽是水平放置，砂浆需要从侧面水平流入并充实C形槽和连接钢筋锚头之间的有限且复杂的空间，其灌浆可靠性非常重要。为防止漏浆，现场施工时需对C形卡槽相关部位进行封堵，如图5所示，采用C形卡槽侧面开口处封堵后，从其中一个端部开口处灌浆，直到从另一端部开口处浆液流出为止。

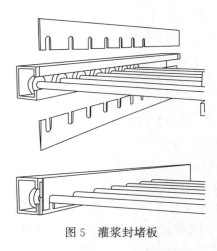

图 5　灌浆封堵板

实际施工过程中，C形卡槽中灌浆后还需浇筑梁端的现浇段，现浇段配筋图如图6所示。

（二）密实度试验

为方便拆模检查，灌浆试验的试件采用泡沫塑料作为模板，如图7所示。C形管两端各安装一根注浆软管，其中一端的注浆软口接上一个漏斗。灌浆时从有漏斗的一端倒入浆液，浆液自然流淌填充C形槽和带锚头的连接钢筋之间的空腔，直至

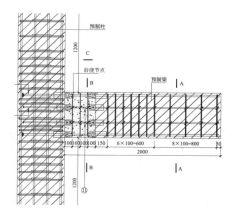

图6 节点配筋图

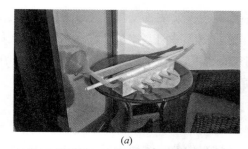

(a)

(b)

图8 灌浆试验

(a) 灌浆试件；(b) 灌浆过程

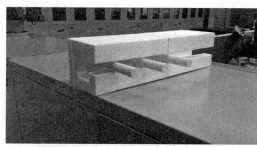

图7 泡沫塑料模板

在装置的另一端冒浆为止，如图8所示。由于采用这种"U"形灌浆方式，因此空腔内的浆液始终是满盈的。

四、试验结果

脱模后检查砂浆表面，未出现蜂窝麻面。沿模拟连接钢筋的 PVC 管剖切，检查内部浇筑情况，从图9可见，PVC 管及

(a)

(b)

图9 密实度检查

(a) 试件表面浇筑质量；(b) 试件内部浇筑质量

锚头周边砂浆浇捣密实，未出现空穴气泡存留，证明采用上述施工工艺可保证灌浆密实，实际工程中如采用压力灌浆则将有更高效的表现。

五、结语

针对当前装配式混凝土结构连接节点处钢筋碰撞现场严重、钢筋套筒灌浆技术检测困难等问题，提出了一种钢筋灌浆卡槽连接技术。这种连接方式适合工厂大批量生产，对现场安装精确度要求低，且受力性能能够满足设计规范和基于性能的抗震设计要求，符合我国装配式建筑的国情需求。通过现场灌浆试验验证了这项技术的可行性，同时得到以下结论：

施工精度要求低。相比于套筒灌浆技术要求每根钢筋都准确插入仅比其直径大10mm的套筒。本文提出的新型连接由于连接钢筋并非预埋在预制构件中，而是可以在一定空间中进行灵活调整，因此具有较大的误差容忍性，施工难度大大降低。

灌浆密实度有保障。由于本文提出的新型连接节点的灌浆孔和出浆孔之间水平高度相同，C形槽内浆液始终充盈，因此不会出现目前装配式结构工程中所使用的套筒灌浆中会出现的浆液回流现象，从而保证了灌浆的密实性。

现场检测方便。由于C形钢槽的侧面防漏浆侧板可以打开，因此当灌浆料初步凝结之后可以打开防漏浆侧板对灌浆质量进行检查，如发现质量问题可对连接进行及时修补。

经济性好。套筒灌浆连接中的套筒所用钢材、加工工艺，以及灌浆料的配比都有严格的要求，成本较高。本新型连接中的C形钢槽的制作加工精度要求不高，对灌浆料的要求也相对较低，因此其成本相对较低，更适宜于工程推广。

（华东建筑设计研究院有限公司供稿，
田炜、卢旦、纵斌执笔）

既有公共建筑改造项目中的建筑环境模拟

一、导言

随着人们生活水平的提高，公众对建筑环境的要求也不断增加，早已不满足于简单的居住停留之所，而是追求更加适宜的环境，更加舒适的体验。由于科学技术和工艺的改进，建筑尤其是公共建筑的室内环境要求也在不断变化。除此之外，既有公共建筑能耗、环保方面也有待加强，在节能、节水方面具有巨大潜力，如何在尽可能降低能耗的前提下实现最大舒适度成为近年来公共建筑项目改造的重点。本文利用软件模拟分析了既有公共建筑项目的建筑能耗、采光、风环境，为建筑改造提供依据。

二、公建项目概况

深圳市建筑工程质量监督和检测中心实验业务楼综合整治工程位于深圳市福田区振兴路1号，建成于1984年，总建筑面积为8376m²。其中，北楼是深圳市建设工程质量检测中心，建筑主体为6层，局部2层，砖混结构。南楼是建设工程质量监督总站办公楼，建筑共7层，框架结构。改造后将作为政府办公楼使用，达到被动式低能耗的智能舒适办公建筑（图1）。

三、建筑能耗模拟

公共建筑模拟一般包括：建筑能耗模拟、采光模拟、风环境模拟。通过模拟来获得最佳的采光、通风方案，尽量降低建筑能耗。以下分别就上述三个方面进行介绍。

需要说明的是，建筑能耗包括供暖空调类能耗，不包括生产能耗和照明能耗。图2为利用Ecotect软件建立的公建项目建筑模型。

图1 深圳市建筑工程质量监督和检测中心照片

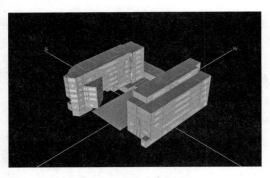

图 2　项目建筑模型

同时，在基础模型中定义模型元素（图 3），模型的信息集成元素是指模型与数据对应的模型单元。

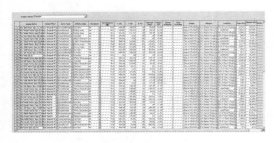

图 3　模型元素

在模拟软件中，输入围护结构、室内人员、设备、灯光等参数，对运行时间和空调采暖等设备分别进行参数设置，根据实际情况选取对应数值，计算出各设备能耗。

通过建筑能耗模拟可以了解整体能耗状况，并依此判断应该采取何种措施来降低建筑能耗。

（一）外墙多变量耦合分析

图 4 是由程序计算得到的外墙传热系数与能耗的关系，图 5 是不同外墙传热系数与成本的耦合，由此可以选择最优保温措施。

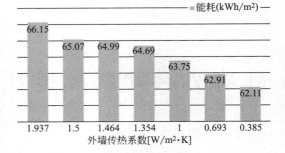

图 4　外墙传热系数与能耗的关系

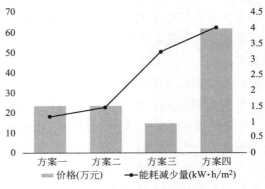

图 5　不同外墙传热系数与成本的耦合

从图 4 中可以看到，随着外墙传热系数的降低，建筑能耗逐渐下降。这是因为外墙传热系数降低，保温性能提升，抵抗外部冷风侵入及冷风渗透的能力增强，由此可显著降低建筑能耗。

表 1 列出四种外墙保温方案，具体内容如下。

外墙保温方案　　表 1

方案	保温材料
方案一	50mm 保温砂浆
方案二	50mm 加气混凝土板
方案三	30mm 聚苯乙烯泡沫塑料板
方案四	30mm 硅酸铝保温涂层及 100mm 加气混凝土板

图 5 所示为四种方案的造价以及四种

方案条件下的建筑能耗减少量。结合表1和图5，可以看出，方案三的造价最低，但是同时建筑能耗减少量相对较高。所以，聚苯乙烯泡沫塑料板是外墙保温的较优材料。既有建筑改造中，可以适当增加聚苯乙烯泡沫塑料板，并用于外墙保温。

建筑总能耗和墙体传热系数值之间的关系大约是线性关系，基于深圳的气候条件，结合成本做出合理的墙体保温方案，确定外墙传热系数为 0.693W/（m²·K），采用外墙内保温系统。

（二）外窗多变量耦合分析

图6所示是程序计算出来的外窗传热系数与能耗的关系，图7所示是不同外窗、不同外窗传热系数与成本的耦合，由此可以选择合理外窗材料。

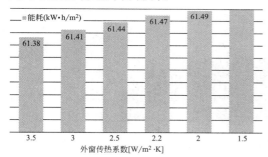

图6　外窗传热系数与能耗的关系

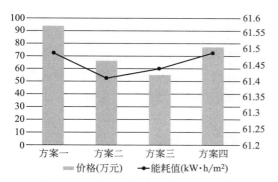

图7　不同外窗传热系数与成本的耦合

从图中可以看到，随着外窗传热系数的降低，建筑能耗逐渐上升。这是因为外窗传热系数降低，保温性能提升，夏季不能有效散失热量，从而导致空调能耗上升，由此建筑能耗上升。

图7所示为四种方案的造价以及四种方案条件下建筑能耗减少量。结合表1和图7，可以看到，方案三的造价最低，同时建筑能耗值相对较低。

综上所述，基于深圳的气候条件，分析窗体围护结构的传热系数变化对整体能耗的影响。外窗传热系数 K 值在 2.0～2.53W/（m³·K）之间，对能耗影响较小。结合成本，权衡后采用由现有砖混围护铝合金门框改造为外墙内保温高效节能窗。

（三）其他多变量耦合分析

太阳辐射吸收系数和太阳得热系数是影响建筑能耗的重要因素，现分别对这两种因素进行模拟分析。

太阳辐射吸收系数表征建筑表面对太阳辐射热的吸收能力，定义为围护结构外表面吸收的太阳辐射照度与其投射到的太阳辐射照度之比。太阳能得热系数（solar heat gain coefficient，SHGC）是通过玻璃、门窗或幕墙构件成为室内得热量的那部分太阳辐射热与投射到门窗或幕墙构件上的太阳辐射热的比值，理论值在 0 到 1 之间，数值越小，意味着相同条件下，窗户的太阳辐射得热就越少。

图8所示是程序计算出来的太阳辐射吸收系数与能耗的关系，图9所示是太阳得热系数与建筑能耗的关系。

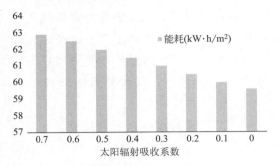

图 8 太阳辐射吸收系数与能耗的关系

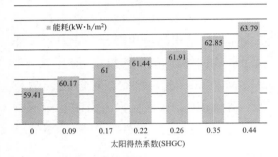

图 9 太阳得热系数与建筑能耗的关系

从图 8 可以看出，随着太阳辐射吸收系数的降低，建筑能耗逐渐下降。这是因为随着太阳辐射吸收系数的降低，围护结构外表面吸收的太阳辐射照度下降，空调能耗下降。

从图 9 可以看出，随着太阳能得热系数升高，窗户的太阳辐射得热逐渐增加，夏季空调能耗上升，由此建筑能耗上升。

（四）全年能耗结果分析

全年能耗分析是对建筑物整体能耗的宏观考量，也是评价建筑物节能环保性能的重要指标。

图 10 所示为建筑物全年 8760h 能耗图。

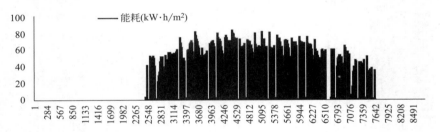

图 10 全年 8760h 能耗图

从图 10 中可以看出，能源消耗量比较大的部分，集中出现在 2548～7642h 之间。主要集中在 4～10 月，这几个月的能源消耗较多，可以详细分析能源消耗的因素，以此找到合适、有效的降耗措施。

图 11 所示为建筑物月能耗柱状图，通过图 11 的分析可知，能耗较大的几个月为 4～10 月。通过图 11 可以看到，每个月中设备能耗分布比较均匀，月消耗相差不大，而 4～10 月能耗显著增加，其中主要增加项为通风设备和空调供冷能耗。通过上述分析可知能源的主要消耗点，并据此考虑采用自然通风、合适的外墙保温材料和外窗材料以及采用低太阳辐射吸收系数和太阳得热系数的建筑材料。

四、采光模拟

通过开窗或其他手段将日光合理地引入建筑内部，称为自然采光。以往文献中表明，人眼在自然光下比在人工光下的视

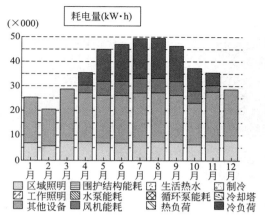

图 11　月能耗柱状图

耗电量(kW·h)
(×000)

区域照明　围护结构能耗　生活热水　制冷
工作照明　水泵能耗　循环泵能耗　冷却塔
其他设备　风机能耗　热负荷　冷负荷

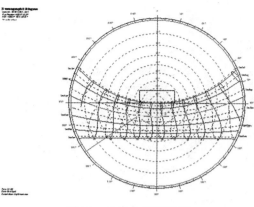

图 12　日轨立体投影图

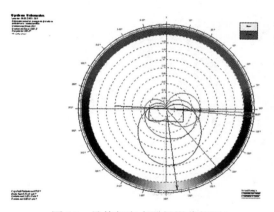

图 13　最佳朝向水平投影分析图

觉功效和舒适性更高。从节能减排上来讲，自然采光效果好，时间长，可很大程度上降低人工采光的能源消耗，提高资源的合理使用率，同时有利于减少由发电造成的污染物排放。但同时自然采光在一定程度上也会增加建筑物空调能耗。

现结合深圳地区光环境特点，利用 Ecotect 软件对深圳市建筑工程质量监督和检测中心实验业务楼进行自然采光模拟。

（一）日照气候分析

使用 Ecotect 软件可快速、直观模拟该建筑的日照辐射、阴影遮挡、建筑采光、热工性能等情况。并添加分析计算日照时数的功能，独立完成日照时间的计算和分析。

采光计算使用的是全阴天模拟，考虑了最不利条件下的结果。采光系数考虑了天空光分量、室外反射光分量和室内反射光分量。本项目位于深圳市，根据相关标准要求，选择离地面 0.8m 高处的平面作为自然采光分析面，模拟结果如图 12、图 13 所示。

从图中可以看到，最佳获得阳光辐射的角度为南偏西 2.5°。据此可选择出采光

较好的建筑角度。

（二）采光气候分析

建筑遮挡与投影分析图及夏季日轨分析图见图 14、图 15。

南北两侧的太阳入射分析图见图 16、图 17。

遮阳伴随着采光应运而生，遮阳百叶窗的遮阳效果也可通过模拟预判。本文以该项目为模型，分别模拟几种遮阳状态：无遮阳、有遮阳（叶片角度 0°）、有遮阳（叶片角度 30°）、有遮阳（叶片角度 45°）（图 18～图 21）。

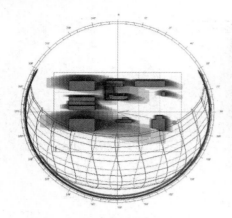

图 14　建筑遮挡与投影分析图

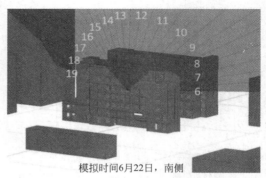

模拟时间6月22日，南侧

图 17　太阳入射分析图（南侧）

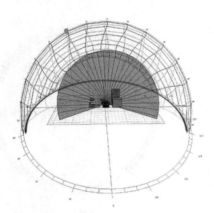

图 15　夏季日轨分析图

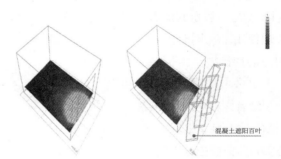

混凝土遮阳百叶

图 18　遮阳百叶分析图

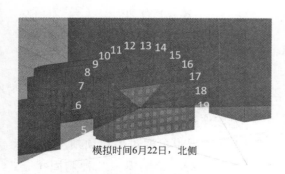

模拟时间6月22日，北侧

图 16　太阳入射分析图（北侧）

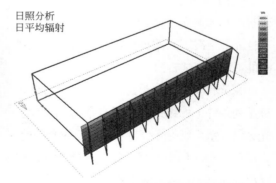

日照分析
日平均辐射

图 19　遮阳百叶角度分析图

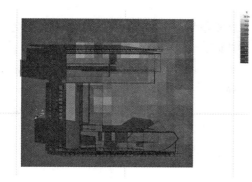

图20　采光系数分析图

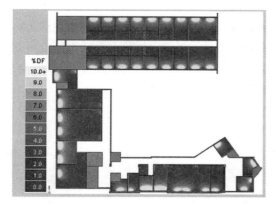

图21　室内采光分析图

不同建筑的采光系数标准各有不同，办公建筑的采光系数标准见表2。

办公建筑的采光系数标准值　表2

采光等级	房间名称	侧面采光	
		采光系数最低值 C_{min}（%）	室内天然光临界照度（lx）
Ⅱ	设计室、绘图室	3	150
Ⅲ	办公室、视屏工作室、会议室	2	100
Ⅳ	复印室、档案室	1	50
Ⅴ	走道、楼梯间、卫生间	0.5	25

根据《建筑采光设计标准》GB/T 50033—2001，通过普通办公室采光系数最低值和光气候参数值可计算出采光系数，以深圳为例，办公区域的最低采光系数应为2%（表3）。

气候系数 K　　　　　表3

光气候区	Ⅰ	Ⅱ	Ⅲ	Ⅳ	Ⅴ
K 值	0.85	0.90	1.00	1.10	1.20
室外天然光临界照度值 E_1（lx）	6000	5500	5000	4500	4000

从模拟结果可以分析得到：

（1）南向办公室内采光较好。

（2）遮阳帘可以起到比较明显的遮阳效果，增加遮阳帘可以使窗口附近采光系数变化梯度增加。

（3）无遮阳时，室内采光系数比较大，采用遮阳帘后，室内大部分区域的采光系数降低到4%～6%之间；采用遮阳且叶片角度为30°时室内采光系数最低，叶片为45°时采光系数最高。

（4）受朝向影响，北面房间的采光系数普遍较低。

（5）受建筑格局影响，中间走道内采光差，不符合规范要求（规范要求，走道、楼梯间的采光系数应达到0.5%以上），因此，走道内需提供人工照明。

（6）综上所述，分析了墙体太阳得热系数对建筑能耗的影响后，在建筑外立面采用预制PC遮阳构件系统。材料采用现场拆除下来的水磨石面砖作为骨料预制而成，让新建部分与原建筑在材料上具有传承性，也降低了成本，同时更加符合绿色建造的含义。

五、风环境模拟

自然通风可以给室内引入新风，提供新鲜空气，同时达到降温目的，并带走建筑结构中续存的热量。自然通风不仅是一项有效的节能措施，而且能有效改善室内空气质量。

首先对风气候进行分析，发现深圳夏季以偏南风为主，气候湿润，风力偏小，小于 10km/h（图 22、图 23）。

房间内的空气流动属于三维湍流流动，该流动复杂，在建立方程并进行模拟求解的过程中，通常需要借助合适的湍流模型来进行。本文采用广泛应用的 $K-\varepsilon$ 两方程模型，在靠近固体壁面的近壁区处采用壁面函数法。为简化分析计算过程，模拟中不考虑温度变化、辐射变化等热量

传递以及能量传递，因此只需对流场进行稳态求解即可；同时因为风洞的速度变化非常低，由于运动而引起的物性的改变可以忽略，所以在计算时假设空气流体常物性。

CFD 技术是获取建筑物自然通风性能参数的重要途径。在建筑内、外环境，特殊空间以及建筑设备等各个领域都有应用，CFD 应用于指导设计和优化分析暖通空调工程潜力巨大。

在新建建筑方案阶段和既有建筑的现场测试有困难的情况下，采用 CFD 模拟技术是获取自然通风风速、风压、温度参数分布的重要方法。利用 CFD 对室内进行通风模拟。模拟结果如图 24、图 25 所示。

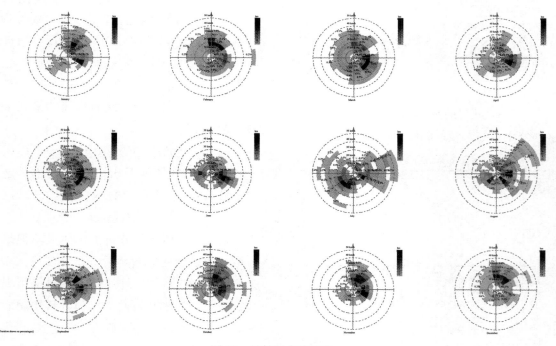

图 22　月份风力玫瑰图

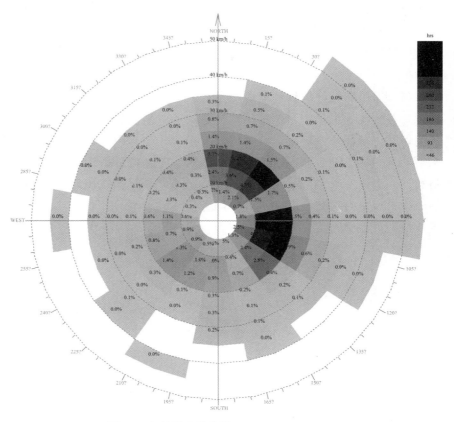

图 23　全年风力玫瑰图

图 24　北楼室内通风模拟

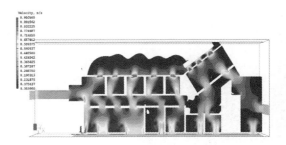

图 25　南楼室内通风模拟

从图中可以看到：

（1）室内风速最大值为 1m/s，大部分区域的风速在 0.1～0.5m/s 之间，整体风速分布有利于室内热舒适。

（2）主要功能房间空气流动较为理想，风速分布较为合理，利用办公设备布置可以使人员活动区域处于通风良好状态。

（3）合理的开口布置能形成流畅的穿堂风。

六、结语

本文利用各类模拟软件对深圳市建设工程质量检测中心进行了能耗、采光和通风模拟。

（1）通过能耗分析找到能源的主要消耗点，并据此考虑采用自然通风、合适的外墙保温材料和外窗材料以及采用低太阳辐射吸收系数和太阳得热系数的建筑材料。

（2）对室内采光及遮阳帘的使用进行了模拟，得到室内采光系数分布情况，并找到了遮阳帘的较好设置角度。

（3）对室内自然通风环境进行了模拟，发现建筑通过合理的开口布置能形成流畅的穿堂风，大部分区域的风速在 $0.1\sim0.5\text{m/s}$ 之间，整体风速分布有利于室内热舒适。

模拟软件的使用对建筑物的能耗和舒适性分析有一定的意义和指导性，适用于新建建筑和既有建筑改造。

（中建科技有限公司供稿，齐贺执笔）

深圳某办公楼结构加固设计

一、导言

大量建设年代久远的建筑普遍存在结构老化、抗震性能不足的问题，需要通过结构加固来解决。有研究针对具体的项目进行分析，提出了不同的结构加固方案。有研究对不同的混凝土结构加固方法进行优选，认为综合多种加固方法的优势，有利于工程在经济和质量方面获得提升。结构加固研究能避免大拆大建，具有重要的社会意义。

二、项目概况

（一）北楼

深圳某办公楼（简称本建筑）位于深圳市福田区，分为北楼和南楼。北楼结构平面布置情况检测结果表明，该建筑物分为主楼、副楼两部分，主楼为六层砖混结构，副楼为两层砌体结构，主楼为上人屋面，副楼原设计为不上人屋面，现为上人屋面，主楼首层高 4.1m，其余各层高 3.4m，副楼首层高 4.5m，其余各层高 3.2m，主楼主体结构高度为 21.1m，副楼主体结构高度为 7.7m。该建筑物现作为办公楼和实验室使用，建筑面积约为 4000m²，由于缺失该建筑物的设计施工图纸及相关资料，结构平面轴线尺寸、结构构件布置等均以现场检测为准。另现有资料表明，2011 年该建筑物主楼屋面加建一层轻钢结构，作为办公室使用。

（二）南楼

本建筑南楼为七层框架结构，首层层高 4.2m，二层及以上层高为 3.2m。在后期使用过程中，由于使用需求，将原 4－5/G－K 轴区域的走廊及旋转楼梯拆除，并于 1－2/E－G 轴区域加建约 10m²，作为卫生间在使用。建筑面积约为 1954.8m²，目前该建筑物用作办公楼，施工前后立面效果如图 1 所示。

(a)

(b)

图 1　南楼立面图
（a）改造前；（b）改造后

三、北楼结构现状

（一）检测结论

（1）主楼钻芯法检测评定结构混凝土强度结果表明，该结构构件混凝土强度范围为 15.3～28.5MPa，构件混凝土强度批量值为 15.3MPa。由于缺失该建筑物的设计施工图纸及相关资料，该结构构件混凝土强度以现场检测实际强度为准。

（2）承重砌体强度检测结果表明，该建筑物主楼一层、四层承重砌体所用黏土砖抗压强度推定等级均小于 MU7.5，其余各层承重砌体所用黏土砖抗压强度推定等级均为 MU7.5，一层～五层承重砌体所用混合砂浆抗压强度推定值分别为 2.1、5.2、2.9、1.9、4.5MPa，副楼一层承重砌体所用黏土砖抗压强度推定等级小于 MU7.5，二层承重砌体所用黏土砖抗压强度推定等级为 MU7.5，一、二层承重砌体所用混合砂浆抗压强度推定值为 2.1MPa。由于该建筑物原设计图纸及施工资料均已丢失，该结构黏土砖强度以现场检测实际强度为准。

（3）混凝土柱尺寸及钢筋配置情况检测结果。由于缺失该建筑物的部分设计施工图纸及相关资料，故该建筑物相关参数以现场测定为准，如表 1 所示。

混凝土柱　　　　　　表 1

构件位置	构件尺寸 （mm×mm）	主筋	箍筋
混凝土柱	240×350	主向 3B22	A8@100/200
楼梯间柱截面尺寸为 400×400			

（4）承重墙体厚度检测结果。由于缺失该建筑物的部分设计施工图纸及相关资料，故该建筑物承重墙体厚度以现场检测结果为准，根据现场检测结果可得出该建筑物采用实心黏土机制砖和混合砂浆砌筑，厚度为 240mm。

（5）混凝土梁尺寸及钢筋情况。由于该建筑物设计和施工资料均已丢失，根据现场检测结果可得出该建筑物混凝土梁尺寸及配筋如表 2 所示。

混凝土梁及配筋　　　　表 2

构件名称	构件尺寸 （mm×mm）	主筋	箍筋
主楼混凝土梁	250×500	梁底 4B22	A8@200
副楼混凝土梁	250×500	梁底 4B25	A8@200
走廊梁截面尺寸为 200×300			

（6）楼板厚度及钢筋配置情况。由于该建筑物原设计图纸及施工资料均已丢失，根据现场检测结果可得出该建筑物混凝土楼板厚度及钢筋配置情况如表 3 所示。

楼板参数　　　　　　表 3

构件名称	楼板厚度	楼板配筋
二至屋面层楼板	100mm	Lx：A10@180 Ly：A10@180

（7）结构构件钢筋保护层厚度检测结果表明，建筑物抽检的楼板板面钢筋保护层厚度分布在 10～29mm 之间，检测合格点率为 68%，楼板构件钢筋保护层厚度偏大而判定为不合格。

（8）构件损伤缺陷检测结果表明，该建筑物结构构件主要出现的损伤缺陷现象有：①构件渗水、钢筋锈蚀，该建筑物部分楼板板底存在渗水或钢筋锈蚀现象，与外界环境湿度大或构件老化有关，应对其进行必要的修复处理；②承重墙体开洞，主楼一至五层部分墙体新开门洞；③新增墙体，主楼二至五层新增墙体；④窗洞改门洞，副楼一层（1/2）/A－B墙体窗洞改门洞；⑤门洞拆除，主楼原门洞位置部分拆除。

（二）安全性鉴定结论

在上述检测结果基础上，按照目前使用状况和现行规范对该建筑物结构安全性进行了评估，其中结构抗震设防烈度取7度，楼面活荷载取$2.0kN/m^2$，上人屋面活荷载取$2.0kN/m^2$，不上人屋面活荷载取$0.5kN/m^2$，该建筑物安全性鉴定结果如下。

1. 主楼结构安全性鉴定结果

由于建筑物大部分构件承载能力不满足安全使用要求，且部分楼板钢筋锈蚀，存在安全隐患，将上部结构子单元的安全性等级评定为严重影响承载能力，并由此将主楼整体结构的安全性等级评定为严重影响承载能力，即主楼整体结构安全性不符合规范要求，应采取措施处理。

鉴于该建筑物结构安全性、抗震承载力均不满足安全使用要求，且材料强度不满足文献要求，因此评定主楼整体结构抗震性能不满足7度抗震设防的要求。

2. 副楼结构安全性鉴定结果

该建筑物地基基础满足安全使用要求，地基基础子单元安全性等级评定为尚不显著影响承载能力。由于建筑物大部分构件承载能力不满足安全使用要求，存在安全隐患，将上部结构子单元的安全性等级评定为已严重影响承载能

力，并由此得出副楼整体结构的安全性等级为已严重影响承载能力，即副楼整体结构安全性不符合规范要求，应采取措施处理。

鉴于该建筑物结构安全性、抗震承载力均不满足安全使用要求，且材料强度不满足文献要求，因此副楼抗震性能不满足7度抗震设防的要求。

（三）鉴定报告建议

（1）对不满足安全使用要求的构件作处理。

（2）对材料强度偏低的混凝土构件（五层柱4/L、四层柱2/L、三层柱2/K、三层梁1－2/K）、承重墙（一层墙1－2/L、四层墙12/L－M）作加固处理。

四、南楼结构现状

（一）检测结论

（1）钻芯法检测评定结构混凝土强度结果表明，该建筑物抽检的一、二层框架柱芯样试件抗压强度值分布在15.8～56.6MPa之间，由于现场条件限制，样本数量不足，且上、下限值偏差大于5.0MPa，根据规范要求，无法给出混凝土强度批量评定推定值，仅给出分布区间。抽检的三～七层框架柱芯样试件抗压强度值分布在12.6～24.6MPa之间，由于现场条件限制，样本数量不足，根据规范要求，无法给出混凝土强度批量评定推定值，仅给出分布区间；抽检的屋面层框架梁由于施工质量原因，导致两个框架梁芯样存在空洞及缺角，芯样试件抗压强度值分布在9.2～24.1MPa之间，由于现场条件限制，样本数量不足，且上、下限值

偏差大于 5.0MPa，根据规范要求，无法给出混凝土强度批量评定推定值，仅给出分布区间。

（2）框架柱检测结果表明，该建筑物抽检的框架柱截面尺寸及钢筋配置情况检测结果基本满足设计图纸要求。

（3）该建筑物抽检的框架梁构件尺寸及钢筋配置情况检测结果表明，该建筑物框架梁截面尺寸及钢筋配置情况检测结果基本符合设计图纸要求。

（4）楼板厚度及钢筋配置情况检测结果表明，该建筑物抽检的楼板钢筋配置情况检测结果基本符合原设计图纸要求。

（5）构件混凝土碳化深度检测结果表明：该建筑物抽检的框架柱构件碳化深度分布在 9.0～50.0mm 之间，框架梁构件碳化深度分布在 3.0～42.0mm 之间，多数构件碳化深度超过钢筋保护层厚度。

（6）结构构件损伤缺陷情况检测结果表明，由于该建筑物装修表面完好，且正在使用，导致取样位置集中在楼梯间，个别批次取样数量不满足要求，可能使混凝土强度评定偏差较大。此外，主体结构构件表面裂缝无法全面检测。

（7）结构地基基础使用情况检测结果表明，上部结构未发现裂缝或变形，表明该建筑物地基基础工作基本正常。

（二）安全性鉴定结论

根据现场检测结果，按照文献的规定及设计图纸（荷载按《建筑结构荷载规范》GBJ9—87 取值）的要求，该建筑物结构安全性评定等级依据文献的相关规定进行综合评估，将该建筑整体结构安全性等级评定为显著影响承载能力，即结构安全性能受到了显著影响，不符合文献的要求，应采取措施。

根据文献，深圳福田区抗震设防烈度为 7 度；抗震设防类别为标准设防类（丙类），应按本地区抗震设防烈度要求制订抗震措施。

根据文献要求，将该建筑物划分为 A 类钢筋混凝土房屋进行抗震鉴定评估。该建筑物结构形式、框架柱梁混凝土强度等基本满足鉴定标准要求，部分框架梁抗震承载力不满足安全使用要求，因此评定该建筑物整体结构抗震性能不满足要求。

（三）鉴定报告建议

（1）建议应委托有资质的单位，对承载力不满足安全要求的框架梁采用合适的方法进行加固处理。

（2）不应擅自改造、扩建和改变其用途。

五、结构加固设计方案

（1）对北楼一至五层承重墙采用双面挂钢筋网喷射混凝土和双面挂钢筋网批抹砂浆方式进行加固处理。

（2）对北楼一至五层混凝土柱采用增大截面方式进行加固处理，同时新增部分框架柱。

（3）对北楼二层到屋面层混凝土梁采用粘贴碳纤维方式进行加固处理，并新增部分钢梁。

（4）对北楼二层到屋面层楼板采用板底粘贴碳纤维方式进行加固处理。

（5）对南楼二至四层框架柱及混凝土强度低于 C13 的柱构件进行加固处理。

（6）对南楼屋面层框架梁及混凝土实

测强度低于 C13 的梁构件进行加固处理。

（7）对检测鉴定报告提及的建筑物目前存在的楼板裂缝及渗水情况进行修复处理，位置详见结构加固图纸。

（8）如现场施工发现结构出现的裂缝、钢筋锈蚀、围护墙体砌筑质量等损伤情况超出检测鉴定报告提到的范围，应及时与检测鉴定单位联系结构加固。

（9）本工程在结构加固中拟采用应变片、光纤光栅、分布式压电传感、分布式光纤、超声波探测等多种传感手段，结合我国 20 世纪 70—90 年代建筑物的特点，利用数学模型、数值模拟等方法建立一套有针对性的既有建筑改造过程中结构表现实时监测的系统。同时，利用 BIM 平台下的数据接口将监测结果集成到 BIM 环境下，实时对施工进行指导和报警。

六、结语

本工程于 2016 年 12 月 10 日开始动工，计划工期 203 天，2017 年 7 月 1 日竣工，使用效果良好。结构加固设计应首先满足规范要求，可从整体到具体，在方式的选择上，可以综合考虑，选择较为经济的方式。采用结构加固的方式进行建筑改造，可以节约资源，保护环境，实现节能减排。

（中建科技有限公司供稿，齐贺执笔）

夏热冬冷及夏热冬暖地区既有居住建筑宜居综合改造关联性分析

一、夏热冬冷及夏热冬暖地区既有居住建筑现状

（一）区域划分及其特点

夏热冬冷地区主要是指长江中下游及其周围地区，其范围大致为陇海线以南，南岭以北，四川盆地以东，涉及16个省、市、自治区，包括湖北、浙江、江西、湖南、重庆、上海等省市以及安徽、贵州、四川、河南、江苏、甘肃、陕西、福建、广西、广东等省区的部分区域。该地区面积约180万 km²，人口6亿左右，生产总值约占全国的41.35%，是人口密集、经济发达的地区。该地区夏季闷热，冬季湿冷，气温日较差小，日平均温度高于25℃可达110天，低于5℃最多可达90天；年降水量大；日照偏少；长江中下游地区春末夏初的梅雨期多为阴雨天气，常有大雨和暴雨出现；沿海及长江中下游地区夏秋常受热带风暴和台风袭击，易有暴雨大风天气。大部分地区为抗震设防烈度7度以下区域。

夏热冬暖地区主要是指珠江流域及其周围地区，包括广东大部、广西大部、海南全境、福建南部、云南小部分，以及香港、澳门和台湾，共涉及五个省和三个自治区。该地区处于我国改革开放的前沿，拥有五个经济特区，人口1.5亿左右，国内生产总值约占全国的18.5%。该地区为亚热带湿润季风气候，其特征表现为夏季漫长，冬季寒冷时间很短，甚至几乎没有冬季，常年气温高而且湿度大，气温的年较差和日较差都小。太阳辐射强烈，雨量充沛。沿海地带多热带风暴和台风，夏季多大风暴雨天气，但很少有气候极端恶劣的现象。太阳高度角大、辐射强烈。除台湾地区、广东和海南部分区域外，大部分地区处于抗震设防烈度7度以下。

（二）既有居住建筑存量

截至2015年年末，全国既有民用建筑总面积已达613亿 m²，其中城镇居住建筑面积248亿 m²，农村居住建筑面积252亿 m²。城镇居住建筑中，有44亿 m²为2000年前建设，约占城镇既有居住建筑面积的17.74%；有64亿 m²为2001～2005年间建设，约占城镇既有居住建筑面积的25.81%；有140亿 m²为2006～2015年间建设，约占城镇既有居住建筑面积的56.45%。

夏热冬冷地区既有民用建筑面积为327.18亿 m²，其中将近40%为城镇居住建筑，面积约为130亿 m²；夏热冬暖地区城镇既有居住建筑面积为46亿 m²。

（三）既有居住建筑普遍存在的问题

改革开放以来，各地建筑业都进入高速发展期，随着既有建筑存量增加迅速，既有建筑在使用过程中出现的各种问题也日益突出。通过对夏热冬冷及夏热冬暖地区既有居住建筑的现状情况进行调研和梳理，总结出这两个地区既有居住建筑普遍存在的问题（图1）。

图1　既有居住建筑存在的问题

1. 安全问题

结构安全。1990 年以前建造的居住建筑，碍于当时的设计水平和施工质量不高，大都达不到现行规范的抗震性能要求。受到自然环境侵蚀，老旧建筑物及构筑物出现发霉、裂缝、老化、腐蚀、渗漏、坍塌等不同程度的问题。居民擅自改装、搭建、加层现象较为突出。

设备安全。居民用水、用电、用气设施管道年久失修，设备老化。

防灾安全。有的老旧小区在设计之初安全出口、疏散通道设置不合理，消防前室或楼梯间前室布局不满足防灾要求。部分既有居住建筑存在电线私拉乱扯、楼道杂物堆砌、堵塞消防通道、防火门损坏或丢失、无消防报警系统或消防报警系统失灵等消防隐患。

2. 功能问题

老旧住区由于受当时社会经济条件和设计水平影响，居住面积及房间数量不能适应家庭人口的变化，户型结构不合理，厨、卫空间过小，设备设施老旧，储藏空间不足。

3. 外观问题

旧有建筑在历经岁月洗礼后，外墙面发霉、开裂、返碱、剥落现象普遍存在。大量既有居住建筑设计时没有考虑空调机位、防盗网以及遮阳设施的设置，造成空调外机无序悬挂、防盗网和遮阳设施五花八门，外立面混乱。

4. 能耗问题

夏热冬冷和夏热冬暖地区不属于采暖地区，有将近一半的既有居住建筑在建造时没有节能标准限制，未考虑夏季隔热和冬季保温设计，造成夏冬季两季空调采暖设备使用频繁。并且老建筑空调采暖设备、机电供水设备、照明灯具等能效不高，导致建筑能耗水平整体较高。

5. 室内环境问题

由于建筑布局朝向不适宜或建筑设计自遮挡等原因造成的室内曝晒或采光、通风不足。地下室、楼梯、楼道、前室等位置未开窗，灯具设置不合理，光线昏暗，空气不流通。

6. 停车问题

早期规划的居住区没有考虑到汽车发展的需要，有些小区没有地面停车位，许多车辆停在路边或人行道上，给居民出行造成干扰的同时由于车辆的随意行驶给行人造成安全隐患。

7. 电梯问题

早期建设的中高层住宅居多，没有电梯，不适合老人孩子出入。老旧高层住宅电梯故障频发，维修频率高，维修时间长，电梯轿厢内空气污浊，肮脏昏暗。

8. 室外环境问题

老旧住宅区室外设施、铺装老化磨损；绿化覆盖率低，多为用围栏包围的草坪、花坛，部分植物老化退化；无室外休息、活动或交流空间，缺乏休闲、运动、休憩设施；水景长期不开启或缺乏维护，造成场地空置，存在安全卫生隐患。早期居住区规划设计未考虑动静分区、人车分流，缺乏无障碍设计。

9. 适老化问题

我国人口结构的老龄化发展、居家养老的普遍存在和国家对于完善居家养老的政策支持，都对既有居住建筑不断提出新的需求。但是既有居住建筑在空间尺度、设备设施等方面都缺少考虑到老年人的因素，存在很多潜在的问题，会给老年人的行动造成不便，甚至伤害。

二、宜居改造的需求性分析

（一）"宜居改造"的解析

2005年，在国务院批复的《北京城市总体规划》中首次出现"宜居城市"概念，其主要特征为：环境优美，社会安全，文明进步，生活舒适，经济和谐，美誉度高。按照此理论对既有居住建筑"宜居改造"进行解析，则是针对既有居住建筑中存在影响人们居住的问题进行改造，达到舒适、安全、优美、和谐、文明的"宜居"需求。

（二）宜居改造的需求

按照马斯洛需求层次理论，既有居住建筑宜居改造需求可分别对应（图2）：

图2　马斯洛需求层次理论

（1）生理需求：也是基本需求，居住建筑满足不了居住的功能也就失去其本质的意义，因此在进行既有居住建筑改造中首要的是进行建筑功能的改造。

（2）安全需求：建筑安全性能存在隐患，人身安全得不到保障，每天处在紧张、彷徨不安的境况下，谈何宜居。因此，安全性改造是非常重要的改造专项。

（3）社交需求：舒适的室内外环境可以使人有归属感，进而促进邻里之间的沟通交流，既有居住建筑改造中对环境品质的改造十分有必要。

（4）尊重需求：尊老爱幼，遵循自然规律，遵从老龄化社会现象，在进行既有居住建筑宜居改造中需考虑适老化改造的需求。

（5）自我实现需求：节约能源是当今世界一种重要的社会意识，也是个人对自身社会价值的认同。进行建筑节能改造不仅是节约个人的开支，更是为地球造福。

三、宜居改造的主要内容

（一）功能性改造

居住建筑主要包括八项基本功能：起居、厨卫、就餐、就寝、储藏、工作、学习、休闲。这八项功能是在三类空间里实现的：公共空间（客厅、餐厅、阳台）、服务空间（厨卫、储藏室）和私密空间（卧室、衣帽间、主卫）。简单理解"功能提升改造"即为了把以上八项功能更好地改善和提高而进行的改造。

《既有住宅建筑功能改造技术规范》JGJ/T 390—2016中将"功能改造"定义为：以保障既有住宅的基本居住功能与使用安全，提升建筑品质为目的的改造工程。该标准中"功能改造"的主要内容包括：空间改造、适老化改造、加装电梯、设施改造、加层和平面扩建等。由于适老化改造是出于适老需求而进行的改造，单独成项，不列入常规功能性改造的内容。另外，增设停车场改造也属于功能性改造，一般为在既有居住建筑附近区域设置地面立体机械停车位或地下立体机械停车位。

（二）安全性改造

对于存在安全问题的既有居住建筑，需要先进行结构的安全性鉴定、抗震鉴定、防火性能与耐久性评估，再针对问题进行改造。为了提高既有居住建筑的整体抗震性能，延长建筑的安全使用年限，对既有居住建筑进行结构性加固和耐久性加固是最为有效的方法，这也是既有居住建筑安全性能提升中最为重要的一个环节。

对存在安全隐患的老化的水、电、气管网系统进行检修、更换和升级。

针对防灾安全问题，可以分别从消防规划引领、提高耐火性能、改善防火间距、增加消防设施、控制火源与电气管理、特种消防设备等几个技术方面进行安全性能提升。

（三）室内外环境品质提升

建筑室内外环境品质提升改造主要是在保留既有居住建筑结构的前提下，对室内环境进行改造，包括室内声环境、室内光环境、室内热湿环境的改造，对于建筑外立面要进行修复、装饰、重塑，对室外环境改造主要是对绿化、活动空间、照明、水景、标识系统、户外家具等室外景观要素的提升改造。

室内声环境改造一般有两种方法：一种是增强围护结构的隔声性能，另一种是将室内老化的设备更换为低噪声设备。室内光环境提升包括室内自然采光改造和室内人工照明改造，自然采光的改造主要通过改变外窗开口朝向、大小或拆除不必要的自遮挡构件以及增设导光设备来实现。室内人工照明改造主要是将既有居住建筑中不能满足照度需求的老旧灯具替换为高效节能 LED 灯，使室内照度能够满足《建筑照明设计标准》GB 50034—2013 的规定。室内热湿环境的改造主要是将不符合使用需求的空调设备进行更换，增设通风设施。

建筑外立面改造有两种方法：一是复原建筑，尽量使用与原建筑相近的材料，以保证建筑的原有性；二是对外立面的附属物、材质、色彩、图案进行重新设计。建筑外立面改造要注意外立面与周围环境的协调，使其融入整体环境中。

室外环境的综合整治，包括对绿化种植的更新、替换或配置，海绵小区低影响雨水系统的改造，道路铺装的重新规划或翻修，室外活动空间的开辟以及活动设施的增设，夜景照明的重新规划布置、灯具的更换，标识系统、户外家具等设施的统一更新，老旧景观建筑或构筑物的翻修或拆除，水景的水质处理或功能变更，灌溉系统的重新规划。

（四）适老改造

适老改造是以老年人为研究主体，在尽量保留既有住区硬件配置的前提下，融入人性化的设计理念，对既有住区中存在的不利因素通过合理的空间利用、整合和设计等手法进行空间调整，增加适老设施和设备，能够满足老年人居住者的需求，也使既有住区空间环境得到再生，使用寿命延长。改造的内容和方式灵活多样，具体包括：室内外无障碍改造，加装或改装电梯，地面防滑处理，更换省力方便的门锁，安装可以遥控开关的门窗，安装可视对讲系统等。

（五）节能改造

既有居住建筑的节能改造包括建筑围护结构的节能设计、设备节能、可再生能源的利用以及使用者行为节能等四个方面。针对围护结构热工性能没有达到节能设计标准要求的情况，夏热冬冷地区居住建筑节能改造主要是考虑围护结构的保温，夏热冬暖地区主要是考虑隔热以及通风、遮阳。在夏热冬冷和夏热冬暖地区用能设备主要是空调，住户可以将耗能大的分体空调进行更换，也可根据实际需求将多个分体空调改换成多联机系统。对于老旧照明系统，节能改造中应替换节能灯具，将门厅、大堂、地下车库等公共区域照明采用集中、分区、延时控制相结合的控制措施，如声光双控灯具等。在进行既有居住建筑改造中可以视屋顶情况增设太阳能热水系统或光伏系统提供住户洗浴热水或提供电梯、公共照明的用电。

四、不同改造投资主体对宜居改造专项的影响

既有居住建筑改造是一个复杂的系统工程。在现实生活中，由于涉及的领域多、专业广、技术要求高且各类既有居住建筑的改造需求千差万别，既有居住建筑的改造多为单部位改造或专项改造，尤其是改造投资主体（政府部门、开发商、业主、物业公司）不同的情况下，改造方向各有侧重。

政府部门作为社会公共利益代言人，更多的关注关系到公众生命安全、社会的可持续发展以及城市风貌等公益性问题。因此，政府部门主导的既有居住建筑改造主要集中在安全性改造、节能改造、立面改造等专项改造。

开发商作为企业单位，更注重的是经济效益。对于部分销售状况不理想的住宅楼盘，开发商为了回笼资金，常常会对户型或平面布局进行调整，改造为面积较小的公寓出售。所以，开发商主导的既有居住建筑改造一般是出于商业目的的室内平面功能改造。

业主作为既有居住建筑的使用者，更关注的是生活条件的改善与提升等与日常生活息息相关的方面。因此，业主主导的既有居住建筑改造主要集中在功能性改造以及室内环境品质提升等专项改造。

物业公司作为既有居住建筑的运营管理单位，更关心的是运营过程中各种能耗费用的支出以及小区环境维护。物业公司主导的既有居住建筑改造主要是公共部位的节能改造以及室外环境整治。

五、改造专项与改造部位的关联

虽然在进行既有居住建筑改造过程中，不同改造投资主体所侧重的改造专项不同，但是各专项改造并非完全独立存在，它们之间存在着千丝万缕的关联。例如，进行节能改造时对围护结构、空调设备、照明系统等进行了改造，如果同步考虑的话，在不增加成本或非常低成本的情况下，室内的热湿环境、光环境、声环境等也会得到大幅度提升。表1对各专项改造涉及的关键改造部位进行分类，以利于发现各专项改造之间的相互关联，为实现宜居综合改造的效益最大化提供参考。

表1中，横向看为专项改造所涉及的部位，纵向看为单部位改造可涉及的专项，通过梳理可以构建改造专项和改造部位的关联性。例如，节能改造最多可以涉及12个部位，在考虑进行既有居住建筑节能改造时可以视需求和经费有选择地进行改造。而进行室外景观单项改造时可以同时考虑防灾规划的融入、适老化设施的增设、植被对室内声光热的影响以及节能设备的选用。

各专项改造涉及的改造部分　　表1

专项	结构构件	外围护结构	公共空间布局	户内空间布局	空调设备	用水器具	电梯	采光照明	变配电系统	弱电系统	给水系统	燃气管网	室外景观	道路系统	停车位
功能性改造	空间改造			✓	✓										
	加层或扩建	✓		✓											
	电梯增设							✓							
	设施提升改造					✓	✓			✓	✓	✓	✓		
	增设立体停车位													✓	✓
安全性改造	结构加固	✓	✓		✓										
	管网系统改造										✓	✓			
	防灾改造		✓	✓	✓			✓	✓	✓			✓	✓	✓
环境品质提升	室内声环境提升	✓				✓	✓								
	室内光环境提升	✓			✓			✓							
	室内热湿环境及空气品质提升				✓	✓									
	外立面改造	✓						✓							
	室外环境改造												✓	✓	
适老化改造				✓	✓		✓	✓			✓			✓	✓
节能改造		✓	✓	✓	✓	✓	✓	✓	✓	✓	✓	✓	✓		

六、结语

随着既有居住建筑存量的增加以及人们日益增长的美好生活需要，使得以"宜居"为目标的综合性改造的重要性日益凸显。而综合性改造并不是单纯的技术叠加，而是互为影响、相互关联的。通过既有居住建筑宜居综合改造关联性的分析，为改造决策和改造方案提供参考，使得不同投资主体在进行传统专项改造的同时可以兼顾与其关联度高的其他专项，在同等投入的情况下提升既有居住建筑的综合品质，真正实现"宜居"需求。

（中国建筑科学研究院有限公司供稿，
张蕊、许鹏鹏、路银鹏执笔）

浅谈既有建筑改造项目环评工作的重点

近些年来，我国城市建设的重点从增量建设转变为存量建设，既有建筑改造逐渐成为城市建设的主要形式。这类项目与单纯的新建项目相比较，既有同质性，也有特殊性。研究这类项目的特点，探究其环境影响评价相关问题，对避免或减少该类项目的不利环境影响，维持或扩大有利环境影响具有十分重要的意义。基于此，本文对既有建筑改造项目环境影响评价的主要问题进行探究。

一、既有建筑改造项目特点的分析与识别

（一）既有建筑改造项目分析

作为一种独特的项目类型，既有建筑改造项目各具特色。首先，建设内容的多元性。既有建筑改造项目一般包括市政工程类项目、社会服务类项目以及开发区项目。市政工程部分又包括排水管网、道路和环境综合整治。社会服务类包括文化、体育、教育、卫生、旅游、娱乐、餐饮、商业等社会服务的各个方面。其次，作为改造项目，施工环境一般比较复杂。再次，项目建设周期长。

（二）确定环境影响因素

环境影响识别基于项目的内容、规模、范围、评估目标和城市总体规划。它结合了国家和地方的法律、法规、标准和

环境状况，从社会经济和自然环境两个方面初步判断项目建设对环境可能造成的影响。主要内容包括项目转型可能带来的主要环境问题，影响环境的主要因素和评价因素的确定，主要环境敏感点和重点保护目标的确定以及影响因素中各种环境因素的属性、影响的本质、影响的时间、影响的程度和影响的形式。

针对既有建筑改造项目施工范围复杂、施工周期较长，且环境影响因素较多的特点，采用清单法、矩阵法、网络法和叠图法识别环境影响和环境因素，然后确定环境影响评估因素。

二、既有建筑改造项目环境影响评价重点

从整体和长期分析来看，既有建筑改造项目对环境的影响是有利的，但是从一定的时间段来看，也会对环境产生一些不利影响。此类项目的环境影响评估应着重于以下问题。

（一）城市规划的一致性分析

城市规划是城市建设的指标、方向和蓝图。既有建筑改造项目必须符合城市规划。但是，一些业主为了短期经济利益有意或无意地违反了城市规划。因此，在编制环境影响报告书时，应调整相关项目，使项目符合城市规划的基本要求。

（二）景观环境的可接受性分析

既有建筑改造项目周边地区一般为建成区，应分析景观环境的可接受性。首先是项目设计的概念是否与当地民俗、文化和地区功能兼容。二是主体建筑的高度、形状和颜色是否与生态景观区域及周边建筑物和环境的设计理念相适应。

（三）施工期环境影响与环境保护措施

既有建筑改造项目往往建设内容较多，施工周期较长。因此，对于这些项目，施工期的环境影响和污染防治应重点关注环境影响评估。

1. 施工扬尘的生产及其污染控制

施工扬尘的主要来源是：土方开挖和场地堆放粉尘、搅拌混凝土粉尘、建材堆放场地灰尘、建筑垃圾清理和堆放灰尘。

施工扬尘量与施工条件、管理水平、机械化程度、施工季节、气象等诸多因素有关，粉尘污染的防治应从多方面入手。例如，根据地形特征的合理设计，尽量减少土方开挖；科学组织施工，尽量减少土方运输和运输距离。硬化路面，定期洒水地面封闭，运输封闭，覆盖施工场地的材料场地，盖上篷布，在场地周围设置实体围挡，并在出口处安装运输车辆、清洁设备和其他工程措施。

2. 施工噪声的产生及其污染防治

根据作业的性质，既有建筑改造项目的施工过程可分为土方工程、建筑施工和环境美化三个阶段，有时三个阶段会有交叉。土方工程包括河流疏浚和土方挖掘。现阶段噪声的主要来源是挖掘机、推土机、装载机和各种运输车辆。这些建筑机械大部分是移动声源，其中运输车辆的移动范围很大，推土机和挖掘机的移位区域很小。这些声源的声级功率为 $100 \sim 110dB$（A）。

施工阶段可分为土方施工、基础施工、结构施工和装饰施工。基础施工的主要声源为各种打桩机，声级功率达到 $115 \sim 135dB$（A），次级声源为起重机、地面机等，声音水平功率为 $100 \sim 110dB$（A）。结构施工阶段主要声源为混凝土搅拌机和振动器，声级为 $95 \sim 102dB$（A），其他声源及各种输送设备和水泥搅拌等结构工程设备，这些声源的声级强度较低。虽然时间长，但声源数量少，主要噪声源为砂轮机、电钻、电梯、起重机、切割机等，声源强度约为 $90dB$（A）。

在环境美化阶段，手工施工是主要手段，而采用一些低噪声施工设备，声源强度较低。

施工噪声污染防治主要有以下几个方面：一是尽量选择低噪声施工设备，使其处于良好的运行状态。二是合理安排施工时间，禁止夜间施工，防止噪声影响居民休息。三是尽可能分散施工，减少噪声叠加。四是在施工现场周围设置围护结构，以减少推土机和挖掘机等低噪声源对周围环境的影响。

3. 建筑废水的生产及其污染控制

施工期的废水主要包括施工人员的生活污水和施工生产废水，平整阶段含泥沙雨水，土方工程阶段降水井排水，混凝土养护排水，在结构阶段还有各种车辆冲洗水。

在既有建筑改建过程中，生活污水应经化粪池处理后通过综合生活污水处理设施排放。对于仅含悬浮固体的废水，经沉淀处理后排放。对于设备冲洗水，悬浮物和石油污染物应在沉淀和油分离并达到标准后排放。

4. 建设固体废物产生和污染防治

施工固体废物包括施工人员垃圾，废弃建筑材料和装饰材料，建筑垃圾和河道疏浚工程垃圾。收集垃圾并将其送到城市固体垃圾处理厂。废弃的建筑材料和装饰材料被分类、回收、合成或合理使用。

尽量整体规划，减少泥土运输。对于受污染的城市河道淤泥，应首先进行危险废物浸出试验。如果一般固体废物可以用于普通垃圾填埋场或用于城市绿化，则需要处置危险废物，进行安全处置。

5. 建设对生态环境的影响及其保护

施工过程中的主要生态环境影响是清除植被和表层土壤，造成水土流失和植被的清除。

三、结语

在城市建设中，既有建筑改造项目越来越多。这些项目的环境影响评估应着重于城市规划的符合性，景观环境的可接受性，施工期的环境影响以及污染的防治。在分析环境影响时，应针对建设内容、建设面积和建设周期长的特点，综合考虑项目对周边环境的影响，周边环境对项目的影响，营造和谐统一的环境。

（中国建筑技术集团有限公司供稿，
刘瑞芳执笔）

建筑遮阳构件对大进深公共建筑能耗的影响分析

公共建筑通过透明围护结构损失的空调、采暖、照明能耗占到建筑能耗的 50% 以上。透过透明围护结构的太阳辐射是造成空调能耗大和室内热环境不良的重要原因，通过窗户缝隙的空气渗透和夏季通过玻璃的太阳辐射传热，会影响室内热环境的舒适性的同时，供暖空调负荷及能耗也将有所增加。与建筑围护结构中的墙体和屋面相比较，外窗属薄壁轻质构件，是建筑能耗损失的最薄弱环节，增设建筑遮阳构件则可以有效改善这一问题。

从目前很多既有建筑的遮阳案例分析得到，建筑遮阳效果并不理想，建筑采用遮阳设施降低夏季空调供冷能耗的同时，冬季采暖能耗也相应有所增加，采取契合建筑结构的遮阳形式对建筑的节能效果影响明显。而大进深公共建筑由于其建筑结构设计的复杂性，遮阳构件对其影响也将会变得复杂化，因此研究大进深公共建筑遮阳设施对建筑能耗的影响非常重要。

建筑遮阳构件的选择设计，应根据建筑所在地区的气候条件、建筑的朝向、房间的使用功能等因素，综合进行遮阳设计，可以通过永久性的建筑构件，制作永久性的遮阳设施。

国内关于遮阳构件的研究已经趋于成熟，但是对于不同遮阳模式对大进深公共建筑的建筑能耗影响研究不多，因此，文章主要针对这方面作模拟研究。研究选取大进深公共建筑的不同组合遮阳模式，针对建筑南向立面遮阳构件设计方案进行模拟，研究有无遮阳构件对建筑能耗的影响规律以及不同类型遮阳构件对建筑能耗的影响效果。

一、建筑模型及遮阳构件形式

拟采用模型为某典型大进深公共建筑某国际客运站项目，位于夏热冬冷地区。该建筑计算机模型如图 1 所示。建筑的主要朝向为南偏东 30°，体形系数为 0.15，框架结构，建筑类型为公共建筑。建筑总建筑面积为 17181m²，地上三层，一层层高 6.5m，二层层高 6.0m，三层层高高差变化较大，自 5.73～16.57m，幕墙最高点距地面 29.37m，距二层平台 22.62m。

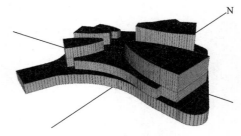

图 1　客运站建筑模型

建筑遮阳的种类分为窗口遮阳、屋面遮阳、墙面遮阳、绿化遮阳等形式。在这几组遮阳措施中，窗口无疑是最重要的，对于窗口遮阳来说，可以分为结合建筑构件处理的窗口遮阳和专门设置的遮阳设施。本文重点研究结合建筑构件的窗口遮阳形式。

建筑构件的遮阳设施包括水平式、垂直式、综合式、挡板式。水平式遮阳形式能够有效地遮挡高度角较大的、从窗口上方投射下来的阳光。故它适用于接近南向的窗口，低纬度地区的北向附近的窗口。垂直式遮阳能够有效地遮挡高度角较小的、从窗侧斜射过来的阳光。但对于高度角较大的、从窗口上方投射下来的阳光，或接近日出、日没时平射窗口的阳光，它不起遮挡作用。故垂直式遮阳主要适用于东北、北和西北向附近的窗口。综合式遮阳能够有效地遮挡高度角中等的、从窗前斜射下来的阳光，遮阳效果比较均匀，故它主要适用于东南或西南向附近的窗口。挡板式的遮阳能够有效地遮挡高度角较小的、正射窗口的阳光，故它主要适用于东西向附近的窗口。

选取几种常用大进深公共建筑外窗遮阳构件来进行节能效果的研究，详见图2。

二、太阳得热系数和遮阳系数的计算

太阳得热系数是指通过透光围护结构（门窗或透明幕墙）的太阳辐射室内得热量与投射到透光围护结构（门窗或透明幕墙）外表面上的太阳辐射量的比值。太阳辐射室内得热量包括太阳辐射通过辐射投射的得热量和太阳辐射被构件吸收再传入室内的得热量两部分。遮阳系数是指透进

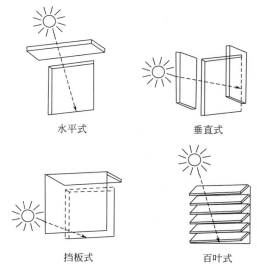

水平式　　　　垂直式

挡板式　　　　百叶式

图 2　水平式、垂直式、挡板式、
百叶式遮阳构件示意图

玻璃、门窗、玻璃幕墙及其遮阳设施的太阳辐射得热量，与相同条件下透进相同面积的标准玻璃（3mm 厚的透明玻璃）的太阳辐射得热量的比值。3mm 厚透明玻璃的太阳光总透射比理论值为 0.87。

综合太阳得热系数是在门窗、玻璃幕墙的太阳得热系数基础上再乘上外遮阳构件的遮阳系数。

太阳得热系数按式（1）计算为

$$SHGC = \frac{\sum g \cdot A_{\mathrm{g}} + \sum \rho \cdot \dfrac{K}{\alpha_{\mathrm{e}}} \cdot A_{\mathrm{f}}}{A_{\mathrm{w}}} \quad (1)$$

式中　$SHGC$——门窗、幕墙的太阳得热系数；

g——门窗、幕墙中透光部分的太阳辐射总透射比，按照国家标准《建筑玻璃可见光透射比、太阳光直接透射比、太阳能

总透射比、紫外线透射比及有关窗玻璃参数的测定》GB/T 2680 的规定计算；

ρ——门窗、幕墙中非透光部分的太阳辐射吸收系数；

K——门窗、幕墙中非透光部分的传热系数〔W/（m²·K）〕；

α_e——外表面对流换热系数，〔W/（m²·K）〕；

A_g——门窗、幕墙中透光部分的面积（m²）；

A_f——门窗、幕墙中非透光部分的面积（m²）；

A_w——门窗、幕墙的面积（m²）；

$$SHGC = SC \times 0.87$$

$$SHGC_w = SHGC \times SC_{构件}$$

式中　SC——遮阳系数；

$SHGC_w$——综合太阳得热系数；

$SC_{构件}$——遮阳构件的遮阳系数。

三、建筑能耗模拟计算

1. 模型参数设定

为了量化分析不同类型遮阳构件对建筑能耗的影响，本文采用 Equest 建筑能耗模拟分析软件进行全年能耗的动态模拟计算。围护结构热工参数和遮阳构件选型条件与表 1～表 2 一致，其他参数设计见表 3～表 6。

围护结构热工参数设定　　　　　　　　　　　表 1

围护结构名称	构造	参数
屋顶	花岗石板（40.0mm）＋水泥砂浆（30.0mm）＋水泥砂浆（10.0mm）＋PVC 卷材或高聚物涂膜（6.0mm）＋水泥砂浆（20.0mm）＋发泡玻璃板（110.0mm）＋轻集料混凝土浇捣（屋面找坡）（30.0mm）＋钢筋混凝土（120.0mm）	传热系数 $K = 0.55W/(m²·K)$
外墙	水泥砂浆（20.0mm）＋岩棉板（80.0mm）＋钢筋混凝土（200.0mm）＋水泥砂浆（20.0mm）	传热系数 $K = 0.59W/(m²·K)$
外窗	断热彩铝（8＋1.52PVB＋8Low－E＋12A＋8）＋遮阳构件各朝向窗墙比 0.90	传热系数 $K = 1.70W/(m²·K)$ 太阳得热系数 0.27

遮阳构件选型（南向）　　　　　　　　　　　表 2

编号	外窗参数	构件遮阳系数	综合太阳得热系数	综合遮阳系数
1	断热彩铝（8＋1.52PVB＋8Low－E＋12A＋8） 传热系数 $K = 1.70W/(m²·K)$ 太阳得热系数 0.27	无遮阳	0.27	0.31

编号	外窗参数	构件遮阳系数	综合太阳得热系数	综合遮阳系数
2	断热彩铝(8+1.52PVB+8Low－E+12A+8) 传热系数 $K=1.70\text{W/(m}^2 \cdot \text{K)}$ 太阳得热系数 0.27	水平遮阳板	0.24	0.28
3	断热彩铝(8+1.52PVB+8Low－E+12A+8) 传热系数 $K=1.70\text{W/(m}^2 \cdot \text{K)}$ 太阳得热系数 0.27	垂直遮阳板	冬:0.21 夏:0.18	冬:0.24 夏:0.21
4	断热彩铝(8+1.52PVB+8Low－E+12A+8) 传热系数 $K=1.70\text{W/(m}^2 \cdot \text{K)}$ 太阳得热系数 0.27	百叶遮阳	冬:0.20 夏:0.16	冬:0.23 夏:0.18
5	断热彩铝(8+1.52PVB+8Low－E+12A+8) 传热系数 $K=1.70\text{W/(m}^2 \cdot \text{K)}$ 太阳得热系数 0.27	活动遮阳	夏:0.11	夏:0.13

室内环境参数设定　　　　　　　　　　　　　　　　　　表3

房间用途	夏季空调		冬季空调		人均使用面积(m^2)	新风量(m^3/hp)
	温度(℃)	相对湿度(%)	温度(℃)	相对湿度(%)		
休息厅	26	≤60	18	—	10	30
办公	25	≤60	20	—	5	30
其他	25	≤60	20	—	10	30
出发候检大厅等	25	≤60	20	—	10	30
到达边检等	25	≤60	20	—	10	30
餐厅	25	≤60	20	—	按实际	30

室内热扰参数表　　　　　　　　　　　　　　　　　　表4

房间类型	人员密度	照明功率密度(W/m^2)		设备功率密度(W/m^2)	
	m^2/人	参照建筑	节能建筑	参照建筑	节能建筑
休息厅	10	11	11	5	5
办公	5	9	9	20	20
出发候检大厅	10	11	11	5	5
到达边检等	10	11	11	5	5
餐厅	4	11	11	5	5

人员、灯光、设备情况及作息时间　　　　　　　　　　　　　表 5

房间功能	运行阶段	下列计算时刻(h)人员作息、照明、设备使用时间(%)											
		1	2	3	4	5	6	7	8	9	10	11	12
办公	全年	0	0	0	0	10	50	95	95	95	95	95	95
餐厅	全年	0	0	0	0	0	50	95	95	95	95	95	95

房间功能	运行阶段	下列计算时刻(h)人员作息、照明、设备使用时间(%)											
		13	14	15	16	17	18	19	20	21	22	23	24
办公	全年	95	95	95	95	95	95	95	95	50	0	0	0
餐厅	全年	95	95	95	95	95	95	95	95	50	0	0	0

空调系统参数设定　　　　　　　　　　　　　表 6

系统类型	空调季	采暖季	设备参数
2台螺杆式风冷热泵机组	6月15日到8月31日	12月1日到次年2月28日	制冷量1370kW，性能系数5.0

2.模型模拟计算结果

从表7和图3可以看出，在设定的参数下，南向外窗增加遮阳设施后，建筑空调能耗降低效果明显，降低幅度范围为3.2%～11.07%。空调能耗随遮阳系数的降低而降低，其中活动遮阳效果最好，降低幅度为11.07%，其次为百叶遮阳，降低幅度为8.1%，再次为水平和垂直遮阳板，降低幅度为3.3%和3.2%。

建筑采暖耗电量因遮阳构件类型差异而影响效果不同。其中，活动外遮阳因冬季不使用对采暖能耗无影响，水平遮阳及垂直遮阳板增加了冬季采暖能耗0.84%和0.85%，百叶遮阳对建筑采暖能耗影响最大，增加了1.57%。

综合空调能耗和采暖能耗分析，南向外窗增加遮阳设施后，建筑全年总耗电量均有不同程度降低，其中活动遮阳构件影响最大，可降低4.77%。

全年耗电量计算结果　　　　　　　　　　　　　表 7

编号	遮阳构件类型	总耗电量(kW·h/m²)	降低幅度	采暖耗电量(kW·h/m²)	降低幅度	空调耗电量(kW·h/m²)	降低幅度
1	无遮阳	134.33	—	76.22	—	58.1	—
2	水平遮阳板	130.03	−3.20	76.86	0.84	56.18	−3.30
3	垂直遮阳板	133.12	−0.90	76.87	0.85	56.24	−3.20
4	百叶遮阳	130.61	−2.77	77.42	1.57	53.39	−8.10
5	活动遮阳	127.92	−4.77	76.22	0.00	51.69	−11.07

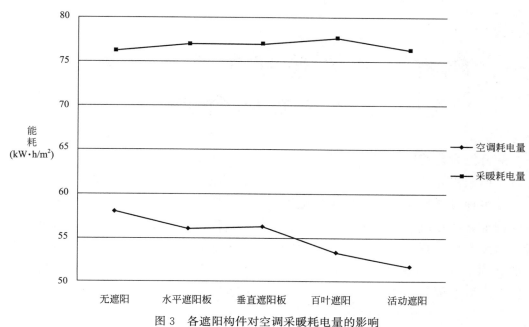

图3　各遮阳构件对空调采暖耗电量的影响

四、结语

对于夏热冬冷地区的大进深公共建筑南向外窗采用不同类型遮阳构件后，建筑空调和采暖能耗节能效果表明：

（1）有无遮阳构件对大进深公共建筑总能耗有一定的影响，且不同遮阳构件措施影响效果不同。其中，活动外遮阳效果最好，降低幅度为 4.77%。

（2）建筑采暖耗电量因遮阳构件类型差异而影响效果不同。其中，活动外遮阳因冬季不使用对采暖能耗无影响，最宜选择使用。

（中国建筑技术集团有限公司、
中国建筑科学研究院有限公司供稿，
张晓彤、董美智、张振国、李玉幸执笔）

既有建筑幕墙可靠性鉴定评估标准对比研究

幕墙作为建筑围护结构，虽然不用承重，但长期承受重力荷载、风荷载、地震等多种自然环境作用的侵蚀，随着时间的推移，材料老化、腐蚀、损坏等各种情况都会出现，这些问题小到影响幕墙立面美观，出现开裂、渗漏现象，大到发生玻璃破裂、面板坠落等质量安全事故。目前，既有建筑幕墙存在着三大问题：①早期幕墙达到 25 年设计使用年限，尤其是 20 世纪 80、90 年代初期建造的建筑幕墙；②1995 年以前建成的玻璃幕墙和 2001 年 6 月份之前建造的石材和金属幕墙没有国家相关设计标准和验收标准，早已不符合现今的建筑幕墙设计规范；③2000 年以前建成的隐框玻璃幕墙结构胶失效，通常硅酮结构密封胶的使用寿命只有 10～20 年。

国内最早出台的既有建筑幕墙安全性能评估规范是上海市在 2005 年出台的《建筑幕墙安全性能检测评估技术规程》DG/TJ 08—803—2005，现行规范为 2013 年版。江苏省随后于 2008 年出台了《既有玻璃幕墙可靠性能检验评估技术规程》DGJ32/J 63—2008，此后四川、广东、山东等地先后出台了相关规程，我们国家的行业标准

《既有建筑幕墙可靠性鉴定及加固规程》已送审稿（以下简称送审稿），但尚未出台。本文选取具有代表性的上海市规程、江苏省规程和送审稿从既有建筑幕墙可靠性鉴定的基本规定、检查检测和结构承载力验算、评价方法和体系三个方面分析了它们的异同点。

一、基本规定

1. 鉴定范围

对于哪些既有建筑幕墙需要进行鉴定评估，三个规程略有差异，相同部分和不同部分见表 1。

从表 1 中看出，相较于江苏省规程和送审稿，上海市规程对既有建筑玻璃幕墙质量问题需要鉴定的范围和自然损害造成需要鉴定的范围定义更为详细。同时，上海市规程还规定了既有建筑玻璃幕墙进行安全检查的时间点。送审稿则强调了风环境变化导致风压显著增加的情况需要对建筑幕墙进行可靠性鉴定。

2. 检查、检测抽样的规定

上海、江苏两地规程对检查、检测抽样的规定大致相同，在抽样数量上稍有差异。上海市规程规定：幕墙主要受力构件、

规范对鉴定范围的区分   表1

	相同部分	不同部分
上海市规程	1.幕墙达到使用年限仍需进行使用。2.幕墙工程竣工十年后。3.幕墙经过自然灾害或侵蚀后。4.使用中出现质量问题	1.对质量问题的范围作出规定：局部墙面的面板或连接构件出现异常变形、脱落、开裂；水密性存在较严重缺陷，影响正常使用。2.对自然损害或侵蚀的范围作出规定：遭受台风、雷击、火灾、爆炸等自然灾害或者突发事故而造成损害的。3.建筑主体结构存在安全隐患。4.玻璃幕墙竣工1年后，每5年进行一次安全检查；采用结构粘结装配的玻璃幕墙交付10年后，每3年进行一次安全检查。5.未按现行规范施工设计。6.工程技术资料、质量保证资料不全。7.停建建筑幕墙工程复工前
江苏省规程		1.对自然灾害或侵蚀的范围作出规定：当遭遇地震、火灾，或强风袭击后出现幕墙损坏。2.对质量问题的范围作出规定：发生幕墙玻璃破碎、开启部分坠落或构件损坏；使用过程中发现质量问题，业主要求进行评估。3.同上海规程5.6.7
送审稿		1.风环境变化导致风压显著增加。2.未按国家相关标准进行设计、建造或验收

节点和构造的检查检测数量应按工程情况每种幕墙类型抽取3～5处，且必须包含结构的最危险处，必要时增加抽样数量。江苏省规程规定：玻璃幕墙主要受力构件、节点和构造按工程情况至少抽取5处。送审稿中对于检验批、抽样数量以及不同检测部位的最小样本数量均进行了详细规定。

二、检查检测和结构承载力验算

上海市规程从幕墙材料的检查检测、幕墙结构和构造的检查检测、结构承载力验算三个章节规定了既有建筑幕墙的检测内容和方法。幕墙材料的检查检测从七个分类规定了检查检测的内容和方法，即铝合金型材，钢材，玻璃，石材、人造板材，金属面板，复合面板，硅酮结构密封胶与密封材料，五金件及其他配件。幕墙

材料的检查包括外观质量、品种、厚度、物理力学性能和质量要求等；材料的检测包括材料强度、硬度等方面的检测。幕墙结构和构造的检查检验包括设计文件、竣工图纸、验收资料的查验，现场检查包括受力杆件平面外偏差、各类节点和配件、玻璃和玻璃配件、开启扇、防雷防火节点等查验。幕墙结构承载力验算从幕墙的构造分类介绍了主要受力部位的验算内容，包括幕墙面板及连接，构件式、单元式幕墙主要受力杆件，索（杆）体系幕墙的支承结构。

江苏省规程相较于其他两本规程，侧重于既有建筑幕墙可靠性鉴定资料的检查，规定了竣工图、计算书、工程质量保证资料的详细检查内容。并且规定，在进行现场检查时，有工程质量保证资料且未发生过安全质量事故的幕墙玻璃和支承结

构、经检查符合要求的项目可不检测。现场检查检测包括：硅酮结构密封胶，铝型材、钢材，玻璃，五金件及其他配件，结构和构造，隐蔽工程处结构和构造，玻璃装配组件，开启窗等方面的检查检测。结构承载能力验算相较于上海市规程，没有进行幕墙构造的分类，规定的检测内容和方法较为笼统。

送审稿从调查和检测、设计符合与分析两个方面规定了既有建筑幕墙的检查检测和结构承载力验算的内容及方法。既有建筑幕墙可靠性鉴定资料检查相较于江苏省规程和上海市规程更为详细，资料包括设计资料、材料、性能、施工和竣工验收资料，还规定了使用环境及荷载作用、使用历史、工作现状的调查内容。检测分为初步检查和详细检测，初步检查主要针对直接可视部位、遮挡物易移除且易恢复的部分，常采用目测、手测、简易工具测量等方法进行检测。详细检测主要针对幕墙单元进行无损伤的测试。送审稿对于详细检测的检测项目也更为详尽，如规定了密封胶的延伸率、玻璃肋的玻璃侧边抗拉强度检测等。送审稿中对于结构构件承载力验算的依据规定比江苏省规程更多。

三、评价方法和体系

三个规程对检测结果的评价方法和体系均不同。

上海市规程规定先对幕墙结构承载能力、结构和构造、构件和节点变形（或位移）三个子项进行定级，最后再进行综合评估。三个子项的评定分为四级，每个子项取其中最低一级作为评定等级。建筑幕墙安全性能等级综合评估也分为四个等级，除了最高项的安全性能符合要求，不影响建筑幕墙的继续使用结果外，对于其他三个等级评定结果的既有幕墙都给出了相应改造措施建议。

江苏省规程可靠性评估项目分为关键项目、主要项目和一般项目，并依据这三个子项的评估结果最后进行可靠性综合评估。对既有玻璃幕墙可靠性评级分成了四个等级，并要求对可靠性能达到3级和4级的既有幕墙提出相应的处理意见。

送审稿对构件及连接安全性、构件及连接使用性、子单元安全性、子单元使用性四个子项进行了评估，最后根据各鉴定单元评级结果进行综合评估。构件及连接安全性要求按破损和侧弯状况、承载力、构造要求三个检查项目分别评级，并取其中最低一级作为该构件及连接的安全性等级。构件及连接使用性要求按变形、表面涂层破损或色泽污染两个项目进行评级，并取其中较低一级作为该构件的使用性等级。子单元安全性按幕墙面板子单元安全性和支承结构子单元安全性两个检查项目分别评估，评估结果分为四级。子单元使用性按幕墙面板子单元使用性和支承结构子单元使用性两个检查项目分别评估，评估结果分为三级。鉴定单元的可靠性评估结果分为四级。同时，送审稿对既有幕墙可靠性鉴定结果中发现的问题给出了加固及处理方法。

四、结语

上海市规程、江苏省规程和国家行业

标准送审稿之间对既有幕墙的可靠性鉴定和评价体系有着差异。针对既有建筑幕墙的现场检测的内容和方法，评价方法和体系目前已有的规程中均未给出，而欧美已有一套成熟的对既有幕墙现场检测和评价的规程体系。今后需要进行更为系统和深入的研究，建立一套统一的既有建筑幕墙可靠性鉴定和评价体系。

（江苏省建筑科学研究院、江苏省绿色建筑与结构安全重点实验室供稿，沈佑竹、吴志敏、刘永刚执笔）

基于遗传算法的既有居住建筑绿色改造多目标优化设计研究——以天津市某住宅为例

目前，平衡"发展与环境"的可持续观点已成为世界化的共识。2016年，我国建筑运行的总商品能耗为9.06亿tce，约占全国能源消费总量的20%。随着时代发展，不同年代的既有建筑都将面临功能退化、舒适性差、设备陈旧、能耗强度大等局面，这些"先天不足"导致的高能耗现状使既有建筑这个庞大的群体受到全球可持续建筑研究的广泛关注。

一、我国既有居住建筑能耗现状

截至2013年，我国共有建成房屋面积670.48亿m²，包含居住建筑485.79亿m²（其中，城镇住宅208亿m²），非住宅面积184.69亿m²。依据年代分析，71%的竣工房屋建于2005年及以前，自2006年至2013年逐年新增建设量以2%～5%的比例稳步增长。面对如此庞大的建筑存量，仅依靠新建建筑达到节能标准，已经远远不能达到整个建筑行业减碳的有效目标。

研究证实，针对既有建筑的"深度改造"可以使其能耗降低50%～90%，从而大幅降低建筑业运行阶段的碳排

放，但这种改变不能一蹴而就，改造发挥作用需要很长的"发酵期"和"投资回收期"。因此，既有建筑改造工作刻不容缓。另外，建筑的发展与科学技术的进步密不可分。在我国，大量的既有居住建筑能耗及碳排放性能受限于当时的经济条件和建设技术，很多建筑的设计和建造标准偏低，导致许多既有建筑存在能耗和碳排放水平偏高、环境负面影响大、室内环境质量亟须改善和使用功能亟待提升等方面的问题。

二、既有居住建筑绿色化改造需求紧迫

2012年，科技部发布"十二五"绿色建筑科技发展专项规划，将"既有建筑绿色化改造"作为重点任务之一。2013年，住房城乡建设部发布《"十二五"绿色建筑和绿色生态城区发展规划》。其中，"规划目标"和"重点任务"都包含既有建筑绿色化改造的相关内容，开展既有建筑节能改造。"十二五"期间，完成北方采暖地区既有居住建筑供

热计量和节能改造 4 亿 m² 以上，夏热冬冷和夏热冬暖地区既有居住建筑节能改造 5000 万 m²。

2017 年，《"十三五"建筑节能与绿色建筑专项规划》发布，在其规划编制基础中明确了"既有居住建筑节能改造全面推进"的发展现状。针对既有建筑改造的具体目标为"完成既有居住建筑节能改造面积 5 亿 m² 以上，全国城镇既有居住建筑中节能建筑所占比例超过 60%。城镇可再生能源替代民用建筑常规能源消耗比重超过 6%。经济发达地区及重点发展区域农村建筑节能取得突破，采用节能措施比例超过 10%"。该文件进一步明确了"稳步提升既有建筑节能水平"为专项规划的主要任务之一，并开辟"既有建筑节能重点工程"专栏：其中，针对居住建筑"在严寒及寒冷地区，落实北方清洁取暖要求，持续推进既有居住建筑节能改造。2020 年前基本完成北方采暖地区有改造价值城镇居住建筑的节能改造"。我国已经开展并将继续开展大量的既有建筑改造工作，绿色化改造工作将成为研究和实践的重点，因此对其进行深入研究，具有重要应用意义。

本文旨在探索基于性能表现的既有居住建筑绿色化改造设计方法及应用，以期在多学科交叉的基础上围绕以下科学问题展开探索：如何在绿色化改造设计阶段进行精准的、量化的措施筛选，明确每个措施以及措施组合的性能优化程度，避免措施堆砌；如何在节能减排和提升舒适度的博弈中，寻找既有建筑改造的多目标综合优化措施组合。

三、性能导向的既有居住建筑绿色化改造设计方法

绿色化改造设计初期阶段的关键问题是如何快速量化一系列潜在的改造策略，并识别高效节能的措施。建筑模拟对于预测建筑性能表现有非常突出的作用。性能导向的绿色化改造设计方法是一种基于性能模拟的系统性设计流程，涉及既有建筑物理环境、能耗、CO_2 排放量、成本增量等内容的量化预测。模拟研究由三阶段组成：性能诊断、方案设计、预测反馈（图1）。

1.基于模拟的性能诊断

性能诊断的重点是尽可能全面地收集与目标建筑相关的所有信息：建成环境、建成年代、建筑形式、建筑构造和供能系统。以此为基础，通过模拟辅助，预测和展示既有建筑性能表现，并与量化指标进行比较，精确定位缺点和不足，找到改造侧重点，以便于定制有效的改造措施。

2.耦合多因素的改造设计

风、光、热环境因素的耦合设计难点在于多软件的模拟应用和参数交互：Phoenics 风环境性能模拟软件，Design-Builder 能耗性能模拟软件，Ecotect—Desktop Radiance—Daysim 光环境性能模拟软件以及 NSGA—Ⅱ遗传优化算法等平台及工具的交互应用，为绿色化改造设计方法的形成提供了技术支持。

方案阶段的改造设计策略采用主、被动相结合的方式，进行全面的综合性能提升。被动策略分为形式专项和构造专项，主动策略中分为系统专项和设备专项，"形式专项"侧重于应用建筑语汇，对建筑形式和空间进行再设计，提升舒适度的

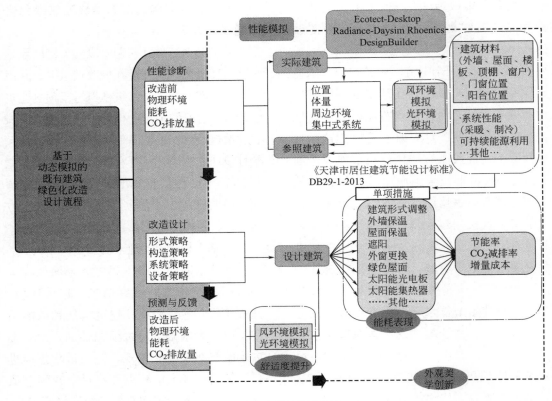

图 1　改造设计流程框架

同时兼顾建筑美学提升。例如，封闭楼梯间可以减少冬季热损耗，而封闭楼梯间结合边庭的设计能够增大夏季建筑内的自然通风；底层架空空间有导风作用，能够降低高层建筑边界的转角风；建筑外立面遮阳措施能够有效减少夏季得热，减少眩光，丰富立面。为满足绿色化改造目标，改造更新往往优先聚焦在降低采暖与制冷能耗上，主要措施是改善传热性能，也就是"构造专项"策略，构造专项包含保温隔热材料升级，高效节能窗更换等。"系统专项"是采用主动技术优化能耗效率的策略，可持续能源利用、HVAC 效率提升和末端计量方式优化等措施属于"系统专

项"。"设备专项"关注节能设备和电器的更新。每个专项策略下涵盖不同的具体措施。改造项目由于自身的复杂性，策略的制订往往兼顾多个方面，是多种策略叠加综合的结果。

本文所倡导的是一种综合的"绿色化"改造，首先，将以"形式优先"为原则，通过定制化的建筑设计手法优化风、光环境质量，然后以"构造、系统、设备"为策略实现低碳低能耗改造目标。不同目标下，个体建筑的改造将产生不同的方法策略和相应的优先级。

3.多次试验的预测反馈

根据改造前后建筑性能提升程度的预

测反馈能够判断每个预设改造策略是否有效以及其有效程度。改造策略所带来的环境效益、能耗效益、碳排放效益和成本效益都能够在模拟中揭示，不同策略针对不同目标的敏感度也将呈现出来。同一策略对于不同目标的效果可能会产生矛盾，例如，反光遮阳构件的设计能够有效优化室内光环境，但可能会导致更多的冬季采暖能耗；封闭楼梯间虽然能够减少热损，但会增加室内供热面积，这些知识对于建筑师而言无法依据常识进行直观判断。

四、基于性能模拟的单一目标敏感度分析

以天津某住宅为例（图2），应用性能导向的既有居住建筑绿色化改造设计方法，进行综合性能提升改造设计。该住宅小区始建于1981年，目标住宅是一栋平顶的五层建筑，四个单元，一梯三户，每户建筑面积较小，内含两个主要的功能房间以及厨房、卫生间等辅助空间。这一时期的住宅没有起居空间，各个房间由一个过厅串联。这种布局导致较差的自然通风，另外，无保温层的围护结构和开敞的楼梯间、阳台增大了整个建筑的热损失。

图2 典型住宅案例

1.性能诊断

1）光环境模拟

通过对小区组团和室内空间进行光环境诊断（图3）发现：目标建筑能够满足大寒日满窗日照2h的建筑间距，且不会对其北向建筑造成遮挡；由于建筑的窗墙比较小（S 0.34，N 0.27，E和W 0.06），室内自然采光照度不均，因此对主要功能空间——南向卧室进行动态光环境分析，模拟结果显示：全自然采光百分比（DA）满足要求，室内尽端照度不足（有效自然采光百分比$UDI < 100 = 18\%$）的情况尚不严重，但$UDI > 2000$（80%）的测点过多并且

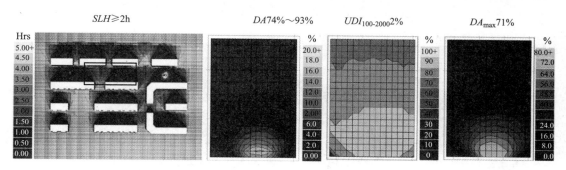

图3 光环境诊断

DA_{max} 在 5% 以上的区域过大，卧室等小空间直接眩光明显。

2）风环境模拟

该小区建筑密度和容积率较低，风环境模拟结果显示，近地面人行标高的冬季风速为 3.2～4.8m/s。夏季室外风速为 0.2～1.8m/s，静风区较少，是舒适的室外风速。夏季室内风速为 0.04～0.14m/s，且主要空间的空气龄均大于 300s，不利于室内通风换气（图 4）。

3）热工与能耗模拟

表 1 收集了建筑的围护结构和系统参数，参照建筑的建立为改造预设最低标准，与参照建筑相比，实际建筑的外墙、屋面、外窗等围护结构性能很差，没有保温隔热设计，有很大的改造潜力（图 5）。此外，调整系统的计量方式、运行时间表和可持续能源利用也是潜在的有效措施（表 2）。

冬季1.5m标高室外风速3.2～4.8m/s

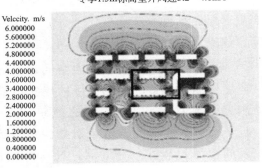

夏季1.5m标高室外风速0.2～1.8m/s

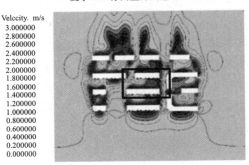

夏季室内空气龄，主要空间500～800s

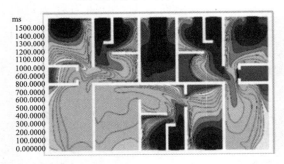

夏季室内风速 0.02～0.14m/s

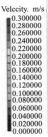
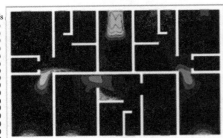

图 4　风环境诊断

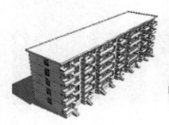

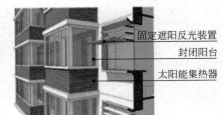

固定遮阳反光装置
封闭阳台
太阳能集热器

图 5　设计前后对比

热环境诊断 表1

			实际建筑	参照建筑	达标
Fabric	体形系数		0.39	0.33	☒
	外墙构造		U 值＝1.565 W/(m² · K)	U 值＝0.45 W/ (m² · K)	☒
	屋面构造		U 值＝2.634 W/(m² · K)	U 值＝0.25 W/ (m² · K)	☒
	外窗构造		U 值＝5.840 W/(m² · K)	U 值＝1.786 W/ (m² · K)	☒
	窗墙比	S	0.34	0.34(0.3～0.7)	☑
		N	0.27	0.27(≤0.4)	☑
		E	0.06	0.06(≤0.45)	☑
		W	0.06	0.06(≤0.45)	☑
运行能耗 [kW · h/(m² · a)]			139.12	68.45	☒
运行 CO_2 排放 [kg/(m² · a)]			52.9	40.53	☒

改造措施合集 表2

	策略	措施	细节
单一措施	形式策略	封闭楼梯间＋边庭	形成烟囱效应,创造交流空间——优化热环境
		封闭阳台	减少热损——优化热环境
		遮阳反光	南立面遮阳设备——优化光环境和热环境
		屋面平改坡	U 值＝2.634W/(m² · K)——优化热环境
	构造策略	外墙保温	U 值＝0.439W/(m² · K)——优化热环境
		屋面保温	U 值＝0.25W/(m² · K)——优化热环境
		更换外窗	U 值＝1.786W/(m² · K)——优化热环境
	系统策略	采暖分项计量	分项计量,分室控温——提升能源效率
		太阳能集热	135.81m² 太阳能集热器(阳台)——可再生能源利用
		太阳能光电	47.17kW 光伏板(屋顶)——可再生能源利用
	设备提升	电气照明	LED灯具照明——提升能源效率

2.预测反馈

模拟预测结果如图 6 所示,由此能够得到针对不同的单一目标,改造策略的敏感度排序情况。典型住宅最有效的节能措施为外墙保温;由于在采暖季遮阳反光板可能会挡住有利的直接太阳辐射,因此该单项措施反而使能耗增多,但遮阳反光构件对光环境的优化作用十分可观。以降低运行 CO_2 排放为目标时,首先需要先计算各分项运行能耗,在此基础上根据用能种类及其对应的碳排放因子计算碳排放量。最有效的单项减排措施为太阳能光伏板,减排 20kg/（m² · a）[52.9～32.9kg/(m² · a)],太阳能集热器和外墙保温的减排效果也不错。

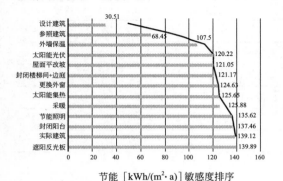

节能［kWh/(m²·a)］敏感度排序

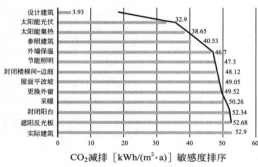

CO₂减排［kWh/(m²·a)］敏感度排序

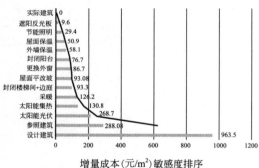

增量成本(元/m²)敏感度排序

图6　单一目标敏感度分析

将增量成本中的总造价折算为单方造价，遮阳反光板单方造价最低，为9.6元/m²，太阳能光伏板单方造价最高，为208.7元/m²。

改造设计结合性能模拟，得到典型住宅的不同改造"单项策略"以及"综合策略"在节能、减排、增量成本方面的单一

目标敏感度预测。综合了以上所有措施的设计建筑能够达到78.1％的节能率、92.6％的减排率，其增量成本为963.5元/m²。在设计时可根据不同的目标筛选不同策略。例如，以减排为目标首先选择太阳能光伏板，以控制造价为目标首选通过遮阳反光装置提升光环境。

此外，在这个案例中，一些致力于物理环境提升和使用舒适度改善的形式策略，例如封闭楼梯间、加建边厅、定制化的遮阳反光设施板等，在没有大幅增加运行能耗和CO₂排放的前提下，提升环境质量；构造策略是性价比较高的节能策略；系统策略对于减排的作用更加明显。

五、基于NSGA－Ⅱ的多目标综合优化分析

改造实践中，不是所有建筑都只采用单项策略或有经济能力采用综合策略这两种极端情况，实践中更加需要探讨的是策略之间的相互组合和选型，以及不同目标的相互博弈所带来的复合影响，为建筑师提供更多筛选策略。另一方面，不同目标的策略叠加使用时往往存在冲突和矛盾，如何通过精确的权衡判断，筛选出平衡多目标的优化策略组合，从而辅助建筑设计、避免过度改造是绿色化设计的关键。环境质量提升、环境影响控制、经济性平衡是既有建筑绿色化改造的主要问题。"环境质量提升"映射在建筑性能方面的表现为风、光环境品质优化。"环境影响控制"反映为碳排放量和建筑基本使用舒适度间的平衡博弈。经济性体现在成本效益的清楚估算。分阶段的多目标优化方法如下。

1. 风、光环境提升优先——形式策略优先

绿色化改造以保证室内环境舒适度为前提。室内环境提升包含风环境和光环境优化，设计阶段的策略筛选有很强的特异性和定制化特点，将充分结合设计师的主观意图进行设计，这一策略在本文所研究的天津市某住宅案例中对于建筑能耗与碳排放影响不明显。因此，建筑形式方面的改造策略设计优先于其他策略单独进行，这一做法也比较有利于保持建筑师的主观能动性，尊重其创作的自由度。

根据上文中有效的形式策略对典型住宅进行调整，依次进行了封闭楼梯间＋边庭、封闭阳台、遮阳反光、屋面平改坡的形式调整，形成如图 7 所示的 Design-Builder 模型，根据单项策略敏感度分析，各项对节能减排的贡献都不大。经过形式策略改变之后的建筑总体可以获得 8％ 的减排率。

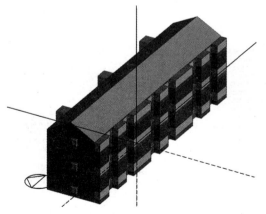

图 7　形式策略改造后的建筑模型

2. 碳排放与热舒适优化——构造、系统、设备优化

基于环境质量提升的前提，进行碳排放与热舒适多目标优化，以运行碳排放总量（CO_2 emissions）和不舒适小时数（Discomfort hours）这两个性能目标为目标函数（CO_2 排放量越小则环境负荷越小，对环境的影响越小；不舒适小时数越少表征室内热环境品质越好）；以改造策略为初始种群，设置构造、系统、设备策略下的不同变量的变化阈值和递进步长，通过 NSGA－II非支配精英遗传算法，进行复制、交叉、变异，得到双目标优化解集。

表 3 展示了典型住宅 7 个变量不同的选项设置，构造策略中包含外墙变量 4 种，屋面变量 4 种，外窗变量 3 种；系统策略中包含分项计量 2 种，太阳能集热器功率 2 种和太阳能光伏板 2 种选型，设备策略则是从普通荧光灯和 LED 节能灯中进行选型。这些措施之间相互组合会生成 768 种不同的性能表现解。

经过 180 个小时的运算得到 3000 余个经遗传算法反复筛选的性能表现解，图 8 显示了部分优化解集，明确效果较好的不同策略和策略组合所带来的碳排放和舒适度影响，能够提供改造策略筛选数据库。

在最低碳排放和最少舒适度小时数方面达到帕累托最优的两个组合如表 4 所示。二者均为帕累托最优。选择解 1 中的设计策略，能够达到最高的减排量，过渡季不舒适小时数相对较低。选择解 2 中的策略组合，胜在过渡季舒适度最优，但减排量不足。绿色化改造带来的成本不可忽视，也是影响改造决策的重要约束条件。根据综合单价和使用数量计算各策略的造价，求和得到总造价，能够辅助建筑师进一步确立改造方案。

变量设置 表3

		变量	选项			
单一设计变量	形式策略	封闭楼梯间＋边庭	0			
		封闭阳台	0			
		遮阳反光板	0			
		屋面平改坡	0			
	构造策略	外墙保温	$U=1.565$	$U=0.45$	$U=0.25$	$U=0.15$
		屋面保温	$U=2.634$	$U=1.2$	$U=0.25$	$U=0.15$
		外窗更换	$U=5.840$		$U=1.786$	$U=0.8$
	系统策略	采暖运行时间表	常规		分项计量	
		太阳能集热器	0		135.81m^2	
		太阳能光伏板	0		47.17kW	
	设备策略	电器照明	普通荧光灯		LED节能灯	

H1	▼	:	✕ ✔ fx	CO2 (kg)					
	A	B	C	D	E	F	G	H	I
151	WALL U0.45	ROOF U0.15	WINDOW U1.786	HVAC SCHEDULE 1	WITHOUT SOLARTHERMAL	LED4	0	74974.70888	2016.985122
152	WALL U0.25	ROOF U1.2	WINDOW U0.8	HVAC SCHEDULE CHANGE	WITHOUT SOLARTHERMAL	LED4	0	69465.64438	2062.52751
153	WALL U0.25	ROOF U0.265	WINDOW U1.786	HVAC SCHEDULE CHANGE	WITHOUT SOLARTHERMAL	LED4	0	68981.97757	2012.217781
154	WALL U0.25	ROOF U0.265	WINDOW U1.786	HVAC SCHEDULE 1	WITHOUT SOLARTHERMAL	LED4	0	74210.68457	2012.217781
155	WALL U0.15	ROOF U1.2	WINDOW U0.8	HVAC SCHEDULE 1	WITHOUT SOLARTHERMAL	LED4	0	68870.22781	2052.800578
156	wall U1.565	ROOF U2.634	WINDOW U5.84	HVAC SCHEDULE CHANGE	WITHOUT SOLARTHERMAL	T27	47170w	68588.50947	2187.822065
157	wall U1.565	ROOF U2.634	WINDOW U5.84	HVAC SCHEDULE 1	WITHOUT SOLARTHERMAL	T27	47170w	73817.21647	2187.822065
158	WALL U0.25	ROOF U0.15	WINDOW U1.786	HVAC SCHEDULE 1	WITHOUT SOLARTHERMAL	LED4	0	73802.71245	2001.664555
159	WALL U0.25	ROOF U0.15	WINDOW U1.786	HVAC SCHEDULE CHANGE	WITHOUT SOLARTHERMAL	LED4	0	68574.00545	2001.664555
160	wall U1.565	ROOF U2.634	WINDOW U5.84	HVAC SCHEDULE 1	WITH SOLARTHERMAL	T27	0	68447.18467	2187.822065
161	WALL U0.15	ROOF U0.265	WINDOW U1.786	HVAC SCHEDULE 1	WITHOUT SOLARTHERMAL	LED4	0	73618.51603	2002.036364
162	WALL U0.15	ROOF U0.265	WINDOW U1.786	HVAC SCHEDULE CHANGE	WITHOUT SOLARTHERMAL	LED4	0	68389.80903	2002.036364
163	WALL U0.15	ROOF U0.15	WINDOW U1.786	HVAC SCHEDULE CHANGE	WITHOUT SOLARTHERMAL	LED4	0	67988.94266	1991.304316
164	WALL U0.15	ROOF U0.15	WINDOW U1.786	HVAC SCHEDULE 1	WITHOUT SOLARTHERMAL	LED4	0	73217.64966	1991.304316
165	WALL U0.45	ROOF U0.265	WINDOW U0.8	HVAC SCHEDULE 1	WITHOUT SOLARTHERMAL	LED4	0	72729.25022	2012.959638
166	WALL U0.45	ROOF U0.265	WINDOW U0.8	HVAC SCHEDULE CHANGE	WITHOUT SOLARTHERMAL	LED4	0	67500.54322	2012.959638
167	WALL U0.45	ROOF U0.15	WINDOW U0.8	HVAC SCHEDULE CHANGE	WITHOUT SOLARTHERMAL	LED4	0	67074.13656	2002.618624
168	WALL U0.45	ROOF U0.15	WINDOW U0.8	HVAC SCHEDULE 1	WITHOUT SOLARTHERMAL	LED4	0	72302.84356	2002.618624
169	WALL U0.25	ROOF U0.265	WINDOW U0.8	HVAC SCHEDULE 1	WITHOUT SOLARTHERMAL	LED4	0	66304.073	1995.455462
170	WALL U0.25	ROOF U0.265	WINDOW U0.8	HVAC SCHEDULE CHANGE	WITHOUT SOLARTHERMAL	LED4	0	71532.78	1995.455462
171	WALL U0.25	ROOF U0.15	WINDOW U0.8	HVAC SCHEDULE CHANGE	WITHOUT SOLARTHERMAL	LED4	0	65882.64653	1984.000151
172	WALL U0.15	ROOF U0.265	WINDOW U0.8	HVAC SCHEDULE CHANGE	WITHOUT SOLARTHERMAL	LED4	0	65701.27539	1984.743246
173	WALL U0.15	ROOF U0.265	WINDOW U0.8	HVAC SCHEDULE 1	WITHOUT SOLARTHERMAL	LED4	0	70929.98239	1984.743246
174	WALL U0.15	ROOF U0.15	WINDOW U0.8	HVAC SCHEDULE 1	WITHOUT SOLARTHERMAL	LED4	0	70509.80725	1973.094844
175	WALL U0.15	ROOF U0.15	WINDOW U0.8	HVAC SCHEDULE CHANGE	WITHOUT SOLARTHERMAL	LED4	0	65281.10025	1973.094844
176	wall U1.2	ROOF U1.2	WINDOW U5.84	HVAC SCHEDULE CHANGE	WITHOUT SOLARTHERMAL	T27	47170w	70101.79638	2167.67538
177	wall U1.565	ROOF U1.2	WINDOW U5.84	HVAC SCHEDULE CHANGE	WITHOUT SOLARTHERMAL	T27	47170w	64873.08938	2167.67538
178	wall U1.565	ROOF U1.2	WINDOW U5.84	HVAC SCHEDULE 1	WITH SOLARTHERMAL	T27	0	69960.4515	2167.67538
179	WALL U0.45	ROOF U2.634	WINDOW U5.84	HVAC SCHEDULE CHANGE	WITHOUT SOLARTHERMAL	T27	47170w	62869.10458	2127.018523
180	WALL U0.45	ROOF U2.634	WINDOW U5.84	HVAC SCHEDULE 1	WITH SOLARTHERMAL	T27	0	62727.75971	2127.018523
181	wall U1.565	ROOF U2.634	WINDOW U1.786	HVAC SCHEDULE 1	WITHOUT SOLARTHERMAL	T27	47170w	67571.76096	2149.613684
182	wall U1.565	ROOF U2.634	WINDOW U1.786	HVAC SCHEDULE CHANGE	WITHOUT SOLARTHERMAL	T27	47170w	62343.05396	2149.613684
183	wall U1.565	ROOF U2.634	WINDOW U1.786	HVAC SCHEDULE 1	WITH SOLARTHERMAL	T27	0	62201.70916	2149.613684
184	wall U1.565	ROOF U2.634	WINDOW U1.786	HVAC SCHEDULE 1	WITHOUT SOLARTHERMAL	T27	0	67430.41616	2149.613684
185	wall U1.565	ROOF U0.265	WINDOW U5.84	HVAC SCHEDULE CHANGE	WITHOUT SOLARTHERMAL	T27	47170w	67297.49743	2124.667242
186	wall U1.565	ROOF U0.265	WINDOW U5.84	HVAC SCHEDULE CHANGE	WITH SOLARTHERMAL	T27	0	61927.44556	2124.667242
187	wall U1.565	ROOF U0.265	WINDOW U5.84	HVAC SCHEDULE 1	WITH SOLARTHERMAL	T27	0	67156.15256	2124.667242
188	WALL U1.565	ROOF U2.634	WINDOW U5.84	HVAC SCHEDULE 1	WITHOUT SOLARTHERMAL	T27	47170w	67029.62777	2118.245126
189	wall U1.565	ROOF U0.15	WINDOW U5.84	HVAC SCHEDULE CHANGE	WITHOUT SOLARTHERMAL	T27	47170w	66918.24095	2116.665556
190	wall U1.565	ROOF U2.634	WINDOW U5.84	HVAC SCHEDULE 1	WITHOUT SOLARTHERMAL	T27	0	61889.53395	2116.665556
191	WALL U0.25	ROOF U2.634	WINDOW U5.84	HVAC SCHEDULE CHANGE	WITH SOLARTHERMAL	T27	0	61659.57596	2118.245126
192	wall U1.565	ROOF U0.15	WINDOW U5.84	HVAC SCHEDULE 1	WITH SOLARTHERMAL	T27	0	61548.18908	2116.665556
193	WALL U0.15	ROOF U2.634	WINDOW U5.84	HVAC SCHEDULE 1	WITHOUT SOLARTHERMAL	T27	47170w	61260.90315	2113.463726
194	WALL U0.15	ROOF U2.634	WINDOW U5.84	HVAC SCHEDULE 1	WITHOUT SOLARTHERMAL	T27	47170w	66489.61015	2113.463726
195	WALL U0.15	ROOF U2.634	WINDOW U5.84	HVAC SCHEDULE 1	WITH SOLARTHERMAL	T27	0	61119.55834	2113.463726
196	WALL U0.15	ROOF U2.634	WINDOW U5.84	HVAC SCHEDULE CHANGE	WITHOUT SOLARTHERMAL	T27	0	66348.26534	2113.463726
197	wall U1.565	ROOF U2.634	WINDOW U0.8	HVAC SCHEDULE 1	WITHOUT SOLARTHERMAL	T27	47170w	60044.41401	2139.811831
198	wall U1.565	ROOF U2.634	WINDOW U0.8	HVAC SCHEDULE CHANGE	WITHOUT SOLARTHERMAL	T27	47170w	65273.12101	2139.811831
199	wall U1.565	ROOF U2.634	WINDOW U0.8	HVAC SCHEDULE CHANGE	WITH SOLARTHERMAL	T27	0	59903.06918	2139.811831
200	wall U1.565	ROOF U2.634	WINDOW U0.8	HVAC SCHEDULE 1	WITH SOLARTHERMAL	T27	0	65131.77618	2139.811831
201	WALL U0.45	ROOF U1.2	WINDOW U5.84	HVAC SCHEDULE 1	WITHOUT SOLARTHERMAL	T27	47170w	64322.06941	2104.077634
202	WALL U0.45	ROOF U1.2	WINDOW U5.84	HVAC SCHEDULE 1	WITHOUT SOLARTHERMAL	T27	47170w	59093.36241	2104.077634

图8 非支配解（部分）

帕累托最优

表 4

帕累托最优		CO₂排放量	DCH
1	EU0.15+RU0.15+WU0.8+分项计量+太阳能光热+LED灯+PV板	2739.19(kg/a)	1973h
		1.17kg/(m² · a)	
		减排率 97.78%	
2	EU0.15+RU0.15+WU0.8+分项计量+太阳能光热+荧光灯+PV板	13426.9(kg/a)	1940.9 h
		5.75kg/(m² · a)	
		减排率 89.13%	

六、结语

本文提出既有居住建筑绿色化改造设计策略，构建以物理环境质量、碳排放、室内舒适度和经济性为性能目标的分阶段多目标优化方法，得到适用于天津市典型住宅的多目标优化解集，旨在为天津市城镇住宅改造中策略措施的优选提供科学依据，对性能导向的改造实践提供指导意义，同时为建筑形式创新提供设计逻辑。

（天津大学供稿，杨鸿玮、刘丛红执笔）

基于"城市双修"的既有建筑改造策略研究

自 2015 年以来，"城市双修"（以下简称为"双修"）依赖其在生态环境、基础设施、公共服务、城市文化、城市品质等方面的积极作用，迅速成为建设行业的热点话题。"双修"不仅是治理"城市病"的有效手段，同时也是一种可持续的发展理念。目前，"双修"理念在老旧小区改造、废旧铁路更新改造、小城镇转型与提升、河流生态修复等方面均已取得了初步进展，但在既有建筑改造方面尚缺乏相应的理论和实践研究。鉴于此，本文将"双修"的理念引入到既有建筑改造策略研究中，以期为既有建筑改造提供技术支撑。

一、"城市双修"与既有建筑改造

城市双修的内容是城市修补和生态修复，其内涵具有一定的层级性，包括从宏观到微观多层面的修复和修补：即宏观层面的"双修"是对区域城市问题的宏观调控，明确自然和文化敏感区域，合理确定城市的增长边界；中观层面的"双修"是针对城市规划的建设区，以人工环境和自然环境相互协调，降低城市开发对自然环境的影响，尽快地恢复生态系统为主要目标；微观层面的"双修"

是对城市各子系统的修补和完善，如既有建筑改造、配套设施完善、交通系统修补、功能网络修补等，以打造健康、舒适、宜居的环境。

既有建筑改造是对既有建筑进行修改、变更或重置，以满足新的使用要求。其目的是解决建筑原有的结构或安全性问题，改善环境质量及使用体验，以及通过改造使得历史文脉得以延续。由此可见，现行的既有建筑改造重"修补"而轻"修复"。从落实规划理念，促进建筑与环境和谐发展的角度来说，有必要在既有建筑改造中引入"双修"的概念。

二、"城市双修"理念下的既有建筑改造策略

1.既有建筑修补策略

1）建筑功能修补

随着城市的不断发展，既有建筑原有的内部功能已不能满足当前社会的发展要求，进而进行改造。在改造中涉及方方面面，在不同的方面要遵循不同的改造方法。功能改造会涉及一些特殊的问题，因此要具体问题具体分析。需要做好以下两方面的工作：

第一，选择与旧建筑匹配度高的新功

能置入，以减少不必要的改造。经功能置换后，不仅可以还原既有建筑真实的建筑结构，而且改造动工少，降低了施工的难度，减少了人力物力的损耗。

第二，保证新功能在旧建筑中顺畅高效使用而进行必要改造。保证既有建筑形体不变，建筑功能进行改进，有助于提高既有建筑的环保节能性。同时，根据现有使用功能的要求对原有建筑的内部空间进行二次分配，充分挖掘原有建筑的空间特质，从而赋予新的活力，往往可以收到意想不到的效果。既有建筑改造要以能为使用者提供舒适的使用环境与条件为原则，这也是"城市双修"的基本要求。

2）建筑外形改造

建筑外形改造通常是伴随着建筑功能变化而展开的，大致包括修旧如旧、耳目一新、新旧结合等手法。以修旧如旧为例，该手法最主要的目的在于原有建筑风貌的延续，在对建筑外形进行改造时，应当从以下几个方面着手：

（1）现状分析。根据原有建筑的特点，对建筑年代、建筑材料、建筑工艺等进行全面梳理和了解，为下一步开展设计提供完整、准确的技术资料。在实践中，对于一些保存相对完好的建筑物，需要通过多年的维护保持历史真实性，保持建筑物的现状和风格。对于某些可以代表一段时期的建筑物，应保留原始特征；应该恢复一些已经失修但具有实用价值的建筑物。恢复其原有风格并延长建筑物的使用寿命。

（2）改造目标的确定。随着使用功能的变化，建筑的整个生命周期应该分为几个阶段。除了需要在特定时期设置建筑物的历史价值之外，我们通常接触的大量建筑物主要是功能性的，应该允许随着功能的变化显示建筑物的不同特征以及使用方式的变化。用户或设计人员应充分理解和挖掘原有建筑的价值，使重建的建筑在满足使用功能的前提下，尽量少干预。

（3）改造手段的确定。根据新的使用要求，原有建筑物被有针对性地重建。根据不同的功能和不同的部分，实施了多种改造策略。利用现代材料和工艺取代原有的位置或局部改造，例如使用高能效门窗，最大限度地保护其美学和建筑价值；恢复传统工艺缺失或无效的必要成分，如具有地方特色的建筑材料和建筑工艺；和原有建筑的一部分。材料被修理，例如不可更换污染的外墙材料和部分修理及清洁的地面材料。所有这些都基于不同的建筑部分来制订不同的改造策略。

2. 既有建筑生态修复策略

1）既有建筑自身生态修复

在既有建筑改造中强调的生态修复是指通过现代适宜的人工科技手段，依照自然发展的客观规律，使得人们创造的人工居住环境成为接近天然的生态系统，增加和修正未曾考虑、已受到破坏或正在逐步退化的环境因素，满足人居环境的可持续发展。主要包括以下两个方面：

第一，节能高效。采用当今先进的技术手段和设备提升改造建筑的舒适性。如供暖、通风、空调和人工照明等机电设备用能优化，首先要进行系统优化选择，针对当地的气候条件，选用能效高、经济合理的系统。其次，采用能效高、寿命长、日常维护和维修方便的机组、电器等设备，适当设置智能联控，增加节能潜力。从多方面改善改造后建筑的舒适性和节能性等。

第二，节材和资源再利用。在既有建筑改造中，要优先选用和推广符合绿色建筑、耐久性良好的建材。通过推荐使用预拌混凝土、高性能混凝土、高强度钢筋等可以有效节约材料资源，更为重要的是通过节约材料间接达到 CO_2 的有效减排。鼓励和倡导使用可再循环材料和可再利用材料，如金属材料、石膏制品、木材、砌块、砖石等，以减少生产加工新材料带来的资源能源消耗和进一步的环境污染，对于既有建筑的可持续性具有非常重要的意义。

2）既有建筑外环境的生态修复

既有建筑外环境的生态修复主要依据既有建筑的类型和使用功能需求来确定，不同类型和使用功能的既有建筑的外环境生态修复的侧重点不同。比如对于既有住宅建筑而言，其外环境的生态修复主要关注四个方面的改善，即光环境、风环境、声环境以及热环境的改善，通过外环境的改善和修复为居住者提供健康舒适的居住环境。对于商场和办公建筑而言，其外环境的生态修复主要为风环境的改善。

此外，根据既有建筑的使用功能需求对外环境进行绿化等景观设计，使得建筑的风格、造型与周边环境遥相呼应，达到自然、文化、艺术的完美融合，在为人类提供宽敞舒适的活动场所的同时也给人以美的视觉享受。

三、结语

现阶段对于既有建筑改造的研究主要停留在节约能源资源改造的技术层面，而"双修"理念下的建筑改造是综合考虑城市、历史、文化、社会、环境的全方位的综合性改造，在契合功能需求又满足节能节材要求的同时提升环境品质。

（中国建筑技术集团有限公司供稿，
刘瑞芳执笔）

六、工程篇

近年来，我国既有建筑改造工作快速推进通过改造技术、产品等研究成果在实践工作中的集成应用，形成了一批既有建筑改造示范项目，取得了良好的示范效果。本篇选取了不同气候区、不同建筑类型的既有建筑改造的典型案例，分别从建筑概况、改造目标、改造技术、改造效果分析等方面进行介绍，供读者参考。

京沪铁路无锡站改造工程——无锡站房特殊消防设计项目

一、工程概况

（一）基本情况

京沪铁路无锡站位于江苏省无锡市梁溪区车站路1号。改造前，无锡站包括普速站房和城际站房。改造后，普速及城际高架站房连为一体，使乘客获得更为便捷、完善的候车空间体验。本项目改造范围包括普速站房主体改造，并新建普速高架候车厅，见图1。

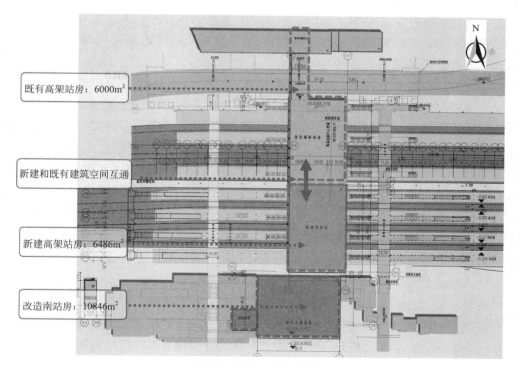

既有高架站房：6000m²

新建和既有建筑空间互通

新建高架站房：6486m²

改造南站房：10846m²

图1 改造方案示意图

（二）建筑类型

无锡站的普速站房改造范围包括进站层进站大厅、候车室、旅客服务区和二层候车大厅，总建筑面积为10846m²，建筑地上主体2层（局部设夹层），建筑最高点23.4m。

新建普速场高架候车厅总建筑面积6486m²，主体1层，局部设有高架夹层，建筑最高点24.3m。

改造后的普速站房、新建高架候车厅和城际站高架候车厅为一体空间，建筑最高点为24.3m，建筑高度23.4m。改造后无锡车站为建筑高度不超过24m的多层公共建筑。

改造和新建部分站房地上建筑耐火等级不低于二级，其中新建高架候车厅建筑耐火等级为一级；站台雨棚耐火等级为二级。

二、改造目标

因铁路旅客站房的建筑类型及使用性质特殊，改造后无锡站普速站房和城际站房（高架站房）在高架层连通，建筑空间较大、公共空间相互连通，导致项目存在以下两个主要消防安全问题。

1. 防火设计标准问题

无锡站作为既有建筑，其防火设计完全满足现行规范要求存在较大困难，如何合理制订防火设计方案，实现既有建筑消防安全性能提升和消防安全目标是项目面临的重要消防设计难题。

2. 防火分区划分/防火分隔

站台层进站大厅、候车室、旅客服务区以及高架层候车大厅、高架夹层为一体空间，其防火分区建筑面积约为20625m²，超过《铁路工程设计防火规范》TB 10063—2016的要求。

为了在满足建筑基本使用功能要求的同时，合理提升建筑的防火安全性能，针对本项目制订了消防安全设计目标，首要目标是为建筑的使用者提供安全保障，为消防人员提供消防条件并保障其生命安全；其次，将火灾控制在一定范围，尽量减少财产损失；对于铁路工程，还需尽量降低对铁路运营的干扰；此外，最基础的目标是要保障结构防火安全。

三、改造技术

针对既有公共建筑改造防火性能提升的特殊消防设计技术路线以安全目标为导向，制订基于性能要求的原则与对策，并确定符合原则与对策的消防安全策略，采用消防安全工程学的原理和方法进行消防安全性分析。

（一）既有建筑改造防火设计规范应对原则

无锡站作为既有公共建筑，存在难以按现行防火设计规范改造的问题，完全执行现行规范不现实，会影响其作为交通建筑的基本使用功能属性。因此，结合项目特点，采用消防安全工程学的原理和方法，针对既有部分、新建部分和改造部分，分别提出性能提升改造设计原则。

对于既有部分，其使用功能未发生改变，对其防火改造方面不作严格要求，建筑防火和结构耐火方面维持现状；消防系统仅在消防水池、消防水泵房等关键节点进行改造，系统末端维持现状；商业等高火灾荷载用房尽量按现行规范进行改造。

对于新建部分，在建筑防火、结构耐火、消防系统方面均执行现行规范，并作适当加强。同时，控制高火灾荷载区域，以降低火灾风险。

对于改造部分，由于建筑已建成，建

筑防火和结构耐火方面尽量按现行规范进行改造，难以改造之处维持现状。消防系统仅在关键节点进行改造，系统末端维持现状；同时，控制高火灾荷载区域，以降低火灾风险。

综上所述，对于使用功能未发生改变的建筑，建筑防火改造方面不作严格要求；对于使用功能发生改变的建筑，建筑防火改造则须严格实施。这样，采用消防安全工程学的原理和方法，使得既有建筑在满足使用功能的前提下，其防火安全性也能达到预期目标。

（二）防火控制分区

由于交通建筑的使用功能特点，无锡站改造后，其进站厅、候车大厅和高架夹层连通为一体空间，采用传统的隔墙划分防火分区的方法不适用于本工程。因此，引入"防火控制分区"的概念，通过设置一定宽度无可燃物的防火隔离带，并限制各区域建筑面积，达到控制火灾连续蔓延的目的。

此外，消防系统的联动控制也可以按防火控制分区进行改造设计，根据火灾可能的影响范围采用分级控制方案（图2）。

（三）控制公共区高火灾荷载设施

无锡站改造后未能按现行规范划分防火分区，因此对其公共大空间的高火灾荷载设施进行控制，具体技术措施包括防火单元、防火舱和燃料岛。

1. 采用"防火单元"控制

对于公共空间内设置的高火灾荷载、人员流动小、无独立疏散条件的区域采用"防火单元"的处理方式，即采用耐火极限不低于2.0h的不燃烧体防火隔墙和

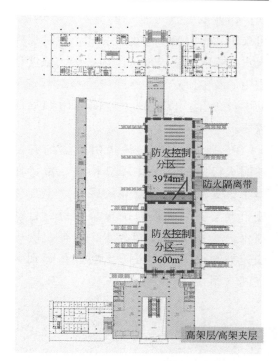

图2　防火控制分区做法示意图

1.5h的不燃烧体屋顶与其他空间进行防火分隔，在隔墙上开设门窗时，采用甲级防火门窗，防火单元内消防系统设计按现行规范执行。"防火单元"运用场所为分散布置的设备用房和办公用房等（图3）。

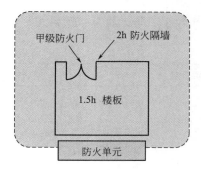

图3　防火单元做法示意图

2. 采用"防火舱"控制

对于大空间内设置的为旅客服务的无

明火作业的餐饮、商业零售网点等场所，可采用"防火舱"的处理方式，以确保将火灾影响限制在局部范围内，最大限度地避免危及生命安全、财产安全和运营安全的事件发生，以实现大空间开敞布局的需要。

所谓"防火舱"是指由坚实的有足够耐火极限的不燃烧罩棚构成，覆盖在整个火灾载荷相对较高的区域之上。顶棚下要求安装火灾自动报警系统、自动喷水灭火系统和排烟装置。这样，既可快速抑制火灾，又可防止烟雾蔓延到大空间（图4）。

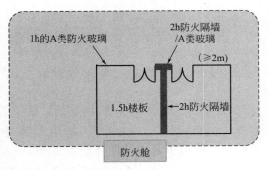

图4　防火舱做法示意图

3.采用"燃料岛"控制

相较于"防火舱"，"燃料岛"是用来控制规模较小的商业设施的火灾风险，运用场所为分散布置的零售、展示类商业服务网点。

"燃料岛"的具体做法是控制其建筑面积在 $6\sim20m^2$ 之内，火灾规模一般为 $3.0\sim5.0MW$，本工程要求控制在 $3.0MW$ 内。"燃料岛"与其他高火灾设施之间应保持足够的安全间距（图5）。

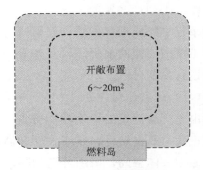

图5　燃料岛做法示意图

（四）火灾分级控制

无锡站改造后，公共空间连通，建筑面积大，根据各区域功能特点、防火分隔条件等因素合理划分防火控制分区，并将火灾危险划分为三个等级，采取相应的控制方案，以减小火灾发生时对站房的影响。其分级方法及要求见表1。

消防联动控制分等级要求一览表　　　　　　　　表1

分类等级	等级描述	联动控制要求
一级	火点处在较小范围内仅有少量烟气冒出无人员受困	在小范围内发出预警
		做好消防联动控制一切准备
二级	火点范围扩大或发生列车车厢火灾有大量烟气冒出有人员受困	按联动控制分区进行消防联动控制
		组织着火所在控制分区人员进行疏散
三级	火势猛烈大量浓烟、高热出现受伤人员并增多	渐次将火灾相邻区域转入火灾状态
		通知并组织可能受到影响的区域直至全站房人员进行疏散

四、改造方案消防安全性分析

（一）人员疏散安全性分析

本项目采取上述改造技术可以满足建筑的使用功能，同时，建筑使用者的安全性也需要论证分析。通过采用行业内普遍认可的模拟软件进行分析可以看出，各区域人员安全疏散可以得到保证。

（二）防止火灾蔓延扩大分析

保证人员安全性的同时，也要尽量减少财产损失。本项目改造后，根据实际参数，通过理论计算表明，改造技术中的防火隔离带在符合技术要求的情况下可以控制相邻建筑物或防火控制分区之间的火灾蔓延，如飞火、热对流、热辐射等。

五、改造成果

改造后的无锡站运能运量大幅提升，候车面积扩增至 18 万 m²，日候车能力提升至 12 万人以上，开行列车 177.5 对，停靠的复兴号对数将达 17 对。站台统一改造为高站台，新建雨棚不仅美观大方，还能抵御 12 级大风。

另外，站房候车环境有明显改善，主体功能布局更新升级，优化了商业、候车等功能区域。

六、结语

无锡站改造项目于 2014 年开始资料收集工作，2017 年与建设单位正式签订合作协议。设计方案于 2017 年 11 月 21 日通过"京沪铁路无锡站改造工程无锡站房特殊消防设计专家评审会"，并形成专家评审意见。截至 2018 年 6 月，无锡站房设计已完成消防验收。施工完毕后可为旅客带来更加美好的出行体验。

本工程作为一个大型既有公共建筑改造项目，取得了良好的社会、经济效益。改造中运用到的既有建筑改造防火设计规范应对原则、防火控制分区、防火单元、防火舱、燃料岛、火灾分级控制等技术效果明显，可作为既有建筑改造中普遍适用的技术来深入研究和推广。

（中国建筑科学研究院有限公司建筑防火研究所供稿，刘文利、刘诗瑶执笔）

东风地区石佛营南里老旧小区改造示范项目

一、工程概况

（一）地理位置

石佛营南里小区位于北京市朝阳区西部。东起京包铁路，西至十里堡路，北起姚家园，南至第三构件厂。原为东风乡石佛营村南部（图1）。项目占地面积7.8hm²。

图1　东风地区石佛营南里小区位置卫星图

（二）项目组成

项目为老旧小区，主要为八里庄北里102、103、104、105、106、107、108、109、110、115、116、117、120、121、122、123、124、125、112、113号楼，共计20栋住宅楼，其中112、113号住宅为18层，125号住宅为12层，其余为6层住宅建筑，现状中分散布置自行车棚、管理

用房等公建，改造区域内有一处八里庄中心小学不在改造范围内（图2）。

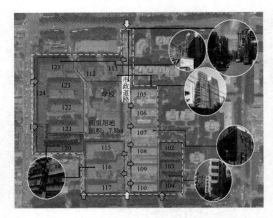

图2　石佛营南里小区平面组成图

二、改造目标

（一）房屋建筑本体

1.抗震节能综合改造

对阳台栏板等原结构加固，结构承载测定后对结构承载未达到要求的部位，进行局部结构加固，保证结构的安全性。

2.节能综合改造

石佛营南里小区住宅（除105～110号楼于2016年做过节能保温改造）未达到节能标准要求，故外窗需更换为达标的节能窗，地下室顶板、阳台、外墙、屋面需增设保温系统，檐口、挑板、线脚、进排风道、屋面出入孔等部位采取断桥保温措施，原有窗套均剔除，增加保温，做好防水处理后整体作外立面装饰。

3.专项改造

石佛营南里小区（除 112、112 号住宅有电梯）均无电梯，小区内 60 岁及以上人口占 57.8%，出行存在障碍，故需预留电梯位置以及管线，单元全部业主同意后，加装电梯。

太阳能系统符合绿色建筑标准，并能够提高居民的生活质量，考虑增设太阳能系统位置，调研后，根据业主需求进行加装。

4.装修工程

石佛营南里小区存在外墙颜色不统一、脱皮、损坏现象严重，空调机位杂乱，门窗护栏、水管道、雨水斗老旧的现象，故需对外墙基层进行处理并使用涂料粉刷，更换雨水管道、雨水斗，窗护栏全部拆除，安装贴窗式不锈钢护栏，室外空调机位规整、安装统一空调护栏，新增空调凝结水管道。

小区单元门损坏严重，需更换为具有防盗、隔声、保温等功能的三防门。

（二）室内公共区域

石佛营南里小区住宅内楼梯间、电梯厅（指 112、113 号住宅）等公共区域墙面、顶棚脱皮，小广告现象严重，故需涂料翻新，并对楼梯扶手、栏杆更新，楼梯间首层增加扶手。105 号住宅楼人防地下室墙面因潮湿脱皮严重，需新做防水层，重新进行粉刷。现状小区内信报箱不足，各单元需增设信报箱。

楼内上下水管存在漏水、老旧现象，

故对干管、支管及附件（不含洁具）进行更换、装修恢复，楼内暖气管老旧严重，故需对干管、支管及附件（不含散热器）进行更换、装修恢复，给水排水管道在不采暖区域作防冻保温，给水管作防结露保温。小区内飞线现象严重，需拆除外墙面上的废弃线网，对仍在使用的缆线进行规整、安装专业线槽、预留弱电飞线入地路由，强电管线不入地，楼梯间、电梯前室等增设线槽、保护管，对缆线进行规整。更新楼梯间照明系统，即：更换导线，将原灯具更换为声光控制节能灯具。屋顶防雷装置重做。

三、公共区域整治

（一）环境整治提升

通过补植草坪，新建绿篱，树木移栽及乔木补种，局部补植花灌木，增加景观建筑小品，合理规划增加小区内绿化面积。对道路进行更新，对车行道重新进行铺装，扩宽狭窄的道路以满足消防通道的要求，增加减速带及隔离桩等设施；对人行道重新进行铺装，增加盲道，新做树池并加铸铁盖板防护，以解决道路损坏严重的现象。

小区公共区域违建现象严重，公共照明、无障碍设施及适老性设施缺失，需通过拆除违建、根据道路走线重新规划路灯，增加灯杆及基础、增加逃生指示牌，绿化区域内及公共场地入口设置无障碍坡道，新建单元出入口无障碍坡道，增加栏杆扶手等措施解决现状问题。

同时，需对小区内多余的铁艺围墙进行部分拆除，并对围墙重新进行设计，增加可利用空间。

（二）环卫改造提升

需增设再生资源收集站点，增加垃圾回收站，垃圾回收点合理归位以满足需求。同时，对基础设施（包括燃气管线、给水排水管网、配电系统、完善安防、消防设施、雨水系统）进行改造、增设，解决老、破、缺失的现象。

（三）专项改造

为解决石佛营南里小区内停车难的问题，新增强化透水砖铺装，车位划线，地桩地锁专项整治，新增三层立体停车位，并增设充电桩。

改造后小区内要包括社区服务中心、文化服务中心，增设电子屏及门禁系统。

四、改造技术

（一）老旧小区"再规划"方法

（1）老旧小区延续原有城市风貌，合理拓展空间，尊重居住文化。

（2）重新组织交通路网，梳理消防通道流线。

（3）合理增加林下停车位，利用空间布置立体停车库。

（4）绿化环境的改造，增加绿地自身的功能性。

（5）建筑外立面统一化，提升安全性和美观性，预留外挂电梯位置。

（6）合理利用老旧小区内废弃的建筑和人防地下室空间，增加居民服务和活动空间。

（二）公共设施的性能设计

（1）关注老幼群体，设计全龄化、无障碍的公共服务设施体系。

（2）同时小区内应布置自行车棚、垃圾箱、垃圾分类投放收集站、快递接收点以及路灯等基础设施。

（3）完善安防消防设施。

（三）公共设施改造性能标准

（1）扩大设备应用范围。

（2）改善设备性能。

（3）提高设备工作效率。

（4）提高设备可靠性和可维修性。

（5）提高设备安全性能和环保性能。

（6）降低设备运行能耗。

（四）智慧社区改造

（1）智慧管理服务系统：一键系统、智慧安全、智慧配套、智慧售卖、智慧书屋。

（2）采用标准化服务模块，达到占用空间小、简单易操作的效果。

（五）快拆快建技术

采用"管道快速拆除、安装的集成模块化技术"的先进技术手段，降低施工对业主的干扰。

五、改造效果分析

（1）因地制宜：延续城市风貌，合理拓展空间，尊重"老北京"居住文化。

（2）人文关怀：关注老幼群体，设计全龄化、无障碍的公共服务设施体系。

（3）鼓励参与：营造住区氛围，促进邻里交往，营造人人可以参与的景观，达到共治社区。

（4）共享资源：面对紧张的现有资源和日益增长的生活需求，采用智慧化的现代科技手段构建共享管理机制。

（5）建筑设计：

整体性：注重设计的整体性，总体上

简洁明快、整体风格统一，局部寻求变化。

耐久性：重视建筑改造的耐久性，考虑后续使用的年限寿命和维修机制。

便捷性：采用"快拆快装""管道快速安装的集成模块化技术"等先进技术手段，降低施工对技术的干扰（图3）。

图3　石佛营南里小区改造后效果图

六、经济性分析

石佛营南里小区改造项目打破原有封闭的绿化空间，将绿化率提升至36%左右，增强可进入性和体验性，有益于小区居民的身心健康。增加停车位488个左右，停车率（车位和户数比例）达到25%。增加小区无障碍系统，为残疾人、老年人提供便利行动的设备，创建方便、安全、全民参与的社区环境。智能化设计方便服务老龄化居民，外来租用人口融入老社区，解决配套设施用地紧张的问题。

七、结语

东风地区石佛营南里小区为住宅建筑改造项目，是自1990年建成并投入使用的住宅小区，建设标准和配套指标普通偏低，房屋老化、配套不齐、绿化面积小、停车位不足等问题突出，同时由于缺少完善的管理监督机制，小区内部存在着违章建筑、配套设施被挤占、生命通道堵塞、交通组织不畅、开墙打洞等严重问题，这些问题严重影响着居民的生活。

完成实施抗震加固和建筑节能改造约10亿 m² 的住宅，更多地从物质层面的问题出发，针对旧、破、乱等要素进行质量、安全和美观方面的提升。东风地区石佛营南里小区项目针对楼体、公共区域、公共环境进行全方位的改造，以解决百姓问题、提高生活质量、保留百姓印象为根本，全面提升小区品质，为老旧小区项目打造行业标准。

（北京中建工程顾问有限公司供稿，
徐良平、任伟、白漠源执笔）

深圳市福田区玉田村长租公寓室外环境改造

一、工程概况

深圳市福田区玉田村属深圳市福田区南园街道，玉田村由祠堂村、向东围西村、向东围东村组成，占地面积 2.51 万 m²，建筑面积 12.67 万 m²。其中，向东围东村由 52 栋单体建筑组成，占地面积 1.03 万 m²，建筑面积 5.09 万 m²（图1）。

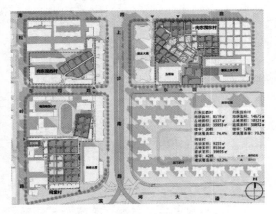

图 1　项目规划图

东围村建筑布局属于典型的城中村建筑布局模式，建筑布局紧密，巷道狭窄，日照、采光及通风效果差，靠近道路、酒店厨房噪声源，噪声超标。此外，该区域内部没有任何绿化，人员密度大，室外热环境较为恶劣。普遍存在室内外环境品质差的问题，亟需开展室内外物理环境综合改造，提升室外环境品质。

二、改造目标

实施应用室外环境品质提升改造技术，使玉田村长租公寓室外环境明显提升，将玉田村长租公寓打造成为具有全国影响力的宜居、安全、活力的文明社区。

三、改造技术

（一）环境改善

1. 绿色屋顶技术

传统的屋顶大都是由灰色、太阳辐射吸收率较高的材料制成，这些屋顶在太阳直射下会达到很高的表面温度，与周围空气进行强烈换热从而使环境温度升高，导致热岛效应的恶化。而绿色屋顶就是在各类建筑物的屋顶进行草木、花卉的种植和造园，利用植物的蒸腾作用吸收环境热量，是降低屋顶表面温度、节约建筑能耗的一种可行的措施。

根据现场调研，已进行绿化的屋面不仅更加美观，而且舒适性也远好于其他普通可上人屋面，因此在进行既有建筑室外热环境优化时，应尽可能进行屋顶绿化（图2）。

2. 高反射率材料

冷屋顶指表面具有高反射率和高红外发射率的屋顶，这两种性质可以使屋顶表面

图 2　屋顶绿化

图 3　屋面及墙面高反射材料

温度降低，从而减少屋顶表面与空气的换热，进而降低环境温度。在进行既有建筑改造的过程当中，可以通过在已有建筑表面涂刷一层高反射涂料，从而优化既有居住小区室外热环境。向东围东村的屋面可分为上人屋面和不上人屋面，上人屋面可进行绿化处理，不上人屋面通过涂刷一层高反射涂料层，来优化室内热环境（图 3）。

3.透水铺装

透水铺装通过采用大空隙结构层或排水渗透设施使雨水能够通过铺装结构就地下渗，从而达到消除地表径流、雨水还原地下、缓解城区热岛效应、优化室外环境等目的。透水沥青和混凝土路面适用于玉田村既有建筑改造中设计的人行和车行道路、停车场等，相比之下透水砖路面则适用于对路基承载能力要求不高的人行道、步行街、休闲广场、非机动车道、小区道路以及停车广场等场合（图 4）。

图 4　车行道改造前后对比（一）

图4　车行道改造前后对比（二）

（二）声环境改善

人车分流和噪声源隔断：在居住区入口或在居住区范围内合理距离设置机动车停车场，减小机动车出口处对建筑的不利噪声影响。例如，车辆驶入小区后，直接通往地下车库，保障地面行人的绝对安全，同时减少了噪声和空气污染，还能腾出空间用于社区景观建设，净化居住环境。

根据项目声环境诊断结果，可通过将测点2处的停车场入口改为离居民楼更远的地方，实现人车分流，从而能够有效地降低出入车辆对玉田村内部住宅的噪声影响。此外，测点2处和6处的噪声均有超标，究其主要原因，是测点2和6处均有酒店厨房，在用餐期间炊事噪声巨大，应通过对排油烟风机进行降噪处理，在噪声源处阻隔噪声的产生（图5）。

（三）风环境改善

通过改造居住建筑，使其底层架空形成通风廊道，从而改善居住小区空气动力学，是改善小区热环境的有效措施。将建筑底层

图5　噪声测点位置

架空改造归入到居住小区室外环境改造当中去，以构成高效的居住小区热环境呼吸体系，提高小区整体环境、空气质量和人群居住的舒适性。目前，玉田村正在进行图6、图7所示底层街道的拓宽和架空，从而打通一条风道，优化小区风环境。

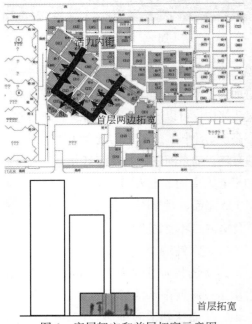

图6　底层架空和首层拓宽示意图

（四）光环境改善

采用日光照明系统：管道式日光照明

图 7 底层架空和首层拓宽实景

装置是一种把自然光线通过管道导入室内的自然采光系统，采用这种系统的建筑物白天可以利用太阳光进行室内照明。其基本原理是，通过采光罩高效采集室外自然光线并导入系统内重新分配，再经过特殊制作的反射管传输和强化后，由系统底部的漫射装置把自然光均匀、高效地照射到任何需要光线的地方，从黎明到黄昏，甚至阴雨天，管道式日光照明装置导入室内的光线仍然很充足。这种节能照明方式能将有害的紫外线、冗余的热量及灰尘阻挡在室外。

建议在项目内部巷道布置日光照明系统，与灯光照明系统结合使用，白天由该装置提供照明，晚上则由灯光照明系统提供照明。

四、结语

本项目通过应用课题研究提出的诊断技术及室内外环境评价体系，通过实施室外热舒适改善、噪声控制、通风优化等技术改造措施，本项目的室外环境品质（包括声环境、热湿环境、风环境、光环境等）等可得到有效的改善和提升，对于既有居住建筑的宜居改造起到良好的示范推广作用。

（深圳市建筑科学研究院股份有限公司
供稿，朱红涛执笔）

西安大秦阿房宫集团介护老年公寓改造项目

一、工程概况

西安大秦阿房宫集团介护老年公寓位于西安市沣东新城。原有建筑建造于2000年左右，建筑面积1900m²，建筑层数为2.5层，砖混结构，东西朝向，为单外廊公寓式居住建筑。改造前建筑设有三部楼梯，老年人主要居住在一、二楼，基本3~4人共居一间居室，部分居室内配有卫生间。一楼设有公共浴室、办公室，各楼层设置公共卫生间。三层为办公服务人员宿舍，屋顶为临时性晾晒场（图1）。

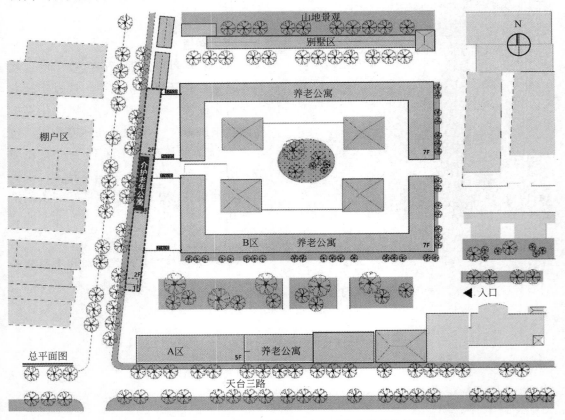

图1　西安大秦阿房宫集团介护老年公寓原有建筑现状总平面图

二、改造目标

扩大现有老年公寓建筑面积，配备完善的服务于老年居住者的公共活动空间和公共服务空间，提升老年人个人居室内以及老年公寓整体公共部分的室内空间功能品质和物理环境品质，提升建筑整体的宜居性。

（一）室内空间功能品质优化与提升

补充设置介护型老年公寓所必需的居住生活、照护服务和配套辅助空间。增加公共活动空间，包括室内的公共活动区以及室外的屋顶花园。增加辅助性空间，提高服务人员工作效率，提升对老年人的护理服务品质。提高老年人居室的居住标准，通过适老化设计，采取有针对性的居室家具、设备选型和空间布局。

（二）室内物理环境品质舒适性提升

声环境：提高围护结构的隔声降噪性能。光环境：扩大居室及公共活动空间的有效采光面，增加窗地比，使室内获得更好的光照条件。热环境：增强墙体及门窗等建筑构件的保温隔热性能，调整室内采暖方式，改善室内热环境的舒适度。风环境：机械通风与自然通风并用，提高空气流动的速度以及空气流通的舒适度。

三、改造技术

改造项目针对既有居住建筑在室内空间功能品质的功能完善、空间尺度、设备配置、家具组织布局等方面的问题，采用增加各类功能性空间、改善室内空间尺度及设施配置等技术手段来提升室内空间功能品质；针对室内物理环境品质在室内热舒适改善、噪声控制、采光优化等方面的问题，通过改换墙体及门窗材料、改变采暖方式、设置天井天窗等技术措施来提升室内物理环境品质。

（一）空间功能优化整合改造

1.增加公共活动空间和辅助服务空间

增加公共活动空间，包括室内公共活动区（兼用餐厅）、室外屋顶活动平台等。增加辅助服务空间，包括办公室、护理台、医药间、公共卫生间及浴室等房间，提高老年人生活的舒适便捷以及老年服务人员的工作效率（图2）。

2.增加无障碍电梯

对建筑整体的交通系统进行改造，在建筑中心部位增加两部无障碍电梯，增强老年人居住和工作服务人员垂直交通的便利性和舒适性。

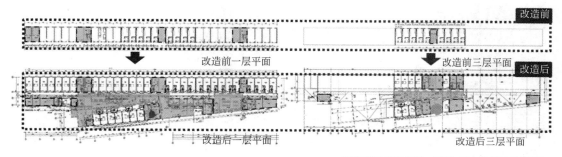

图2　改造前后建筑功能布局

3.增加屋顶花园

在建筑南北两侧新增加的二层屋面设置屋顶花园，改善原有建筑二层屋面环境，为居住于此的老年人提供临近的室外活动空间，满足晒太阳、接近大自然的行为需求。

4.建筑空间尺度及设施配置改善

在合理配置建筑整体功能的同时，从建筑空间的细部尺度和设施配置方面进行优化和提升，改善整体建筑的宜居性和室内空间环境的舒适性。将走廊拓宽为2450mm；同时居室及公共卫生间的便溺洁具由蹲便调整为坐便器；为满足介护型老年人日常使用助行器、轮椅或医护床进出居室的便利性，将建筑居室门从原来的平开门调整为推拉门，并将原有建筑的门、窗洞口位置进行调整，满足居室门净宽1200mm的无障碍通行净宽要求（图3）。

（二）室内物理环境优化提升改造

1.声环境

对于室内声环境的改善主要通过对门窗的改造来实现。改造后由单玻改为中空双玻或三玻窗，窗户开启方式由推拉式改为上悬式，增加窗户气密性的同时提升了窗户的隔声性能，使室内的声环境品质得到大幅提升（图4）。

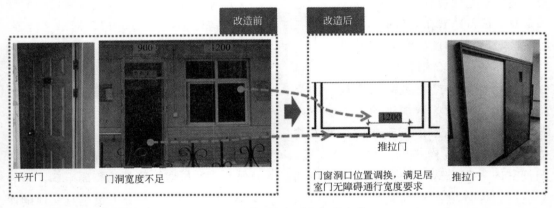

图3　改造前后老年居室门的变化

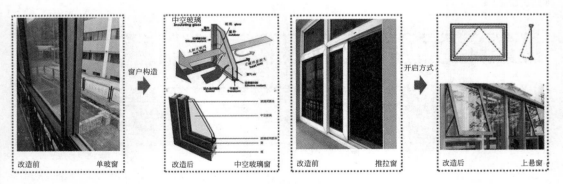

图4　改造前后窗的变化

2. 光环境

光环境的提升主要采用改造窗洞口大小和在公共区域置入内天井、在屋顶设置天窗等技术措施，扩大采光面积、增大窗地比、增加采光面、增加室内自然光进光量，最大限度地提升室内的自然采光效果，改善室内光环境（图5）。

3. 热环境

对于室内热环境的改善主要通过三种方式来实现：使用保温与围护结构一体化的泡沫混凝土墙板，增强了保温隔热性能；采暖方式由原来的散热片采暖改为地暖，室内供热更加均匀，且可减少对室内空间的占用；设置屋顶花园，为二层的建筑屋面保温隔热提供多重保障。

4. 风环境

改造前的建筑室内通风效果较差，通过在建筑公共区域植入内天井、在屋顶设置屋顶花园、采用架空地面和增设室内通风换气设备几种技术措施，来改善室内风

环境，提升室内物理环境品质（图6）。

四、改造效果分析

老年公寓相较于普通居住建筑，对建筑空间环境品质的要求较高。由于老年人对健康的重视程度和身体的不断衰退，与年轻人相比，对室内温度、湿度、光线、空气质量的变化更加敏感，对居住空间的物理环境要求更高，希望更加安全、舒适、安静的室内空间环境。

（一）室内空间功能品质

建筑室内空间功能品质从整体到细节得到全面提升。从功能构成、空间组织模式、空间布局到居室内的空间尺度设计、家具部品、设备设施的选择各方面都能对原有建筑所存在的问题作出有针对性的回应。从老人的行为特征出发，充分地考虑他们的生理状况和精神需求，将人性化、适老化、绿色化的理念贯穿于整个改造设计中，全面提升老年人在此的居住品质。

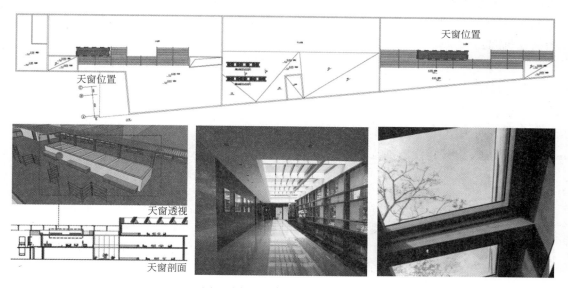

图5　改造后建筑屋顶设置天窗

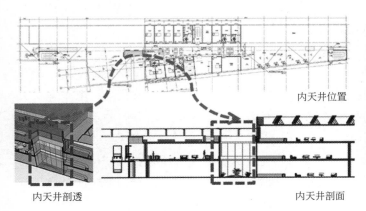

内天井位置

内天井剖透

内天井剖面

内天井意向

图6　改造后建筑公共区域设置内天井

（二）室内物理环境品质

建筑室内声、光、热物理环境品质得到显著改善与优化。建筑室内空间通过改善建筑墙体材料、门窗构件、建筑屋面的保温隔热性能以及调整冬季室内采暖散热系统，来优化提升室内热环境品质；通过门窗改造，提高门窗的隔声降噪性能，改善室内声环境质量；通过窗洞口改造、设置内天井、采光天窗等措施，改善室内的采光和通风条件；利用太阳能等清洁能源降低建筑能耗。

五、结语

本项目针对既有居住建筑在室内空间功能品质方面的问题，采用增加公共活动空间和辅助服务空间、增加无障碍电梯、增加屋顶花园、提高居住标准、改善建筑空间尺度及设施配置等技术手段来提升室内空间功能品质；针对室内物理环境品质方面的问题，通过窗洞口改造、更换断桥铝中空玻璃节能门窗、设置内天井和天窗、更换局部墙体材料为保温与围护结构一体化泡沫混凝土墙板、采用地敷式采暖、设置屋顶花园架空地面、室内新增通风换气系统等技术措施来提升室内物理环境品质。所提出的各项改造技术措施，在未来项目改造进程中的适宜性使用和有序实施，能够使严寒寒冷地区既有居住建筑的室内空间功能品质和物理环境品质得到有效的改善和提升，起到良好的示范推广作用。

（西安建筑科技大学供稿，张倩执笔）

住房城乡建设部三里河路9号院地下管线更新改造项目

一、工程概况

(一) 地理位置

住房城乡建设部三里河路9号院地下管线更新改造项目,位于北京市海淀区三里河路9号院内,该居住区位于西二环路与西三环路之间,东侧为三里河路,西侧为首都体育馆南路,南侧为增光路,北侧

为车公庄西路,交通发达。地下管线更新改造全长1154m,拟建综合管廊主要沿院内小区道路布置,为马蹄形钢筋混凝土单洞管廊,跨度达5.3m,高度达5.7m,顶部覆土厚度仅4.5m,为典型的城市浅埋暗挖管廊。地下综合管廊主要沿小区既有道路布置,总体布置平面图见图1。

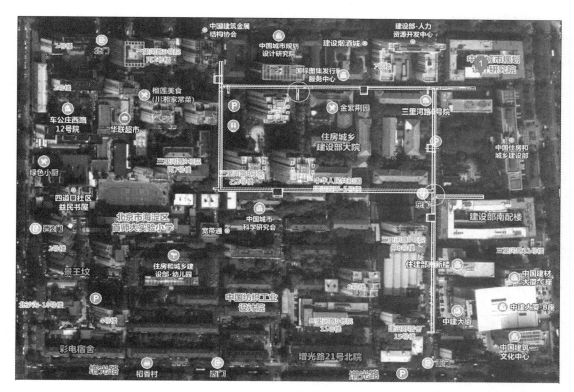

图1 管廊总体布置平面图

（二）周边环境

拟建管廊周边环境复杂，各种建（构）筑物及地下管线众多，新旧管线交替，道路狭窄、两侧停满车辆，车辆行人密集，人车合流。

小区房屋建筑及基础设施始建于20世纪50年代，陆续建设至今。内建有高层、多层及低层住宅；主要为政府办公机构、医院、健身广场、供热锅炉房、食堂、地下车库及地上二层停车场等。

二、改造目标

周边地下管线种类繁多，布置错综复杂，各种检查井众多。由于小区内地下管线铺设修建工作从20世纪50年代开始陆续进行至今，铺设修建时间较早，时间跨度大，部分图纸缺失设计信息、无据可查，管线维修经常造成"马路拉链"、道路封堵等，严重影响小区道路交通；检查井的存在，易发生井盖破裂、行人车辆坠井等事故，给小区居民带来巨大安全隐患；检修人员打开道路和人行道上的检查井盖进行检修时，存在很大的安全隐患，运营维护困难、成本高。同时，管线距离拟建管廊较近，最近处仅0.5m，严重影响综合管廊施工。

周边建（构）筑物主要为20世纪50年代建造的砖混结构房屋建筑和20世纪90年代独立柱基础高层建筑，建筑地基多采用天然地基，建（构）筑物结构整体刚度较差，且距离拟建管廊较近，最近处仅2m，易受到地下综合管廊施工影响。

亟待解决的问题有：①各种管线众多、检查井密布带来安全隐患的问题；②管线铺设修建完成后维护和运营不便的问题；③地下综合管廊施工影响建（构）筑物稳定的问题。

因此，在进行大量实地考察和可行性调研的基础上，在此小区内拟建地下综合管廊，将热力、电力、电信、TV、路灯照明等市政综合管线放入综合管廊中。彻底解决检查井密布现象；彻底解决"马路拉链""空中蜘蛛网"等难题。

三、施工技术

为了实现上述目标，采用浅埋矿山法施工方案及超前注浆加固和智能监测技术，及时采取相应措施控制地表沉降和结构变形。主要采取以下技术措施进行地下管线更新改造施工，重点围绕智能交通引流、浅埋暗挖施工地下管线及建（构）筑物保护、地下综合管廊绿色施工技术等几个方面展开。

（一）智能交通引流技术

考虑到施工现场处于老旧小区内，道路狭窄、人员及车流密集。研究小区交通智能指挥系统，通过智能监控、大数据分析、路况预报及信号标牌管制，实现老旧小区施工过程中的智能交通引流，智能交通引流应用效果，如图2所示。

（二）浅埋暗挖施工地下管线及建（构）筑物保护技术

1.地下管线智能保护及改移技术

针对本工程周边管线如燃气、热力、雨污水、电力、电信等，分布错综复杂，新旧管线交替，管线保护难度极大的问题，研究三维扫描逆向建模技术，通过三

图 2　智能交通引流应用效果图

维探测、数据处理、深化设计、方案对比和模拟，实现管线的保护和改移。

2.综合管廊浅埋暗挖施工影响的建（构）筑物沉降控制技术

根据地质勘察报告中的物理力学参数，采用室内物理模拟试验与数值模拟分析等方法，建立三维非线性大变形数值模拟，分析综合管廊施工对土体扰动的影响，对数值模拟分析结果进行分析总结，并根据结果进行预测，结合与现场施工过程中管廊周边临近建（构）筑物的沉降变形实测数据进行对比分析，进而确定实际地质条件的物理力学参数，总结得到经验公式，进而运用结论经验公式对土体扰动进行动态预测。

3.综合管廊浅埋暗挖施工引起的地层变形监测和控制技术

综合管廊主要沿院内现状小区道路布

置，周边建（构）筑物距管廊较近，周边房屋建筑新旧交替，最早的设计建设于20世纪50年代，结构多为砖混结构，纵横墙承重，现浇混凝土楼盖，顶多为木屋架，后期虽然进行过增加构造柱的加固改造，但与管廊距离较近，最近处仅2m左右。管廊的施工易引发周边建（构）筑物的不均匀沉降、变形及开裂等，致使结构或既有线路出现开裂、不均匀沉降、倾斜甚至坍塌等事故，因此有必要对受施工影响的周边建（构）筑物进行检测与风险评估，并对其进行施工期间的监测，严格控制其沉降、位移、应力、变形、开裂等各项指标。运用综合管廊施工影响的建（构）筑物检测、监测技术，进行安全检测和监测。监测采用实时在线控制方式，对数据进行受控采集和实时分析，同时实现监测数据和报警信息的实时发布。

（三）地下综合管廊绿色施工技术

1.竖井口施工棚降噪技术

由于本工程施工环境较为特殊，周围行政办公、居民住宅、车辆行人非常密集，需要严格控制施工噪声。因此，采用竖井口搭建施工棚防噪设施，外墙及内中隔墙使用吸声棉等措施，有效降低施工过程噪声。全封闭式防护棚降噪应用效果图，如图3所示。

图3　全封闭式防护棚降噪应用效果图

2.渣仓防尘技术

在竖井口施工棚内设置渣仓封闭及自动喷淋装置，采用中隔墙与其他各室分隔开。采用自动降尘装置，在烟尘较大时，打开储水设施进行喷淋，达到降尘的目的。渣仓封闭及自动喷淋装置，如图4所示。

四、预期改造效果

综合管廊的建设旨在为三里河路9号院小区居民打造一个干净整洁、秩序井然的小区，营造良好的生活环境。

预期改造效果有以下几点：

（1）除燃气、雨水和污水管线外，其他管线均放入地下综合管廊。小区内检查井密布现象得到有效解决。

（2）地下综合管廊修筑完成后将管线放入廊内，同时，运用BIM技术进行综合管廊管线智能管理，彻底解决管线运营维护不便的问题。

图4　渣仓封闭及自动喷淋装置示意图

（3）地下综合管廊修筑完成后，可以解决管线维修施工过程中产生的马路拉链、道路封堵等严重影响道路交通的问题。

五、经济性分析

工程总投资约 1.59 亿元，拟推广应用技术效益约 100 万元，合理化建议、技术创新效益约 110 万元，BIM 技术进步效益约 190 万元，总计效益约 400 万元，约占总投资的 2.5%，创造了很大的经济效益，为地下管线更新改造工程提供借鉴意义。

六、结语

本项目综合管廊主要解决老旧小区内各种管线检查井密布，对居民生活产生不利影响，带来的巨大安全隐患问题；解决管线铺设完成后的运营维护不便以及管线维修给小区道路交通带来不便的问题。

本项目旨在打造一个可行性高、实施性强的示范工程，为国内大量的老旧小区地下管线更新改造为综合管廊项目提供参考和借鉴。

（中国建筑一局（集团）有限公司供稿，
王敬翔、李松、杨家纯执笔）

上海东樱花苑高层住宅综合改造项目

一、工程概况

（一）地理位置

上海东樱花苑高层住宅综合改造项目位于上海市浦东新区临沂北路 200 号，地处浦东新区陆家嘴，距离陆家嘴直线距离仅 3500m，南临浦阳路及南浦大桥，东靠浦逸路，北接浦润路，西为绿地。由北楼、南楼两栋高级涉外公寓组成。项目改造前实景及其地理位置见图 1。

（二）建筑类型

东樱花苑高层住宅包含南楼、北楼两栋建筑，主楼结构形式为钢筋混凝土框架—剪力墙结构，地上均为 28 层，南楼附带 2 层地下室，北楼附带 1 层地下室。总建筑面积 82960.18m²，其中地上面积为 66854.8m²，地下面积为 16114.38m²。建筑高度 107.4m（最高点），建筑密度 26.28%，绿地率 30.92%，容积率 3.86。两栋高层住宅 1995 年由松下电工投资，北楼 1995 年 10 月开工，1997 年 9 月竣工；南楼 1996 年 3 月开工，1998 年 4 月竣工。

二、改造目标

东樱花苑经过 20 年的使用，其原有设计理念及使用功能已经难以跟上居住需求的快速更新与提升，为此需要开展全面综合改造。

改建后将原裙房拆除，保留两幢塔楼，塔楼底部 2 层改建成 3 层并在顶部加建 1 层，达到地上 30 层。建筑使用功能由公寓楼改为住宅，实现低区叠墅、中低区改善型、中高区舒适型、高区奢华型等多级产品组合；同时，扩建地下车库范围，满足停车要求。

项目改造需要着重解决的主要问题有：①满足当前市场需求背景下形成新的

图 1　东樱花苑改造前实景及其地理位置

功能定位；②解决新的功能定位带来的相关结构技术问题；③以最小干预原则合理控制改造环节当中"拆除、加固和新增"工程量并同步提升综合防灾性能。

三、改造内容

为实现改造目标，开展的具体改造任务有以下几方面。

1.更新功能空间

原项目由北楼、南楼两幢28层单体公寓楼及2层裙房组成，局部地下2层车库；改建后拟将原裙房拆除，保留两幢塔楼并在顶部加建1层，将原底部两层通过拆除和新增成为三层以达到地上30层，电梯和疏散楼梯移位，天井增加走道。

使用功能由小户型租赁式公寓改造为刚需改善型住宅（图2），形成低区叠墅、中低区改善型、中高区舒适型、高区奢华型等多级产品组合。拆除原"U"形环廊，设置交叉叠转连廊，在解决消防疏散、确保安全与隐私的同时，丰富中庭空间效果。将原两个独立的地下车库进行连接，扩建地下车库范围，提升停车效率。

2.改造承重结构体系

为满足更新功能空间的需求，开展结构加层、核心筒移位、楼板开洞、高层低区插加层、新增结构出挑、新增连廊、地下开挖、筏板开洞、既有建筑增加钻孔灌注桩（原地库扩容）等多项改造。

3.提升综合防灾减灾性能

对整个建筑结构体系进行超限判别和专项论证，对整体加固方案和构件加固方案、结构拆除方案进行优化分析。对增层、加层等新增结构根据改造工程的实际特点采取因地制宜的结构形式。应用调谐质量阻尼器（TMD）结构减振系统，对改造加建的大跨度异形钢结构通道进行消能减振。

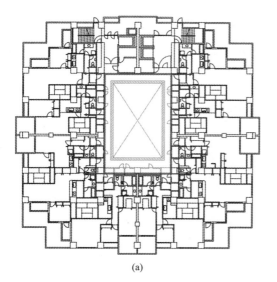

(a)

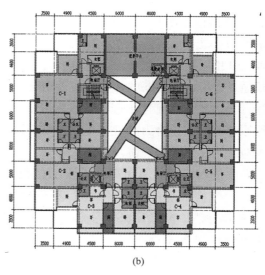

(b)

图2　东樱花苑建筑平面图
（a）改造前；（b）改造后

四、改造技术

1.灾害风险诊断评估技术

通过对高层建筑进行火灾风险评估，可以对潜在的火灾风险进行防范，消除火灾隐患，减少火灾的发生。根据高层建筑运营期的火灾基本因素及其发生的概率和权重，可建立高层住宅火灾的故障树模型。根据收集的改造项目住宅建筑的相关资料，模拟专家对火灾的各基本事件发生概率进行打分；然后，利用故障树法联合层次分析法的分析结果，与全国平均水平状态下建筑火灾发生概率进行对比。通过建筑火灾风险等级评估，确定项目的火灾风险水平以及判断风险是否可接受，从而起到警示火灾风险的作用。

2.基于最小干预原则的功能改造与结构性能提升一体化技术

常见的结构增层类型有：①利用原建筑的结构潜力直接加层；②架空梁法；③外套框架结构法；④采用轻质墙体增层；⑤采用轻钢结构增层；⑥在大跨度框架结构上进行加层等。本项目拟采用第一种：利用原建筑的结构潜力直接加层。项目通过建模计算不同的加层位置及数量后进行加层方案的优化比选，以达到尽量利用原建筑的结构潜力和地基潜力，从而减少对结构和基础的干预。

改造后拟拆除原局部的设备层楼板，并进行结构插层。为避免大量植筋破坏原有结构柱，拟采用外套钢框架，采用矩形钢管混凝土柱—钢框架梁的设计方法，楼板采用压型钢板，组成钢—混凝土组合楼盖，以形成合理的刚度分布。既可以解决大量植筋的不可靠性，又可

以解决原有底部柱轴压比不够的问题。外包钢框架柱延伸至地下一层，而标高8.500层采用地垄墙结构，与主体结构脱开，这样可避免刚度突变导致的结构受剪承载力突变。

3.基于性能的防灾减灾改造技术

按后续使用年限50年及现行规范要求进行加固，采用基于性能的加固设计理念，通过模型计算分析与优化，选取最合理和最有效率的加固方法，并且精确到点，全面核查所有梁、板、柱、墙、筏板、桩等结构构件及设备基础、填充墙等非结构构件的受力及使用安全。对承载力及抗震性能不满足要求的构件进行合理加固，并优先选用对主体结构影响较小的方法。

此外，天井部位新增加的交叉造型的走道拟采用钢结构，且装修材料尽量采用轻质材料。新增走道如会造成原构件承载不足，则采用相应的加固措施。此外，人群行走引起的走道加速度振幅过大，超过人体舒适度耐受极限。如果依靠增大截面和改变结构形式的办法，从技术、经济和空间利用的角度看是不合理和不现实的，因此项目在对走道结构动力特性分析的基础上，拟采用调频质量阻尼器减振技术，对结构的人行活动的共振响应进行振动控制。

4.防灾减灾效果可视化评估

根据基于构件—楼层尺度的非线性弯剪耦合分析模型，结合抗震设计规范和文献中大量试验数据的统计规律，提出高层剪力墙结构的多尺度模型的参数确定方法，为改造项目的高层住宅建立其数值模

型,从而预测结构震害。通过既有居住建筑防灾减灾效果的可视化评估,验证改造效果。

五、预期改造效果

上海东樱花苑高层住宅综合改造项目秉持功能改造与结构性能提升一体化的理念,实施的改造涉及顶层加层(28层顶拆1层加2层,高层泳池)、核心筒移位(由集中型改为分散型)、高层低区

插加层(拆除一层楼板,插入两层楼板)、新增连廊通道(异形钢结构通道)、新增地下空间等。改造后可达到户型重组、提高净空、新增地库、连接通道、立面更新、设备更换的功能改造目的,同时完成了拆除保护、抗震加固、变形控制等结构安全性能和防灾性能的提升。改造后的高层住宅将以全新面貌实现宜居改造的内涵,传承城市记忆和文化(图3)。

(a)

(b)

(c)

图 3　改造前后对比与总体效果

(a)中庭改造前后对比;(b)开放空间改造前后对比;

(c)改造后总体效果图

六、结语

上海东樱花苑高层住宅经过 20 年的使用，其原有设计理念及使用功能已经难以跟上居住需求的快速更新与提升，现拟由公寓楼改为住宅，实现多级住宅产品组合，同时扩建地下车库范围满足停车要求。示范工程针对该高层住宅综合改造带来的结构防灾减灾等综合性能提升的需求，应用既有居住建筑灾害风险诊断评估技术，开展高层建筑火灾风险识别与评估，优化其应急疏散及消防措施；应用既有居住建筑基于最小干预原则的功能改造与结构性能提升一体化技术，为建筑使用空间的开发、完善与新增提供可靠的结构体系；应用既有居住建筑基于性能的防灾减灾改造技术，确保结构在合理技术手段下实现安全性能提升；应用既有居住建筑防灾减灾效果可视化评估系统，对改造前后既有居住建筑的防灾减灾效果进行对比验证。目前，该项目已完成了改造设计的超限审查，部分地下土建工程已完成。通过关键技术应用，可实现既有建筑更新以满足新时代"以人为本"的居住功能，重构建筑结构体系以符合安全、合理的规范要求，以最小干预原则控制改造工程量和经济投入，全面提升既有建筑的使用功能和防灾性能，为高层住宅综合宜居改造提供典型的技术经验与改造模式，预期可起到良好的示范效应。

（上海市建筑科学研究院供稿，李向民、
王卓琳执笔）

蓝光集团总部研发中心大楼项目

一、工程概况

（一）地理位置

蓝光集团总部研发中心大楼项目位于成都市郫都区犀浦镇高新西区西芯大道9号，外观见图1。

（二）建筑类型

蓝光集团总部研发中心大楼于2002年正式投入使用，主要用于办公，共5层，建筑面积约13328m²，建筑朝向为北偏东30°，建筑结构类型为框架结构，建筑整体呈"凹"字形布局，体形系数0.19。

二、改造目标

蓝光集团总部研发中心大楼自投入使用以来，建筑能耗居高不下，年平均能耗指标约124.7kW·h/m²，与同类型建筑单位建筑能耗相比，该建筑属于较高能耗水平，节能空间较大。通过节能诊断，该项目的围护结构、空调、照明等存在较大潜力空间，预期通过节能改造后项目用能指标下降20％。

图1　蓝光集团总部研发中心大楼外观图

三、改造技术及效果分析

（一）围护结构

1.外墙

原墙体为页岩空心砖，外立面采用大理石幕墙和铝塑板干挂幕墙，中间空气间层 50mm，实测传热系数 1.57W/（m²·K）。

改造技术：采用挤塑板纸面复合石膏板内保温，改造后传热系数为 0.74W/（m²·K）或采用岩棉毡外保温，改造后传热系数为 0.72W/（m²·K）。预计节能率为 2.3％。

2.屋面

原屋面构造：细石混凝土刚性防水层（40mm）＋油毡间隔层（2mm）＋水泥砂浆保护层（20mm）＋聚氨酯防水层（2mm）＋水泥砂浆找平层（20mm）＋水泥膨胀蛭石找坡层（40mm）＋钢筋混凝土（120mm）＋石灰水泥砂浆（20mm），实测传热系数 1.86W/（m²·K）。

改造技术：增加 50mm 厚挤塑聚苯板，形成挤塑聚苯板倒置式屋面，改造后传热系数为 0.65W/（m²·K），预计节能率为 4.2％。

3.外窗

原外窗为铝合金推拉窗，5mm 单玻，实测传热系数 6.2W/（m²·K），遮阳系数 0.998。

改造技术：采用断桥铝合金 Low-E 中空玻璃窗替换现有推拉窗，改造后传热系数为 2.5W/（m²·K），预计节能率为 6.25％。

4.玻璃幕墙

原玻璃幕墙：①12mm 厚单层钢化点式玻璃幕墙，实测传热系数 5.0W/（m²·K），遮阳系数 0.897；②19mm 厚单层钢化无框玻璃幕墙，实测传热系数 4.9W/（m²·K），遮阳系数 0.872；③8mm 单层钢化玻璃内明框玻璃幕墙，实测传热系数 5.2W/（m²·K），遮阳系数 0.935。

改造技术：在原有玻璃幕墙上贴隔热膜，改造后传热系数为 3.3W/（m²·K），预计节能率为 2.4％。

（二）空调系统

该项目冬夏季均采用风冷热泵冷热水机组作冷热源，共 4 台风冷热泵主机提供空调冷热水，冷冻水泵 4 台，主机放置于屋顶，机组制冷量为 400.88kW，制热量为 440.58kW，空调系统共分为 4 个区，4 组立管，末端采用风机盘管和新风机组形式。空调系统在空调期间每天运行时间为 7：30～20：00，夏季最热期间主机运行 3 台，冬季最冷期间主机运行 2 台，水泵运行台数与主机一致。根据设计，热泵机组夏天向室内风机盘管及新风机组提供 7℃的冷冻水，冬天向室内风机盘管及新风机组提供 45℃的热水。

经现场初步核查发现，空调系统运行中存在的主要问题有：①有两台热泵机组开启，但是另外两台未启动的热泵机组相应的阀门并未关闭，导致机组旁通热水，降低系统能效；②分集水器上未设置平衡阀，水路分配不均，造成部分区域过冷或过热；③水泵耗电量大，存在"大流量，小温差"现象；④新风机开启，只有主管道有新风，支路（室内）接风机盘管无新风；⑤因膨胀水箱与排气阀基本为同一平面，停机后热胀冷缩容易进空气，水系统干管排气阀不断排气；⑥大部分送风口与顶棚相通，所有装饰用假送风口与顶棚相通，让不需要空调的顶棚消耗了能量。

经进一步检测，发现空调主机和系统能效偏低，水泵效率偏低等问题。

针对以上空调存在问题提出的改造技术如下：

1. 空调冷热源系统改造方案

根据检测结果，风冷热泵冷热水机组，在测试期间平均系统能效比为2.7，低于《公共建筑节能设计标准》GB 50189—2015中规定的2.8，考虑到4台主机于2003年投入使用，已有10多年，机组存在一定程度的老化，机组性能必然下降，而且随着空调技术飞速发展，考虑更换冷热源主机，并采用水冷螺杆机或者地源热泵主机，将主机能效提高到3.0以上，这样仅主机改造可以节省约20%能耗。

2. 空调输配系统改造方案

根据检测结果，实际运行中循环水泵效率低至15%，未启动2台热泵机组相应的阀门并未关闭，旁通了空调热水，浪费水泵约50%的能耗。另外，实际检测空调系统供回水温差在所有工况下均不足设计值5℃的80%，存在"大流量，小温差"现象，这与水泵选型单一、偏大且无有效变频控制措施有关。因此，对水泵进行重新计算设计选型，同时采用变频控制，并且安装电动阀使未启动机组阀门及时关闭，仅此一项改造措施预计可以使水泵节能至少30%。

此外，检测过程中发现，因为膨胀水箱与排气阀基本为同一平面，停机后热胀冷缩容易进空气，水系统干管排气

阀不断排气，对系统稳定性及效率会有一定的影响，建议把膨胀水箱位置提高3m左右。

3. 空调末端系统改造方案

针对支路接室内风机盘管无新风现象，可对新风系统进行改造，重新安装办公室带热回收的新风系统，并充分利用原有支路送风管路。此项改造可以降低空调新风负荷，以热回收50%计算，可以节能约8万kW·h/a，同时使办公环境更舒适，从而实现节能和健康舒适的双重收益。

此外，可对吊顶假送风口进行密封或改造，避免不必要的能量浪费。同时，对送风系统管路及接口进行改造，杜绝漏风现象。

（三）照明系统

该项目主要采用日光灯，每盏日光灯功率为28W，灯管布置密集，但物业管理有相关的节能管理措施，大部分时间不是全开。办公室照明根据上下班时间一般由员工自主开关，一般使用时间段为8:30~18:00，办公区域通过不同的开灯方式，控制开灯数量，起到一定的节能效果。随机抽测某办公室的照度和照明功率密度，照明功率密度为3.3W/m²，满足节能要求，但由于灯具使用年限较长，效率明显下降，仍存在较大节能空间。

检测过程中发现几乎所有的窗帘都处于关闭状态，在白天也必须开照明灯，而且照明耗电功率高达141kW，建议尽可能打开窗帘利用自然光，减少开灯数量，同时更换节能50%以上LED灯，此项措施可以使照明节能50%以上。

四、经济性分析

通过对节能改造各措施的市场调查，对本项目的各改造措施投资及效益分析见表1所示。若对项目进行全面改造，即采用表1中所有改造措施，本项目的改造成本约1000万元，节能量约为64.28万kW·h/a，按照电价1元/kW·h计算，总回收期约为15.6年。考虑到全面改造投资回收期较长以及建筑实际使用要求，初期业主选择了水泵变频、部分更换LED节能灯、改造风口、更换温控器及安装监测系统加强管理等投资回收期较短措施，改造后经测试建筑整体节能率达到约20%，节能效果比较理想。可见该建筑节能改造中，用能系统节能改造投资回收期较短，节能改造效益明显，但围护结构节能改造投资回收期较长，需结合建筑整体更新等因素综合考虑。

投资数据统计表   表1

改造措施	改造围护结构（除外墙）	更换地源热泵系统	空调水泵变频	主机电动阀	热回收新风系统及改造风口	换用节能灯具	封堵假送风口	更换温控器	安装能耗监测系统	合计
投资（万元）	500	380	15	10	65	合同能源管理	4	6	20	1000
节能量（万 kW·h/a）	6	8.8	5.28		8	15.8		20.4		64.28
静态投资回收期（年）	83.3	43.2	4.7		8.1	1~3		1.5		15.6

五、结语

（1）该建筑单位建筑面积能耗为超过120kW·h/（m²·a)，与同类型建筑单位建筑能耗相比，该建筑属于较高能耗水平，节能空间较大。此类建筑一般空调系统能耗占比较大，应对围护结构热工性能和空调系统节能性能进行详细诊断。

（2）该建筑的围护结构热工性能参数不能满足节能要求，改造潜力较大。该建筑围护结构综合改造后，预计节能率可达到22.79%，但经测算实际节能量并不高，因该类办公类建筑室内人员与设备引起的负荷也占有较大比重，围护结构引起的冷热负荷相对下降，特别是过渡季节围护结构性能提高并不能带来节能效果，需引起重视，避免盲目改造。

（3）该建筑业主初期改造选择的水泵变频、部分更换LED节能灯、改造风口、更换温控器等用能系统改造措施，投资回收期短、改造后整体节能率较高、节能量较大、经济效益比较理想，值得同类建筑节能改造中进行借鉴。

（4）在该建筑节能改造中发现，安装能耗监测系统加强运行管理，可以迅速采取措施关闭夜间和节假日大量待机能耗，同时加强工作日白天行为节能，用极低成本创造很高的实际节能量，因此能耗监测系统值得在此类建筑中大力推广。

（四川省建筑科学研究院、四川蓝光和骏实业股份有限公司供稿，乔振勇执笔）

河北省建筑科学研究院2号、3号住宅楼超低能耗节能改造示范项目

一、工程概况

（一）地理位置

河北省建筑科学研究院 2 号、3 号住宅楼超低能耗节能改造示范项目位于河北省石家庄市槐中路 244 号，属于寒冷 B 区（图 1）。

（二）建筑概况

河北省建筑科学研究院 2 号住宅楼建设于 1988 年，于 1998 年在建筑北侧进行了部分扩建，总建筑面积为 1937m²，为五层砌体结构，无地下室。该建筑总建筑高度为 14.7m，层高为 2.8m。一期屋面为炉渣保温架空隔热屋面，外墙为 370mm 黏土实心砖，无保温层；二期屋面为加气混凝土保温架空隔热屋面，外墙为轻骨料混凝土空心砌块，无保温层。门窗采用单框单玻窗，大部分为塑钢和铝合金窗。

河北省建筑科学研究院 3 号住宅楼建设于 1998 年，总建筑面积为 3100m²，为地下一层、地上六层砌体结构，总建筑高度 18.8m，层高 2.9m，地下一层为非采暖区，地上六层为采暖区，采暖面积为 2640m²。屋面为加气混凝土保温架空隔热屋面，外墙为 370mm 黏土实心砖，无保温层。门窗采用单框单玻窗，大部分为塑钢和铝合金窗。

图 1　河北省建筑科学研究院 2、3 号住宅楼

（三）室内采暖设施概况

室内采暖系统全部为传统的上供下回式单管串联系统，管材为铸铁管，散热器全部为铸铁制散热器，没有分户控制，不能够进行室温调节。

二、改造目标

2 号、3 号住宅楼屋面架空层破坏严重，外墙主体材料为 370mm 黏土实心砖，无保温层，门窗传热系数大，导致建筑整体热工性能差，冬季室内散热量大，室内温度低，严重影响室内热舒适性。

示范项目改造时外墙采用石墨聚苯板薄抹灰外墙外保温系统，外窗节能改造采用在原有窗户的外侧加装节能窗的方式。通过改造围护结构的性能，使建筑总体节能

效果达到河北省地方标准《被动式低能耗居住建筑节能设计标准》DB 13 (J)/T 273 的要求（表1）。改造后建筑的采暖能耗大幅降低，通过对采暖系统进行改造，实现低温供暖，最终实现2、3号楼停止集中供暖。

被动式低能耗节能改造技术指标 表 1

序号	名称	技术指标
1	外墙、屋顶传热系数	$\leq 0.15\mathrm{W}/(\mathrm{m}^2 \cdot \mathrm{K})$
2	外窗	$\leq 1.0\mathrm{W}/(\mathrm{m}^2 \cdot \mathrm{K})$
3	外门	$\leq 1.0\mathrm{W}/(\mathrm{m}^2 \cdot \mathrm{K})$
4	体形系数	$A/V \leq 0.4$
5	气密性	$n_{50} \leq 0.6$ 次/h
6	一次能源需求量	$\leq 120\mathrm{kW} \cdot \mathrm{h}/(\mathrm{m}^2 \cdot \mathrm{a})$

三、改造技术

示范项目依据《既有居住建筑节能改造技术规程》JGJ/T 129 和《被动式低能耗居住建筑节能设计标准》DB 13 (J)/T 273 进行超低能耗节能改造。改造内容重点围绕围护结构节能改造、室内采暖设施改造等两方面。围护结构节能改造内容主要包括屋面节能改造、外墙节能改造、外门窗节能改造、其他特殊部位节能改造等方面。

（一）体形系数

2号、3号住宅楼的体形系数如表 2 所示。

体形系数计算值 表 2

	2号楼	3号楼
外表面积(m^2)	1655	1928
建筑体积(m^2)	4563	6958
体形系数	0.36	0.28
建筑形状	条状	

依据《被动式低能耗居住建筑节能设计标准》DB 13 (J)/T 273，被动式房屋宜符合紧凑型设计原则，体形系数宜小于0.4，2号、3号住宅楼满足要求。

（二）屋面改造技术

2号楼一期屋面为炉渣保温架空隔热屋面，传热系数为 $1.205\mathrm{W}/(\mathrm{m}^2 \cdot \mathrm{K})$，2号楼扩建部分、3号楼屋面为架空隔热屋面，传热系数为 $1.162\mathrm{W}/(\mathrm{m}^2 \cdot \mathrm{K})$，依据《被动式低能耗居住建筑节能设计标准》DB 13 (J)/T 273，屋面的传热系数应满足 $K \leq 0.15\mathrm{W}/(\mathrm{m}^2 \cdot \mathrm{K})$。

屋面节能改造在原有基础上用倒置法加挤塑板做保温层，将原有屋面清理至保温层后，上部重新做保温层、防水层、找坡层，保温层为 190mm 厚挤塑聚苯板，双层铺设，改造后屋面的传热系数均小于 $0.15\mathrm{W}/(\mathrm{m}^2 \cdot \mathrm{K})$，屋面节点技术做法见图2，屋面现场施工图见图3。

为保证屋面上人孔的保温性能及气密性，本工程在上人孔安装可开启式节能窗，用于维修人员出入。对屋面挑檐、雨棚及穿屋面的所有管道（如雨水管、透气管、排气道、排烟道等）均采取断热桥处理措施。

（三）外墙改造技术

2号楼一期外墙传热系数为 $1.579\mathrm{W}/(\mathrm{m}^2 \cdot \mathrm{K})$，扩建部分外墙传热系数为 $2.106\mathrm{W}/(\mathrm{m}^2 \cdot \mathrm{K})$，3号楼外墙传热系数为 $1.588\mathrm{W}/(\mathrm{m}^2 \cdot \mathrm{K})$，依据《被动式低能耗居住建筑节能设计标准》DB 13 (J)/T 273，外墙的传热系数应满足 $K \leq 0.15\mathrm{W}/(\mathrm{m}^2 \cdot \mathrm{K})$。外墙节能改造采用石墨聚苯板薄抹灰外墙外保温体系，保温层石墨聚苯板的厚度为 220mm，燃烧性能等级为 B1

40厚C20细石混凝土
10厚水泥砂浆保护层
1.2厚高分子防水卷材一道
20厚1:3水泥砂浆找平层
40厚1:8水泥膨胀珍珠岩找坡，最薄处厚20
60+70+60厚挤塑聚苯板
1.2厚高分子防水卷材一道
20厚1:3水泥砂浆找平层
原200厚加气混凝土
原钢筋混凝土屋面板

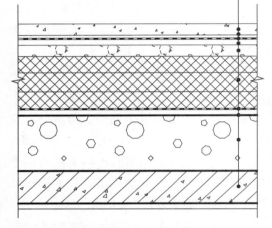

图 2　屋面节能改造节点技术做法示意图

图 3　屋面节能改造现场施工图

级。改造后外墙的传热系数均小于 0.15W/（m²·K）。外墙与地面交接处、穿外墙的所有管道（如雨水管支架、空调孔等）均采取断热桥处理措施。外墙外保温系统中沿楼层每层设置环绕型的岩棉防火隔离带，

宽度为 300mm，错缝搭接。外墙节点技术做法见图 4，外墙现场施工图见图 5。

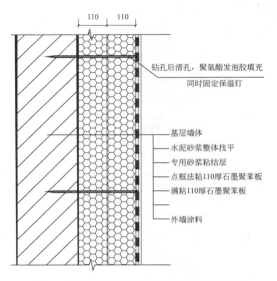

钻孔后清孔，聚氨酯发泡胶填充同时固定保温钉
基层墙体
水泥砂浆整体找平
专用砂浆粘结层
点框法粘110厚石墨聚苯板
满粘110厚石墨聚苯板
外墙涂料

图 4　外墙节能改造节点技术做法示意图

图 5　外墙节能改造现场施工图

（四）外门窗改造技术

由于2号、3号楼外窗采用单框单玻窗，窗框大部分为塑钢和铝合金，小部分窗框为木制材料，传热系数为6.40W/(m^2·K)，依据《被动式低能耗居住建筑节能设计标准》DB 13（J）/T 273，外窗的传热系数应满足$K \leqslant 1.0$W/(m^2·K)。

外窗进行节能改造时，在不拆除原外窗的情况下，在原有窗户的外侧加装节能窗，节能窗窗户玻璃采用三玻两中空玻璃，改造后整窗传热系数$K_w \leqslant 1.0$W/(m^2·K)，气密性能为8级，水密性能为4级，隔声性能为3级，抗风压性能为6级（图6）。单元门更换为节能门，传热系数$K_w \leqslant 0.8$W/(m^2·K)（图7）。

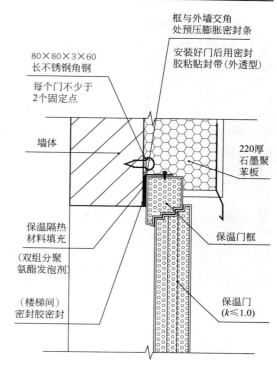

图7 单元门安装节点

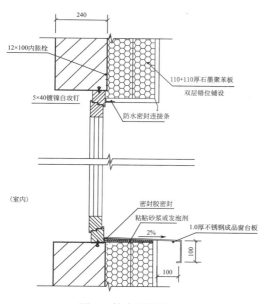

图6 外窗安装节点

（五）其他部位改造技术

1. 阳台改造技术

原阳台三侧为栏板，上部安装单框单玻窗，传热系数大，见图6。本次改造在原有阳台外侧新砌砖墙，然后外粘石墨聚苯板，安装节能窗，采用三玻两中空玻璃，改造后整窗传热系数$K_w \leqslant 1.0$W/(m^2·K)，气密性能为8级，水密性能为4级，隔声性能为3级，抗风压性能为6级。

2. 厨房改造技术

原厨房飘窗底部一半为现浇混凝土板，一半为后加三角形钢支撑，上部安装单框单玻窗，窗顶采用钢盖板，传热系数不满足要求，见图6。本次改造将原三角形钢支撑拆除后，上下均增设100mm厚混凝土板，然后安装节能窗，飘窗顶部和底部粘贴保温层，最后在外部统一增设排烟通道，设置烟道一侧用ASA板封堵，厨房改造现场施工图见图8。

图8　厨房节能改造现场施工图

（六）室内采暖系统节能改造

由于2号和3号楼室内采暖系统全部为传统的上供下回式单管串联系统，管材为铸铁管，散热器全部为铸铁制散热器，室内热环境虽然满足标准值（18℃），但没有分户控制，不能够进行室温调节。采

暖系统进行改造时将串联系统改为并联系统，供回立管设置在楼梯间，住户内原供暖立管截断，各散热器串联，在楼梯间每户供回水支管安装通断控制器、锁闭阀、过滤器等装置。

节能改造前，2号楼的热负荷指标为56.52W/m²，3号楼的热负荷指标为53.54W/m²；节能改造后，2号楼的热负荷指标为10.45W/m²，3号楼的热负荷指标为9.89W/m²。进行超低能耗节能改造后，建筑物的采暖能耗和制冷能耗支出大幅度降低，2、3号楼最终实现停止集中供暖。

四、改造效果分析

（一）耗热量指标分析

2号、3号住宅楼进行超低能耗节能改造，改造前后的各项参数对比如表3所示。进行超低能耗改造后，以耗热量指标判断节能效果，则2号楼节能效果达87.36%，3号楼节能效果达87.79%，节能效果明显。

2、3号住宅楼超低能耗改造前后各项参数对比表　　　　表3

部位		2号楼		3号楼	
		改造前传热系数[W/(m²·K)]	改造后传热系数[W/(m²·K)]	改造前传热系数[W/(m²·K)]	改造后传热系数[W/(m²·K)]
屋面	初建部分	1.205	0.146	1.162	0.148
	扩建部分	1.14	0.144		
外墙	东、西、南侧外墙（初建部分）	1.579	0.145	1.581	0.145
	东、西、北侧外墙（扩建部分）	2.106	0.145		
外窗		6.40	1.0	4.70	1.0
耗热量指标（W/m²）		39.70	5.02	34.47	4.21
耗煤量指标（W/m²）		23.97	2.28	21.07	1.91

模拟结果各项能耗对比统计表（kW·h/a）　　　　　　　　表4

能耗类型	节能65%	改造前	改造后
供热	190855.78	284469.47	26703.18
制冷	18675.12	25526.29	8671.2
照明	26959.94	26910.74	27218.97
设备	50121.38	50121.38	50121.38
通风	10034.78	12622.82	7775.71
总能耗	296657	399650.7	120490.44
计算能耗(除设备)	246535.62	349529.32	70369.06

注：各项能耗所用能源均为电。

（二）能耗模拟分析

依据《被动式低能耗居住建筑节能设计标准》DB 13 (J)/T 273 中的要求，超低能耗建筑的一次能源需求量不大于 120kW·h/(m² · a)。对示范项目采用 DesignBuilder 软件进行建筑能耗模拟，通过输入建筑的地理位置、相关的气象资料、建筑材料及围护结构的基本信息、内部使用情况（包括人员、照明、设备和空气流通的情况）、供热通风及空调系统形式、运行状况以及冷热源的选择情况等信息，模拟改造后 2 号、3 号住宅楼的全年建筑能耗。模拟结果能耗统计表见表4。

改造后，供热能耗降低 90.6%，根据实际情况调查，住户生活热水使用方式多样：太阳能热水器、天然气热水器、电热水器，计算时取最不利工况为使用电热水器作为生活热水需求方式。根据《被动式低能耗居住建筑节能设计标准》DB 13 (J)/T 273，生活热水一次能源需求量为 $E_P^W = 13\text{kW·h}/(\text{m}^2 \cdot \text{a})$（当使用电热水器时）。房屋单位面积年一次能源总需求 $E_P^T = 96.4\text{kW·h}/(\text{m}^2 \cdot \text{a})$（换算成一次

能源），满足《被动式低能耗居住建筑节能设计标准》DB 13 (J)/T 273 不大于 120kW·h/(m² · a) 的要求。

五、经济性分析

2 号、3 号住宅楼节能改造后，可节省电量 279160kW·h/a，可节省一次能源 884101kW·h/a，折合成标准煤可节省 101.1t。按一度电 0.52 元计算，每年可节省 14.52 万元。每年运行节约 101.1t 标准煤，可减少 252.1t 二氧化碳排放、859kg 二氧化硫排放、748kg 氮氧化合物排放。

从河北省来看，目前具备节能改造条件的建筑面积共 2640 万 m²，如果全部实现被动式低能耗节能改造，按每年节省 32 元/m² 计算，每年可节约 8.4 亿元，同时节省标准煤 58.31 万 t，减少二氧化碳排放量 145.4 万 t、二氧化硫排放量 4956t、氮氧化合物排放量 4315t。

六、结语

建筑节能是节能减排的重要组成部分，既有建筑节能改造是建筑节能的主要

措施，也是环境保护的需要。减少城市供暖燃煤对缓解大气污染问题有直接影响，通过对既有居住建筑进行节能改造，可以减少采暖煤炭消耗，节约电力资源，减少二氧化碳、二氧化硫等气体的排放量，降低温室效应。

既有住宅建筑超低能耗节能改造是一种对于居民和政府双赢的节能改造方式。超低能耗节能改造既能改善住宅内部居住环境，提高居民在冬夏两季的居住舒适度，又能大幅度降低建筑物能耗损失，大量节省能源。这是符合可持续发展的思想，契合现代倡导的社会发展观的节能改造方式。

（河北省建筑科学研究院有限公司供稿，赵士永、付素娟、郝雨杭、时元元执笔）

深圳市建筑工程质量监督和检测实验业务楼绿色改造项目

一、工程概况

深圳市建筑工程质量监督和检测实验业务楼绿色改造项目位于深圳市福田区振兴路1号。原有建筑为深圳市建设工程质量监督总站、深圳市建设工程质量检测中心的建筑材料鉴定实验及业务服务用房，由南北两栋楼组成。北楼是深圳市建设工程质量检测中心，分为主楼和附楼，建筑面积4354m²，建筑为主体5层，附楼2层，砖混结构，于1984年竣工。南楼是建设工程质量监督总站办公楼，建筑面积3114m²，建筑共7层，框架结构，于1991年竣工投入使用（图1）。

图1　深圳市建筑工程质量监督和检测实验业务楼照片

二、改造目标

本工程改造后将作为深圳市政府性办公楼使用，使用年限延长30年。改造后建筑面积为8375.48m²，改造后的建筑达到既有建筑改造绿色三星级标准，健康建筑二星级标准，打造既有公共建筑改造的示范性项目。

原有建筑建设年代久远，已经不满足安全使用要求，并且存在消防设施老化、配电设备及线路老化、外墙渗水等问题。因此，首先需对原有建筑进行加固处理，改造变配电房，升级消防系统，保证结构的安全性。对原建筑进行节能改造，通过设立遮阳外立面和对围护结构进行保温改造等，以降低建筑空调能耗。改造后使建筑整体能耗达到改造前的 56%，提高室内舒适度，改造使用功能，为工作人员创造健康、舒适的工作环境。该项目旨在引导行业对既有公共建筑从大拆大建，逐步转向为加固、安全的绿色改造，改变目前粗放式改造的现状。

三、改造技术

本次改造内容包括安全性能整治、建筑节能改造、绿色建筑及健康建筑改造以及信息化及智能化改造四个方面。

（一）安全性能整治

在安全性能整治中采用了应变片、光纤光栅、分布式压电传感、分布式光纤、超声波检测等多种传感手段，结合我国 20 世纪 70—90 年代建筑物的特点，利用数学模型、数值模拟等方法建立一套有针对性的既有建筑改造过程中结构表现实时监测的系统。同时，利用 BIM 平台下的数据接口将监测结果集成到 BIM 环境下，实时对施工进行指导和报警。

首先，通过钻芯法检测评定结构混凝土强度和承重砌体强度检测等方法评估原有建筑结构现状。

结构安全性改造将北楼 1～5 层承重墙采用双面挂钢筋网喷射混凝土和双面挂钢筋网批抹砂浆方式进行加固处理；混凝土柱采用增大截面方式进行加固处理，同时新增部分框架柱；混凝土梁、楼板采用粘贴碳纤维方式进行加固处理，并新增部分钢梁。对南楼 2～4 层框架柱及混凝土强度低于 C13 的柱构件进行加固处理。对南楼屋面层框架梁及混凝土实测强度低于 C13 的梁构件进行加固处理。

在部分区域使用托换法施工，将墙体承重改为框架承重。使用光纤光栅传感器实时监控托换法拆除墙体时的全楼承力体系结构形变，用有限元模型反算安全隐患。

（二）建筑节能改造

通过各设备月能耗分析可知能源的主要消耗点，并据此考虑采用自然通风、合适的外墙保温材料和外窗材料以及采用低太阳辐射吸收系数和太阳得热系数的建筑材料（图 2）。

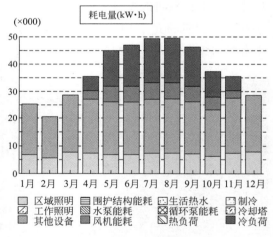

图 2　建筑月能耗柱状图

建筑节能改造基于被动式超低能耗气候生物学分析既有建筑气候条件和舒适度，并按《既有建筑绿色改造评价标准》GB/T 51141—2015 的要求，将不同类型的既有建筑节能改造技术分为被动式节能策略技术和主动式节能策略技术。

1. 被动式节能策略技术

被动式节能策略技术包括墙体热性能提升技术、外窗热性能提升技术、外遮阳系统以及自然通风策略。

通过外墙、外窗多变量耦合分析，探究不同墙体、窗体的节能—成本最优化保温方案。建筑总能耗和墙体传热系数值之间约为线性关系，这是因为外墙传热系数降低，保温性能提升，抵抗外部冷风侵入及冷风渗透的能力增强，由此可显著降低建筑能耗。而降低外窗传热系数提升保温性能后，夏季不能有效散失热量，从而导致空调能耗上升，由此建筑能耗上升。基于深圳的气候条件，最终确定外墙采用 30mm 聚苯乙烯泡沫板内保温，传热系数为 $0.693W/(m^2 \cdot K)$。外窗采用传热系数为 $2.5W/(m^2 \cdot K)$ 的铝塑共挤 Low-E 玻璃。

建筑外立面采用预制 PC 遮阳构件，通过 Ecotect 软件模拟分析构件角度及布置位置，获得最佳的遮阳效果，同时保证室内环境采光仍满足使用要求，见图 3，局部采用电动中空百叶窗。

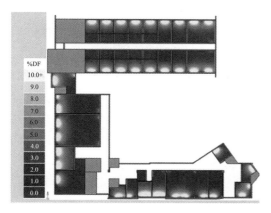

图 3　室内采光分析图

自然通风可以给室内引入新风，提供新鲜空气，同时带走建筑结构中续存的热量，节能的同时能有效改善室内空气质量。通过 CFD 通风模拟可知整体风速分布有利于室内热舒适；主要功能房间空气流动较为理想，风速分布较为合理，利用办公设备布置可以使人员活动区域处于通风良好区域；合理的开口布置能形成流畅的穿堂风。增加电风扇辅助通风效果，并使用软式风管降低噪声（图 4）。

图 4　自然通风模拟结果

2. 主动式节能策略技术

主动式节能策略技术包括可再生能源利用技术、高效暖通空调技术、高效热回收新风改造技术和照明系统改造技术等。

在屋面设置分布式光伏电站，充分利用太阳能资源。考虑可再生能源汽车的应用，按车位的 10% 配置 8 个电动汽车充电桩。

鉴于公共建筑暖通设备能耗较大，采用光伏多联机制冷系统，太阳能直驱利用率可达 98%，与常规的光伏发电系统及变频多联机模式相比，本系统的效率提高了 9%。

本项目南、北楼每层设置一组新风系统。新风系统采用全热回收，新风标准为 $30m^3$/人，室外空气热湿回收通过全热回收可实现近 75% 的湿回收。

供配电系统采用高效节能型变压器，节能率约为 29.1%。电照明采用 LED 节能灯具、智能分区控制、自动调光等，在靠近外窗的部位采用单独回路控制，阳光充足时可以单独关闭，有效降低办公建筑的照明能耗。

（三）绿色建筑及健康建筑改造

本项目改造中进行了园林绿化和垂直绿化设计，提升了办公环境的舒适性，对调节局部生态环境有一定效果。此外，设置了直饮水系统、无障碍通道等，提高办公建筑的功能性和舒适性，为工作人员创造健康、舒适的工作环境。

（四）信息化及智能化改造

本项目实施全过程 BIM 信息化应用，实现建筑、机电、装修一体化。经过改造后的两栋楼分别设置了能耗监控及室内环境监控平台，对能耗状况进行全面监测、分析和评估，并且包含了以下子系统：安防及消防系统、访客系统、信息发布系统、设备资产运维平台、低功耗物联网组网系统等。以轻量化 BIM 模型为平台，实时展示分区域能耗、水耗、电耗，分区域空气质量，机电设备运行状况，功能性房间占用情况，安全门、车位等设施使用情况，安全视频设备画面等（图5）。

图5　现场 BIM-5D 系统应用

四、改造效果分析

本项目通过结构安全性改造后，北楼由砖混结构变为框架结构，两栋楼宇整体抗震性能从六级升为七级，极大地提升了安全性能。改造后的建筑设计使用年限增加 30 年。充分利用原有建筑材料，对于旧材料进行回收再利用，让改造后的建筑与原建筑在材料上具有传承性，既降低成本，又使建筑的生命得以延续。

建筑内外空间人性化布局，提高围护结构性能参数，增加安防、办公一体智能化舒适系统，通过建筑节能改造，两栋楼宇整体能耗变为改造前的 44%，改造后楼宇达到既有建筑绿色改造三星级、健康建筑二星级标准。

中庭采用工程渣土免烧砌块透水铺装，有效降低区域内表面径流速度，实现雨天无路面积水，并且缓解区域内热岛效应。中庭下沉式绿地有效削减径流量，减轻城市洪涝灾害，增加土壤水分含量以减少绿地浇灌用水量，补充地下水资源。同时，径流携带的氮、磷等污染物可以转变为植物所需的营养物质，促进植物的生长。

改造中全过程实现 BIM 信息化应用，促进了信息完整性和信息可视化，让方案更加精准、正确与客观，极大地提升了效率和工程质量，减少不必要的经济与时间上的成本支出。

五、经济性分析

项目总投资额约为 2500 万元，绿色改造虽然会产生一定的增量成本，但采用绿色技术后，可以有效减少建筑耗电量和耗水量，减少每年的建筑运营费用。如围护结构改造所花成本为 166.7 万元，但建筑单位面积年能耗从 66.2kW·h/m² 降低

至 $61.0kW \cdot h/m^2$。经估算，本项目采用以上绿色技术后，全年可节约用电量为 16.8 万 $kW \cdot h$。屋面铺设的光伏系统年发电量约为 8.9 万 $kW \cdot h$，可用于部分建筑用电。

六、结语

深圳市建筑工程质量监督和检测实验业务楼安全整治工程总承包 EPC 项目是一项既有建筑绿色改造项目，项目内容包括结构加固、防水及给水排水、消防整改、变配电改造、通风空调、弱电智能化、电梯、绿化、燃气、防治白蚁、室外修缮、室内使用功能恢复、绿色化改造、可再生能源利用。在工程改造全过程应用 BIM 信息化，在节能建筑暖通空调方面，利用先进的建筑设计技术数据化指标确定系列技术参数，创造室内良好的温、湿度和新风环境，提高室内舒适性，成为被动式低能耗的智能舒适办公建筑。

此次项目是一个国际先驱示范改造工程。数十项先进技术将被应用到这个项目中，涵盖了 BIM、光纤监控、装配式建筑、基于 BIM 轻量化模型能效监测、太阳能等尖端建筑技术领域。改造后的建筑达到既有建筑改造绿色三星级标准，健康建筑二星级标准，对深圳市及其所处的夏热冬暖地区起到良好的既有公共建筑改造的示范作用，推进夏热冬暖地区既有公共建筑综合性能提升与改造关键技术的发展。

（中国建筑股份有限公司供稿，
张孙雯执笔）

宁波城市广场拆改项目工程桩补桩施工技术

一、工程概况

宁波宝龙城市广场项目位于宁波市鄞州区中河街道，总建筑面积约 140000m²，地上 3～13 层，由 1 栋 13 层商业办公楼和 6 栋 3～4 层商业广场组成，建筑面积约 70000m²，地下室 2 层，建筑面积约 70000m²，地下一层为商业，地下二层为机动车库。

本工程±0.000 为黄海高程 3.500m，原自然地坪标高平均约 2.500m，地下室顶板标高−1.350m、−0.500m，地下室结构已于 2015 年 1 月施工完成，基础埋深约 12m。原基坑支护形式为钻孔灌注桩＋坑外止水帷幕＋两道混凝土支撑，地下室工程桩为钻孔灌注桩，桩径 600～800mm，桩长 35～50m。地下室外侧土方已回填，顶板、负一层板后浇带已封闭，底板、外墙后浇带未封闭。因建设单位更换，项目重新招标，我司于 2017 年 6 月中标进场。新业主对原 7 号楼业态及使用功能进行调整，重新进行设计，现需要将原 7 号地下室结构拆除，面积约 3000m²，并补桩 101根（直径 700mm，桩长 50m），另在 3、4号楼改造范围需补打 23 根抗拔桩（直径 600mm，桩长 35m）。

7 号楼补桩桩尖以 8-1（中砂）、8-2

（圆砾）、8-3（粗砂）为联合持力层，设计桩顶标高为−12.900m，桩底标高根据地质报告在−63.000m 左右，且要求桩端全截面进入持力层不小于 1m，如遇地质勘察报告所揭示的 8-3-1 层（粉质黏土层）时，则要求桩尖穿越此层，并进入下层即 8-3 层深度不小于 0.5m（图 1）。孔底沉渣控制不大于 50mm，桩身混凝土充盈系数不小于 1.1，超灌高度不小于 1.5d。

图 1　顶板俯视图

抗压桩单桩承载力特征值为 2750kN，极限承载力 5500kN，抗拔桩单桩承载力特征值为 950kN，极限承载力 1900kN。

二、桩机作业面选择

钻孔灌注桩通常是在经平整后的地面上施工，但鉴于本项目的特殊性，初步分析后可采用在顶板上打桩和先拆除顶板、负一层板后在底板上打桩两种方案，两种方案各有利弊。

1. 底板上打桩

操作空间受限：改造区域离地下室外墙最近距离，北侧 2m，西侧 18m，且北侧、西侧临近本地下室分别为住宅小区和在建地铁站。为确保 7 号楼地下室拆改过程中北侧、西侧保留地下室结构及周边建筑物的安全，需在结构拆除前在拆除部位作临时支撑（专业单位提供设计方案），支撑标高同地下室顶板。地下一层层高 3.9m，地下二层层高 7.1m，总高度 11m，水平临时支撑系统对补桩施工的影响有：①常规 GPS-10 型钻孔灌注桩的桩架高 12.5m，无法在支撑下方作业，需特制桩架；②补桩数量较多，个别工程桩位于支撑系统下方，钢筋笼安装困难。另外，钻孔灌注桩施工桩中心距周边至少要有 3.0m 的操作空间，本工程有 15 根桩桩心离保留结构小于 3.0m，施工空间不足。

地下水位影响：地质详勘报告显示，场地内浅层水位埋深 0.62～1.83m，高程 1.35～1.08m；深层孔隙承压水赋存于第 8-1 层中砂、第 8-2 层圆砾和第 8-3 层粗砂中，含水层顶板埋深 53.30～64.80m、层厚 0.60～8.00m，透水性较好，水头埋深约 3.00m。原地下室结构施工时基坑周边设有止水帷幕，但地下室结构完成后已搁置了约两年半时间，坑内浅层水位难以确认，且工程桩设计桩底标高约－63.00m，已穿透承压水层。场内承压水位已超过地下室底板标高，桩基施工时需进行降水处理。

泥浆池设置：常规的钻孔灌注桩施工泥浆池设置在桩孔边上，作业面标高即为泥浆池顶标高，本项目钻孔孔口在底板上，泥浆池设置困难，且施工期间易出现地下室泥浆横流的情况。

施工工期：工程桩完成后，需一定的养护时间才能进行桩基检测以及后续工序施工。

2. 顶板上打桩

原结构板开孔：桩机位于顶板上施工，需在原顶板、负一层板、底板位置开孔，总计开孔 372 个，工程量较大（若在底板上施工，只需在底板开孔）。

顶板加固：桩机施工最大重量 10t，原一层结构板厚 200mm，根据原设计说明顶板容许荷载为 10kN/m²，顶板能承受桩机施工时荷载。但为确保桩基施工安全以及减少对保留结构的影响，有两种位置需要进行加固。①共计有 16 根桩位置在原顶板结构的主梁上，原结构开孔后主梁断开，需对切断的主梁进行加固；②拆除区域四周一定范围内的保留结构需进行加固。

施工工期：工程桩完成后，养护期间进行原结构拆除，可节约 28 天工期。

综合上述分析，顶板上打桩存在的问题可通过技术措施解决，而底板上打桩面临的操作空间受限、地下承压水位及泥浆池设置等问题处理难度大、成本高。因此，本工程选用在顶板上补桩的施工方案。

三、施工难点及解决措施

本工程灌注桩成孔选用 CPS-10 型钻机正循环旋转钻孔工艺，原土造浆。

因项目的特殊性，需要解决地下承压水、泥浆池设置、顶板加固、泥浆循环等问题。

1. 承压水处理

地下承压水处理是本项目补桩施工的一个重点。根据地质详勘报告计算，场地内承压水头高度约55m，承压水头相对标高－0.500m，底板面标高－11.500m。为防止承压水对施工钻孔灌注桩造成危害，需平衡其水头压力，使桩孔内稳定泥浆面低于孔口，防止承压水从孔口溢出。

1）泥浆平衡计算

泥浆平衡法，即使泥浆柱形成的压力大于承压水压力，使承压水不至溢出孔口并保持 0.5～1.0m 的安全量。即：

$$h\gamma_浆 > [H + (0.5 \sim 1.0)]\gamma_水$$

式中　h——孔口至承压水层深度；

　　　$\gamma_浆$——泥浆密度，应小于钻孔灌注桩施工规范要求，宁波地区常用成孔泥浆相对密度 1.3，二清泥浆相对密度 1.15～1.2；

　　　H——承压水水头高度；

　　　$\gamma_水$——水的密度，一般取 1.0kg/L。

按上述公式计算并进行标高换算后，相对密度 1.15 的泥浆液面高度为相对标高－11.200m，高出底板面 300mm。

2）孔口围堰

因泥浆液面高度已超过底板面 0.3m，另考虑 1.0m 的安全余量，需至少填高桩孔位置 1.3m。根据项目实际情况，采用在桩孔位置用灰砂砖砌筑 1.5m 高、内径 800mm 的砖砌护筒，内侧 10mm 厚水泥砂浆抹灰，以确保钻孔过程中孔内泥浆面的稳定（图2）。

图2　砖砌护筒

2. 泥浆池设置

在 800mm 厚底板上开挖泥浆池难度大，因此采用在群桩四周砖砌高 1m、平面尺寸约 3m×5m 的泥浆池（具体根据群桩数量调整），内侧 10mm 水泥砂浆抹灰，共计 34 个泥浆池（图3、图4）。

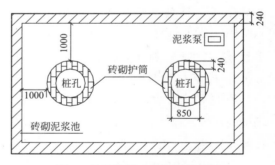

图3　砖砌护筒、泥浆池示意图

图4　砖砌泥浆池

3.顶板加固

桩基施工只需对顶板开孔切断的主梁及周边保留结构进行加固，但考虑到顶板结构拆除采用切割法，也需要搭设支撑架。因此，整个拆除区域及四周保留结构 3m 范围内的顶板全部采用扣件式钢管支撑架回顶加固，支撑架立杆纵横间距 1.0m，步距 1.8m，主梁切断处，端头用 500mm×500mm 的钢管格构柱回顶（图5）。

图5 顶板加固

4.泥浆循环

钻孔灌注桩正循环旋转钻孔的泥浆循环：泥浆由泥浆泵以高压从泥浆池输进钻杆内腔，经钻头的出浆口射出，底部的钻头在旋转时将土层搅松成为钻渣，被泥浆悬浮，随泥浆上升而溢出流入桩边泥浆池，用泥浆泵抽入循环池经过沉淀净化，泥浆再循环使用。

（1）泥浆循环池、废浆池设置在地下室顶板上，用灰砂砖砌筑 3 个 3m×2m 的泥浆循环池和一个 300m² 的废浆池，内侧 10mm 厚水泥砂浆抹灰（图6）。

图6 泥浆循环池、废浆池

（2）护壁泥浆和钻渣经砖砌护筒上口溢出，收集在底板泥浆池内，再用 ZNQ 型潜水泥浆泵（7.5kW）将其抽至顶板泥浆循环池，经沉渣过滤后，用 3PNL 型泥浆泵（22kW）由钻杆柱中心注入孔内进行循环（图 7）。

（3）因泥浆池与循环池有约 11m 高差，为确保泥浆和钻渣能顺利抽到循环池内，除确保潜水泥浆泵的扬程外，另用钢管搭设一条斜道，用以固定送浆软管，避免发生浆液回流。斜道穿过负一层板、顶板，具体搭设位置可根据楼板开孔位置调整。

四、其他施工措施

1.试打桩

补桩施工经充分的前期技术分析与施工准备，已具备施工条件。但因本项目桩基施工条件的特殊性，为避免大面积施工

时出现意外，选择 8 号桩进行试打桩，若出现未预见的情况可及时纠偏。原地下室结构完成后停工时间较长，距地质勘察时间已隔三年多，地下水压可能发生变化，试打桩时为检验泥浆平衡的效果，在砖砌护筒内增设一个高 3.5m、内径 800mm 的钢护筒。试桩过程中测得泥浆液面稳定在相对标高－11.000m 处（砖砌护筒顶标高－10.000m），能满足施工要求，大面积施工可不采用钢护筒，试打桩成桩顺利（图8）。

2.施工工期及机械安排

本工程补桩施工绝对工期 40 日历天。7 号楼 101 根桩投入 3 台 GPS-10 型钻机，1 台在标高－1.350m 处施工，两台在标高－0.500m 处施工；3、4 号楼区域 23 根抗拔桩投入 1 台 GPS-10 型钻机，每台设备每天完成一根桩。

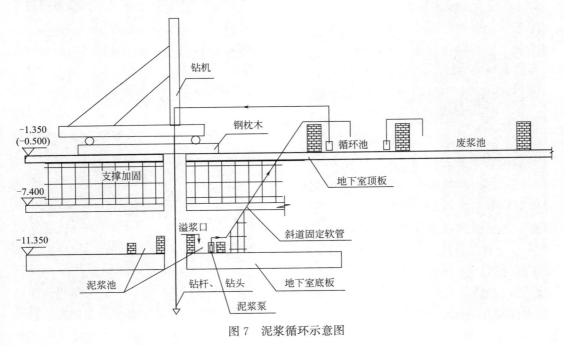

图 7　泥浆循环示意图

采用排孔＋风镐破碎的工艺（图 10）。

图 9　楼板开孔

图 8　试打桩钢护筒

3.楼板、底板开孔

考虑减少对保留结构的影响，且场地北侧紧邻住宅小区，楼板开孔采用静力无损切割技术。该施工技术对保留结构不会产生任何扰动，施工过程中无振动、无噪声、无污染，具有施工效率高、安全性能好、环保等特点。根据持有机械设备数量及施工工期要求，楼板开孔采用了排孔法和刀片切割法两种施工工艺，排孔法效率低、单价低，刀片切割法效率高、单价高（图 9）。底板厚 800mm，开孔难度较大，

图 10　底板开孔（一）

图 10　底板开孔（二）

4.场内机械设备、材料水平运输

本工程原施工单位留有 5 座塔式起重机基础，对预埋节检测合格后重新安装 QTZ80 型塔式起重机。钻机组装、钢筋笼安装均采用塔式起重机辅助完成，混凝土浇筑采用汽车泵（图 11）。

图 11　桩基施工现场

五、桩基静载检测

桩基静载检测通常采用堆载法，但本工程检测桩在负二层地下室内，不具备堆载空间，设计采用锚桩法检测。锚桩法即锚桩反力梁装置，如图 12 所示，是将检测桩周围对称的几根锚桩用锚筋与反力架连接起来，依靠桩顶的千斤顶将反力架顶起，由被连接的锚桩提供反力。锚桩可利用邻近的工程桩，安装快捷，节约成本（图 13）。

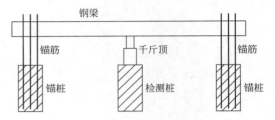

图 12　锚桩反力梁装置

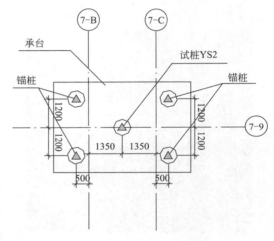

图 13　桩位布置平面图

六、结语

本工程补桩施工于 2017 年 9 月 15 日全部完成，12 月初完成桩基小应变检测及锚桩法静载检测，桩身质量及承载力均符合设计要求，施工过程中未出现异常情况，可为今后同类工程施工提供相关经验。

（中天建设集团有限公司供稿，陈万里、陈正立、崔朝赟、沈映执笔）

河北某培训园区机电系统改造工程

一、工程概况

本项目总建筑面积53000m²，是一所集住宿、餐饮、培训、娱乐为一体的大型酒店式培训园区，现有各式客房214间，提供中、西餐饮服务，以及会议和培训场所服务，并配有健身、游泳、温泉、休闲公园等娱乐设施。

本项目共包含20余栋不同功能的独立建筑，建筑高度均不超过24m，散落分布在园区各处，见图1所示。

本项目自1996年建成，于2003年起历经多次改造，现场机电系统、设备管线情况较为复杂。本次将对整个园区在原有建筑基础上进行精装修及机电系统改造，其中机电系统改造包括对机电站房、园区小市政管线、各独立楼栋内部末端机电系统等内容的更换、调整及增补。

二、暖通空调系统现状及改造内容

1.室内设计参数

原有系统由于年代较久，且档次定位相对较低，部分楼栋的室内设计参数设计的舒适度相对较低。如部分楼栋未设新风要求、湿度控制要求，或部分酒店楼栋设计温度不符合高档酒店水平等。本次改造对室内设计参数结合区域功能及规范、酒店标准等要求对室内设计参数重新定位，并以此为基础复核了冷热源、末端设备等改造需求。

2.冷热源系统

本项目现有冷源针对不同楼栋划分，共存在三种形式：①集中水冷机组制冷；②风冷机组制冷；③分体空调制冷。热源统一由园区热力站供应热水至各楼散热器系统或空调热水系统。

1）制冷站设备

（1）冷机：本项目制冷机为1996年采购，虽有进行常规维护工作，但机组运行年限较长，物业反映压缩机故障频发。且据向厂家了解，此款冷机产品已停产，主板电路已无法维修，相关备件并不充足，相应维修周期较长。

另外，现有2套共4台冷水机组的制冷性能系数（COP），仅为3.84及3.64，远低于《公共建筑节能设计标准》GB 50189—2015（以下简称节能标准）中对于该种冷机的最低4.10的限值。

本次改造将原有冷机拆除更换，新冷机冷量按调整室内设计参数后的最新冷负荷增大设计，且新设备的性能保证满足节能标准相关要求。

（2）水泵：现状水泵虽为2005年更换，但漏水、锈蚀现象也已比较严重。水泵金属底架与混凝土基座之间为弹簧减振器，但基础及减振器均锈蚀严重。另外，水泵输送能效比亦不满足节能标准相关要求（图2）。

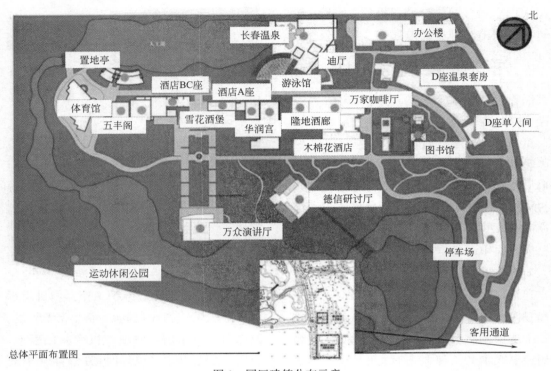

总体平面布置图

图1 园区建筑分布示意

图2 现状水泵

本次改造将水泵及制冷站内现有设备管线整体拆除并重新采购及安装。

（3）冷却塔：制冷站的冷却塔设置于制冷站屋顶，自1996年运行至今，漏水现象非常严重，且运转噪声大，因制冷站距客房较近，受到客人投诉较多（图3）。

本次改造除对应新冷机调整冷却塔水量外，将原有距离客房较近的冷却塔移位至室外地坪并作消声处理，减小了噪声对客房的影响。

2）风冷机组

现状共有5栋楼各自采用风冷冷水机组供冷，均为2003年更换。经与物业人员及设备厂家了解，上述风冷冷水机组由于使用年限较长，故障较多，影响应用。

图 3　现状冷却塔

且此款冷机产品已停产，主板电路已无法维修，相关备件并不充足，相应维修周期较长。故本次改造考虑将此设备整体更换。

3）热源

本项目现由园区地热热力站集中供应热水，并由园区内小市政热力管网供应至各楼栋。

但目前园区热水井、换热站的热水泵、板式换热器陈旧，热水储水罐腐蚀严重，机房管路及保温腐蚀破损严重；物业反映冬季采暖效果不好，管道多处腐蚀漏水、板式换热器配件已无法匹配。小市政供热管网的阀门、供热管道、保温防腐层腐蚀严重，管线多处维修。

本次改造，小市政热水管路采用大温差供热系统，降低循环泵能耗，减小室外管材规格，初投资及运行费用大幅降低。

末端采用空调系统的建筑集中设置二级换热站，采用梯级换热方案充分利用小市政热源。对现状热力站内的设备管线及小市政供热管网整体替换翻新。

4）分体空调

现状采用分体空调的建筑基本均在2003年统一更换过一次新机，但目前使用年限较长，本次改造统一更换，且室内机形式根据改造后的精装方案调整（图4）。

图 4　现状 VRV 室外机

3.空调末端

全空气系统：现状空调机组大多机房狭小、无法检修；机房临近前场区域却无降噪措施导致噪声影响较大；机组无中效过滤、无加湿等。

本次改造结合最新精装布局，调整机房位置及面积，远离前场区域，保证维护操作空间；尽量将新风机组安装在专用机房内，便于设备维护；对空调机房进行隔声降噪处理；改造现有机组或更新机组，增加静电中效过滤段，解决 PM2.5 污染问题，增设等焓加湿段，提高空调区域舒适性，同时降低加湿能耗；更新空调系统的风管及风口；加强机房日常维护管理。

风机盘管＋新风系统：风盘大多出现凝水盘老化漏水问题，客房风盘无回风箱，噪声问题较严重。新风机组大多吊装在走廊吊顶内，较难检修。且同样存在过滤、加湿的问题。

本次改造将风机盘管整体更新，并在重要场所的风机盘管回风端串联 PM2.5 净化设备。新风机组的处理方式同空调机组。

散热器：较多锈蚀、散热量不足情况，且不满足室内最新精装需求。本次结合精装设计统一重新设计散热器供暖系统，达到美观、节能、经济、便于维护的目的。

4.通风系统

现有通风系统机房位置及百叶位置，大多对改造后的精装方案产生影响，故本次改造重新配合调整了通风路由，提高外立面观感，降低机房噪声影响。改造后的风机，单位风量耗功率满足节能标准中第 4.3.22 条的要求。

现有厨房排油烟系统，厨房油烟净化采用运水烟罩，处理油烟效果有限；且排油烟风机和补风机均吊装在厨房区域内，或者排油烟风机安装在室外屋面或室外地坪，噪声大、检修不便，排油烟效果不佳，油烟异味影响较大。

本次改造结合厨房顾问的改造方案，重新配置通风风机，在油烟罩设置 UVC 灯除油烟设备，在末端设置静电油烟净化机组。油烟净化效果满足《饮食业油烟排放标准》GB 18483—2001 中针对最高允许排放浓度和油烟净化设施最低去除效率的要求。同时，排油烟设备移至屋面，补风机组安装在机房内，以利日常维护检修（图5）。

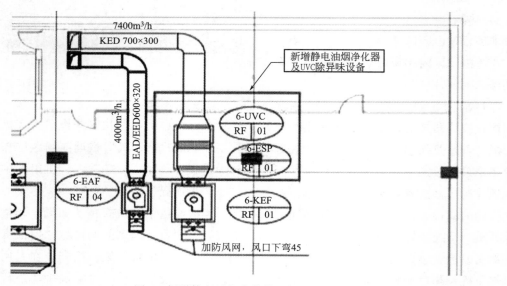

图5 新增静电油烟净化器及 UVC 除异味设备

5.防排烟系统

本项目现状均未设置机械防排烟系统。本次改造依据现行《建筑设计防火规范》GB 50016，对需设置机械排烟的区域增设相关系统，以保证消防安全，满足消防要求（图6）。

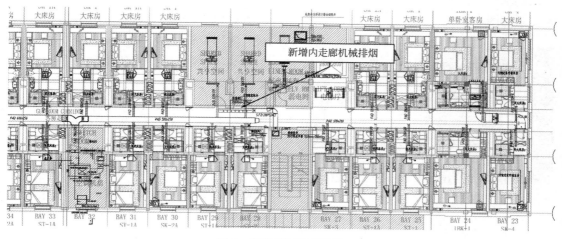

图6　新增机械排烟系统

三、给水排水系统现状及改造内容

1.给水系统

1）生活给水

（1）现状：园区内南侧设置生活及消防合用泵房，泵房内设置自备水井，深井泵提升后经除砂装置、二氧化氯消毒器后引入300m³钢筋混凝土贮水池，而后经加压泵组分别供给园区生活用水、消防用水以及绿化用水。现状园区自备井水与市政自来水引入水管通过阀门切换备用，贮水池清洗时，切换阀门利用市政水以保障园区供水。

现状生活水贮水池为混凝土水池，且未设置分隔，不便于清洗，水池出水未设置消毒设施，且无相关水质检测报告，水质保障存在安全隐患。

（2）改造方案：为确保满足高档酒店用水要求，本次改造增设给水泵房，增设不锈钢生活水箱并分格设置，增设紫外线消毒器。

根据现行规范要求，自备水井与市政水不应直接连接，目前园区设置自备井水与市政自来水通过阀门以切换用水与现有规范不符。本次改造将市政自来水管引入给水泵房，作为储水补水管。

2）生活热水

现有系统生活热水水源为温泉水直供，通过热水地热机房深井泵提，而后经除砂装置、曝气装置后引入50m³贮水罐，经加压泵组供给各热水用水区域。物业反馈现阶段除砂装置、曝气装置均已严重腐蚀未投入使用，现贮热水罐已严重腐蚀。本次改造对贮热水罐及配套设备整体进行更换。由于生活热水水源为温泉水直供，存在与冷水系统不同源供给问题，此种方式极易导致冷热水混合水温频繁波动，忽冷忽热现象；同时，生活热水采用温泉水对设备管道阀门及洁具等均存在较大腐蚀性影响，因此本次改造增设热水机房，加热生活冷水用于生活热水需求（图7）。

图7　现状贮热水罐

目前，酒店热水供水系统在运行过程中存在热水出水时间过长的问题，经过现场勘察发现园区热水未设置热水回水管网，仅有部分楼座内部设置热回水系统，且部分楼座内设置的电热水器及热水循环泵均已损坏停用，运行效果均较差，本次改造整体考虑了热水系统平衡等问题，增设热回水系统。

3）管材

现状市政自来水给水管材为球墨铸铁管，园区内小市政生活冷热水管材均为衬塑钢管。各建筑入户管为衬塑钢管接至入户水表，水表后为铜管、覆塑铜管、钢管、PPR管几种类型。

根据物业反馈以及现场管井调查，室外给水管及连接阀门均存在较大腐蚀，室内管材部分区域存在腐蚀情况，本次改造对园区全部埋地冷热水衬塑钢管统一更换，采用球墨铸铁管，并对室内腐蚀管道及阀门进行更换，采用铜管。

2.排水系统

部分设备机房潜污泵组已无法正常使用，据物业反馈水泵部分为1996年投入使用，潜污泵如正常使用、维护得当，使用寿命为20～25年，现机房潜污泵组已接近使用年限，本次改造将损坏的潜污泵组及其余1996年投入使用潜污泵组统一更换处理。

目前，酒店区域排水系统采用室内污废合流系统，卫生档次较差，本次改造调整为污废分流系统。

其余园区内整体排水系统、雨水系统均运行正常，本次改造仅将个别出现锈蚀的管道进行更换，其余未做改动。

3.消防水系统

目前，室外消防水系统从室外消防泵房至园区环状管网为单路供水，根据现行消防规范要求，本次改造调整为双路供水接入园区环状管网。

目前，室内喷淋系统水泵、室内消火栓直接从室外消火栓环状管网接管，根据现行消防规范要求，目前室外消防管网水量无法满足需求，本次改造增设消防水池、室内消火栓泵及消防泵房。

根据现行消防验收要求，消防水泵、阀门、喷头、消火栓等产品均应具有3CF认证，本次改造涉及修改调整的设备，均予以更换。

根据现行消防规范要求，对部分楼栋增设室内消火栓系统，部分楼栋设置喷淋稳压泵但未设备用泵及气压罐的，本次补充设置。

现状消防管道连接全部为焊接连接，对本次精装改造设计重新安装的区域，根据现行消防规范，均调整为沟槽或法兰连接。

四、强电系统现状及改造内容

1. 变配电系统

现有高压开关柜、直流屏及电池柜、模拟屏、变压器、低压配电柜等设备均为1996年起投入使用，运行时间已超过20年，基本均已接近最大使用年限，虽目前尚无重大故障，但据物业反映设备工作状态已较差，且设备老化、功能落后，产品系列基本都已停产。本次改造对变配电设备统一进行更换，并结合改造后的最新用电负荷需求重新进行了设计。

2. 应急电源

现状各变电所旁均设有柴发机房。现有柴发机组均为1996年起投入使用，目前存在不同程度的漏油现象，甚至部分出现启动困难问题（图8）。本次改造统一进行更换。

图8　现状柴发漏油

另外，现状柴发机房内没有单独的储油间，油罐目前直接装设在柴发机组旁，不满足现行规范要求（图9）。本次改造在机房内增设日用油箱间，储油罐改为室外埋地。

图9　现状储油罐设于室内

本项目现状无EPS系统，应急照明电源由柴发供应。本次改造增加了该系统。

3. 低压配电系统

（1）动力、照明配电箱/柜及控制箱柜：箱/柜内主要元器件分为1996年产品和2003年产品，经过改造，2003年产品数量较多，但产品技术性能已经落后，并且部分产品厂家已经不再生产。动力、照明配电箱/柜及控制箱柜至今运行14年，其多数配电箱虽然运行状态尚属正常，但多数箱/柜内部走线杂乱，存在电线混接的现象，部分配电箱没有二层门板，打开箱门即可触碰到裸露的带电导体，对操作人员存在安全隐患。部分区域的配电箱工作环境较差，箱体严重锈蚀。

末端配电箱/柜受改造工程的影响较大，本次改造将相关区域内的所有配电箱/柜全部更换，柜内元器件保护性拆除，性能状态良好的元器件可保留为备品备件。与暖通、给水排水、电梯、弱电专业相关的配电箱/柜、控制箱/柜，随设备更换而全部更换；如设备保留，则相应的配电箱/柜、控制箱/柜予以保留。已经出现故障和生锈的配电箱进行更换。

（2）电缆、电线及电缆桥架：现状供电电缆存在较多损坏，出现故障。本次改造对已经出现故障的电缆统一进行更换。

4.照明系统

现状机房、洗衣房、厨房等后勤区均采用 T8 光源荧光灯，为了节能只安装了一半的灯具，导致照度不足。由于目前 LED 灯具色温普遍偏高，长期对人的神经系统影响较大，因此结合各区域照明要求、节能并考虑减少后期运营成本，本次改造人员短期停留区域，如走道、卫生间设置 LED 灯，其余区域，如办公、会议场所全部更换为 T5 荧光灯。精装区域灯具根据精装要求，在上述原则基础上选用。

五、节能环保措施

根据本项目档次定位，及当地政府相关要求，本项目改造考虑了以下节能环保措施：

（1）选用的水冷冷水机组、风冷冷水机组的能效指标不低于现行节能标准规定值。

（2）空调冷热水系统循环水泵的耗电输冷（热）比和通风空调系统风机的单位风量耗功率符合现行节能标准的规定。

（3）合理设置排风热回收系统，设备的热交换效率不低于 60%。

（4）为空气处理机组设置空气净化措施，改善主要功能房间的空气质量。

（5）循环冷却水系统设置水处理措施；采取加大集水盘、设置平衡管的方式，避免冷却水泵停泵时冷却水溢出，减少水资源浪费。

（6）采取以下措施，降低部分负荷、部分空间使用下的供暖、通风与空调系统能耗：

① 区分房间的朝向，细分供暖、空调区域，对系统进行分区控制；

② 合理选配空调冷、热源机组台数与容量，制订实施根据负荷变化调节制冷（热）量的控制策略，且空调冷源的部分负荷性能符合现行节能标准的规定；

③ 水系统、风系统采用变频技术，且采取相应的水力平衡措施。

（7）合理的气流组织：

① 避免卫生间、餐厅等区域的空气和污染物串通到其他空间或室外活动场所；

② 主要功能房间中人员密度较高且随时间变化大的区域设置室内空气质量监控系统。对室内的二氧化碳浓度进行数据采集、分析，并与通风系统联动；实现室内污染物浓度超标实时报警，并与通风系统联动。

（8）全空气空调系统采用过渡季加大新风设计，节约空调能耗的同时，改善室内空气质量，满足人员的热舒适度要求。

（9）对于本项目需要更换的冷热水变频泵组，选用水泵效率不低于现行国家标准《清水离心泵能效限定值及节能评价值》GB 19762 规定的泵节能评价值。

（10）对于本项目涉及更换的计量水表，符合现行国家标准《民用建筑节水设计标准》GB 50555 第六章的有关规定内容。

（11）根据节能标准 5.3.5 条仅设有洗手盆的建筑不宜设计集中生活热水供应系统。本项目仅洗手盆供应热水的部分楼栋，采用电热水器供应热水。

六、改造效果分析

本次改造，在配合整体精装效果提升的基础上，使改造后的系统满足现行各类规范要求，提高了机电系统整体舒适度，贴合高档酒店水准，更新设备使系统运行更安全、平稳，且按最新国家标准选配的设备性能提升，使得运行更加节能且降低运行费用。

七、结语

在改造过程中，首要的是定位改造后的需求目标后，摸清原有系统的初始性能、现有状态以及经历过的改造环节，与目标进行对比分析，以确定具体需要替换、增补的环节，以及尚可留用的部分，在实现改造目标的前提下节省投资。改造过程中涉及机房改造、结构开洞、用水用电需求等调整的，也需机电与建筑、结构、精装专业间的紧密协调配合。对于受到既有建筑条件限制而较难实现的改造目标，需与业主、各设计方以及施工方等一同沟通探讨，以确定最终是否调整目标。

（柏诚工程技术（北京）有限公司供稿，
孟祥执笔）

机场航站楼幕墙改造施工实践

一、工程概况

上海浦东国际机场 T1 航站楼流程改造工程，建筑面积超过 11 万 m^2。其中，航站楼幕墙改造工程涉及主楼和长廊，幕墙改造为主楼侧和长廊侧拆除 6～18m 间原有玻璃幕墙以及幕墙柱，保留 18m 以上玻璃幕墙，在 16.7m 处新增南北向的箱形托梁。18m 以下主楼和长廊与新建区贯通，形成大空间（图1）。

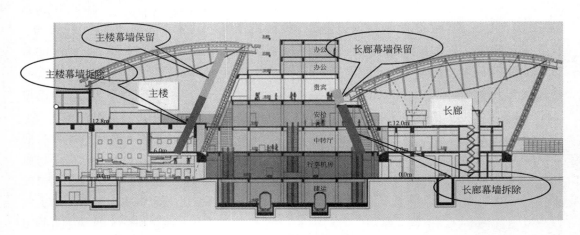

图 1　幕墙改造立面图

1.原结构概况

1）主楼原结构概况

浦东机场 T1 航站主楼为大跨度钢结构，屋盖采用张弦梁支承于柱顶托桁架之上，结构柱柱距为 18m，采用异形截面□650mm×780mm×25mm×440mm。幕墙立柱柱距为 3m，采用双肢格构式截面，柱肢截面为 $\phi273mm×12mm$ 圆管，通过18mm 厚缀板相连。屋盖设计标高约为30m。钢材均采用 Q345B（图2～图6）。

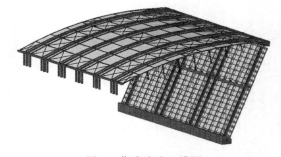

图 2　幕墙改造三维图

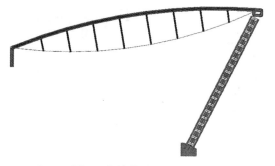

图 3　主楼幕墙结构模型

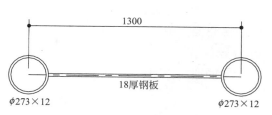

图 5　幕墙立柱截面

2）长廊原结构概况

浦东机场 T1 航站长廊的结构柱柱距为 18m，采用异形截面 ⊢ 650mm × 780mm × 25mm × 440mm 及 ⊢ 650mm × 780mm × 20mm × 440mm。幕墙立柱柱距为 3m，采用双肢格构式截面，柱肢截面为 ϕ219mm × 12mm 及 ϕ219mm × 10mm 圆管，通过 18mm 厚缀板相连。屋盖设计标高约为 28m。钢材均采用 Q345B（图 7～图 9）。

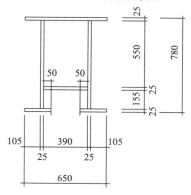

图 4　主楼结构截面

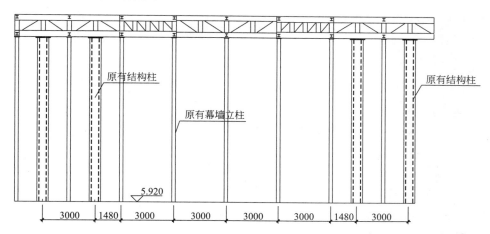

图 6　主楼原幕墙结构立面图

2.幕墙改造工程概况

1）钢结构形式

（1）构件形式

主楼侧和长廊侧幕墙改造托梁与钢管

缀板幕墙柱节点由以下构件（零件）组成：H300mm × 300mm × 18mm × 20mm 上部托梁，材质 Q345B，单根长 1300mm，重 170kg（图 10）。

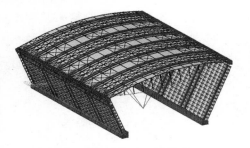

图 7　长廊幕墙三维模型

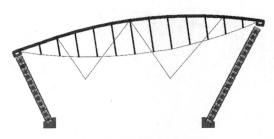

图 8　长廊幕墙结构模型

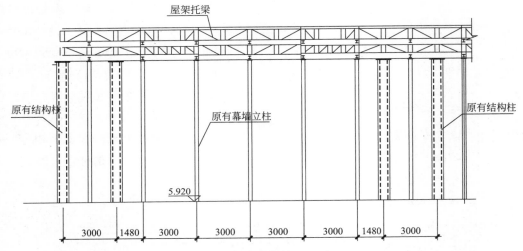

图 9　长廊原结构立面图

及 14.56m 三种长度规格安装，14.56m 长托梁重约 5t（图 11、表 1）。

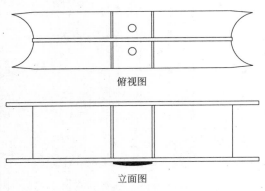

图 10　H300mm×300mm×18mm×20mm 上部托梁示意图

幕墙托梁口 650mm×600mm×15mm×25mm，材质 Q345B，共分 1.44m、2.56m

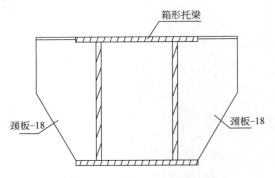

图 11　650mm×600mm×15mm×25mm 箱形幕墙托梁示意图

650mm×600mm×15mm×25mm

箱形幕墙托梁数量　　　　表1

	长度（m）	数量	托梁总长（m）
主楼侧	14.56	14	250.24
	2.56	17	
	1.44	2	
长廊侧	14.56	14	250.24
	2.56	17	
	1.44	2	

幕墙托梁两侧分别安装一组限位块，每组限位块与箱形托梁通过两个 M24 高强螺栓连接（图12）。

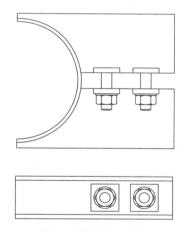

图12　限位块示意图

（2）构件节点连接形式

两根中心间距为 1.3m 的钢管幕墙柱间，安装截面为 H300mm × 300mm × 18mm×20mm 的上部托梁，上部托梁两端翼缘开圆弧口，与钢管幕墙柱留 6mm 间隙，腹板与钢管幕墙柱焊接，上部托梁中心顶标高为 17.859m。幕墙箱形托梁通过两根 M36 双头高强螺栓（配两片碟子）与上部托梁连接（图13）。口 650mm×

600mm×15mm×25 幕墙托梁两侧分别安装一组限位块，每组限位块与箱形托梁通过两个 M24 高强螺栓连接，限位块与钢管幕墙柱接触面涂 3mm 厚四氟乙烯涂层，顶紧安装，具体节点如图14所示。

图13　M36 双头高强螺栓
（配两片碟子）示意图

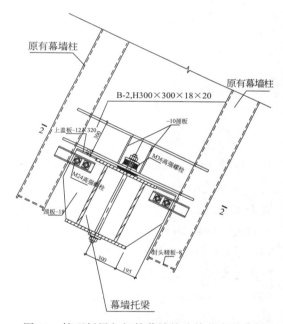

图14　箱型托梁与钢管幕墙柱连接节点示意图

箱形托梁与箱形幕墙主柱节点形式为：单侧连接幕墙托梁的节点直接由箱形幕墙托梁与箱形幕墙柱焊接（仅腹板），两侧皆连接幕墙托梁的节点，箱形幕墙托梁上翼缘板在节点处扩大形成环向筋板，包住箱形幕墙主柱，参见图15。

2）钢结构施工内容

原有玻璃幕墙以及幕墙柱割除。

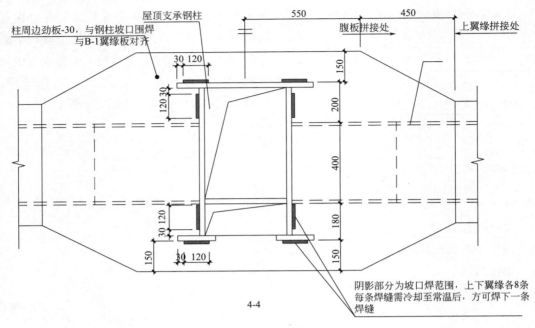

图15　单侧连接节点及双侧连接节点示意图

（1）R3、R4 幕墙托梁安装

拆除 18m 标高以下玻璃幕墙后，在 18m 下南北方向安装幕墙托梁，R3、R4 侧安装总长各为 260m，幕墙托梁按照 1.44m（悬挑端）、2.56m（幕墙结构柱间）及 14.56m（幕墙柱间）三种长度规格进行分段安装，幕墙托梁截面尺寸口 650mm×600mm×15mm×25mm。

（2）R4 幕墙托梁内灌浆

R4 长廊侧箱形托梁安装完成后，在托梁外侧包 14mm 厚钢板，形成 1000mm× 650mm 箱体，箱体内浇筑混凝土浆料，重度为 18kN/m³ 以增加配重，防止屋面风揭，混凝土浇筑体积约 196m³（图16）。

3）幕墙改造拆除内容

（1）原有幕墙玻璃拆除

主楼和长廊侧幕墙改造共需拆除 2480 块玻璃，拆除面积为 6924m²，幕墙玻璃

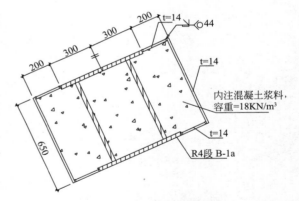

图16　托梁外包钢板及浇筑混凝土示意图

为单元式，单块面积为 1.2m×3m＝ 3.6m²（表2）。

幕墙玻璃拆除数量及面积　表2

施工区域	玻璃数量（块）	面积（m²）
A 区	570	1574
C、D 区	1340	3776
F 区	570	1574

幕墙玻璃拆除工作内容分三次进行，第一次拆除第 6、7、8 排幕墙玻璃（12m 楼面施工时拆除），第二次拆除主楼侧第 9、10、11 排玻璃、长廊侧第 9、10 排玻璃（幕墙托梁安装施工前完成），第三次拆除 1、2、3、4、5 排幕墙玻璃（下部幕墙立柱拆除施工前完成）（图 17～图 19）。

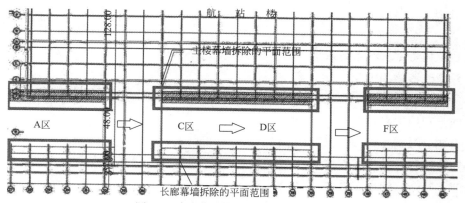

图 17　玻璃幕墙拆除范围平面示意图

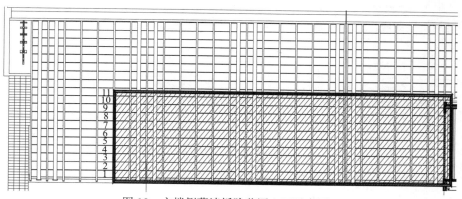

图 18　主楼侧幕墙拆除范围立面示意图

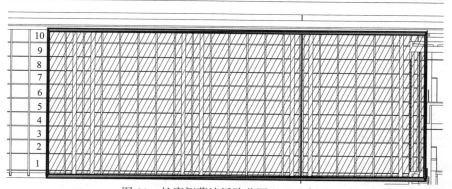

图 19　长廊侧幕墙拆除范围立面示意图

（2）原有幕墙柱割除

在幕墙托梁安装后，需割除托梁下部钢管缀板幕墙柱（6～17m），主楼侧、长廊侧各91根，单根长度12.83m，单根重约1.8t（图20、图21）。

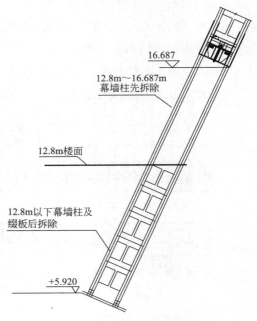

二、工程特点、难点与对策

1. 幕墙改造均由人工安装，高空焊接量大

措施：利用原幕墙结构，在幕墙柱间设计提升滑动支座，在地面整体拼装后，提升到安装位置，减少高空焊接量。

2. 节点复杂，细小零件多

措施：通过与深化设计和设计方的协商讨论，并根据现场实际的施工条件，对大部分节点由制作厂完成，便于现场安装。

图20　幕墙柱割除剖面示意图

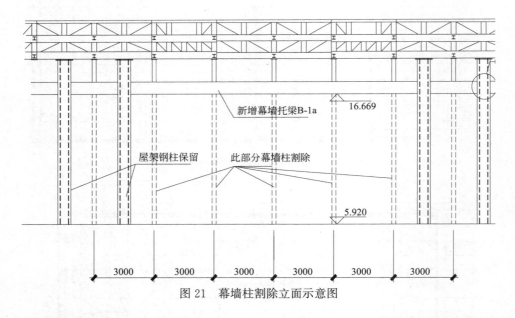

图21　幕墙柱割除立面示意图

3. 原结构成品保护工作量巨大

本工程需考虑对原航站楼已有装饰、设备、管线等成品的保护。

措施：用木夹板等材料包裹原结构，隔离改建区域，使其免受施工影响。在改建区域施工时，在原结构面进行隔离。

4.构件运输困难

本工程在有限的空间、时间内将大量构件运送至施工地点，且大部分构件无法利用机械安装。

措施：配备大量液压手推车等小型设备配合场内运输，尽可能地利用机械完成垂直运输，人工利用液压推车将构件水平运输至安装位置。

三、幕墙改造施工变形控制技术

T1 航站楼幕墙改造过程中施工变形控制原理是利用 MIDAS 计算软件，依据业主提供的图纸，建立三维模型，并初步确定计算参数和各种边界条件，根据施工方提供的施工方案，与设计共同确定重要施工节点，模拟计算各重要施工节点的幕墙结构柱、幕墙柱、屋檐、屋盖变形值，根据计算结果确定各重要施工节点的允许变形值、预警变形值和报警变形值。

施工至重要施工节点时，及时监测变形监测点的变形值，并与模拟计算值比较，分析变形实测值与模拟计算值产生偏差的原因，调整计算参数和边界条件，重新计算各重要施工节点的幕墙结构柱、幕墙柱、屋檐、屋盖变形值，再根据计算结果重新确定各重要施工节点的允许变形值、预警变形值和报警变形值。幕墙改造施工控制流程如图 22 所示。

四、施工工艺的优化对结构保护的影响

1.托梁提升过程中对原结构的保护

托梁在下方拼装完成后，整体提升，

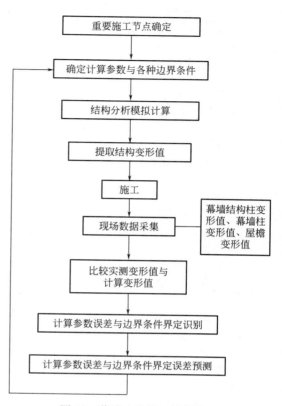

图 22　幕墙改造施工控制流程

在托梁靠钢管柱端部位置各安装一组临时限位块，采用 5mm 角焊缝点焊于托梁上，两块临时限位块与钢管柱接触面涂 3mm 厚四氟乙烯涂层减小提升阻力，两块临时限位块间距 500mm。限位块能减少提升过程中对原保留幕墙柱的损坏，并防止提升过程中托梁整体扭转（图 23、图 24）。

2.焊接过程中对原结构的保护

为最大程度防止幕墙柱的屈服强度因焊接热引起的降低，托梁的焊接必须采用小电流焊接工艺规范，电流应选择在 160～180A 之间，焊接作业时尽可能地使输入热量对称输入。

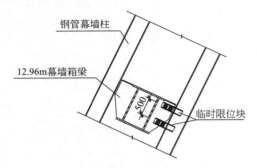

图 23 临时限位块布置图

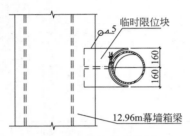

图 24 临时限位块结构图

每道焊缝开焊前，采用红外线测温仪测量待焊接部位的温度，前道焊缝最高温度应低于 100℃方可焊接下一道焊缝。

焊缝第一层焊道厚度不宜大于 6mm，以后各层焊道厚度不大于 4mm。每道焊缝宽度不大于 10mm，确保每道焊缝以较低的焊接热输入进行。

主要节点焊接工艺如下。

1）托梁腹板焊接

箱形托梁腹板同幕墙柱的焊接可由一名焊工进行，先一端施焊，完成后进行另一端焊接，节点处进行对称焊接，对两腹板交替进行焊接，利用交替焊的时间间隔使得焊道温度自然冷却，以防焊道过热引起立柱本体强度降低（图 25～图 27）。

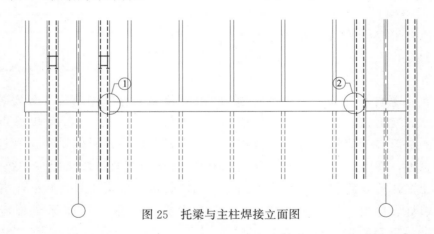

图 25 托梁与主柱焊接立面图

2）环向筋板焊接

环向筋板的焊接由一个焊工进行，顺序为先①侧，后②侧。每侧角环向筋板的焊接角焊缝顺序：首先焊接箱形柱的腹板同环向筋板的角焊缝，焊接要求同第二条，完成后再焊接箱形幕墙柱的翼缘板角焊缝（图 28）。

3）限位器 40mm 钢板焊接

托梁上限位器为 40mm 厚钢板组成的小方套管，40mm 厚钢板焊接由一个焊工进行，焊接前对焊件进行预热，预热温度到 60℃后再进行焊接工作。焊接顺序为①→②→③→④，焊接①时，先焊 20mm，接着焊②，焊满后，再将①焊满，接着焊③和④段（图 29、图 30）。

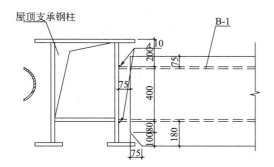

图 26　主楼侧与结构柱焊接节点图

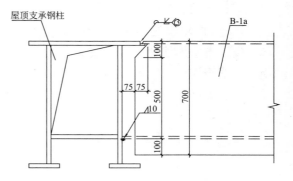

图 27　长廊侧与结构柱焊接节点图

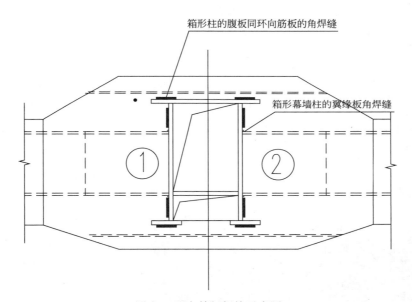

图 28　环向筋板焊接示意图

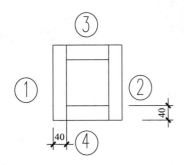

图 29　40mm 厚钢板示意图

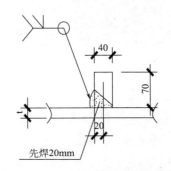

图 30　40mm 厚钢板焊接节点详图

3.长廊侧临时拉结

R4 长廊侧改造与 R3 主楼侧改造不同，设计未采用柱顶结构转换的方式，采用了在幕墙钢柱与新建混凝土梁之间加设临时拉结的方式，来增加结构稳定性。临时拉结由后置埋件、花篮螺栓与抱箍构成（图 31、图 32）。

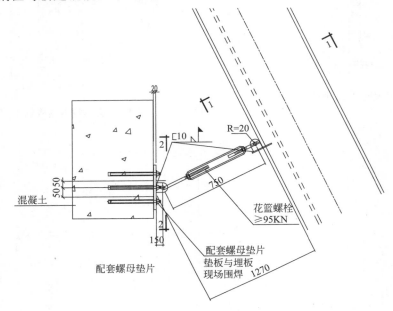

图 31　长廊临时拉结示意图

图 32　R4 侧临时拉结现场图

五、结语

浦东机场航站楼大面积幕墙改造工程，经过精心设计和施工，在不停航状态下，得以顺利实施，为类似工程特别是大型公共交通枢纽在运营状态下的改造实施，积累了可供参考的案例。

（上海建科工程咨询有限公司供稿，
于向军，蒋颢执笔）

翠微西里小区综合整治项目

一、工程概况

（一）地理位置

翠微西里小区综合整治项目位于北京市海淀区翠微西里小区，北侧紧邻翠微路，西侧为万寿路，东侧为翠微北里。项目效果图如图1所示。

图1　翠微西里小区综合整治工程效果图

（二）建筑概况

翠微西里小区建于20世纪80年代末，项目用地性质为住宅用地，总建筑面积为122780m²。其中，8～14号楼为高层住宅，建筑结构为剪力墙结构，8号楼地上18层，地下3层；9～14号楼地上20层，地下3层。1～3号楼为低层住宅，建筑结构为砖混结构，建筑层数为地上4层。由于该小区建筑规划建设年代早，房屋外立面和设备设施均已出现严重老化等问题：①楼体屋面、外墙基本都没有任何保温，无法达到现行节能规范的要求；②部分墙体出现脱落和渗漏现象；③室内及室外管线使用时间长、锈蚀严重，供暖管路出现跑冒滴漏等现象；④多层住宅没有电梯，高层电梯存在设备老旧、耗电量高等问题；⑤机动车行驶路线与人流路线混用。这些问题影响了居民的生活品质。

二、改造目标

基于以上问题，提出本项目的改造目标，主要包含三个方面：性能改造、功能提升、环境改善。

1.性能改造

该建筑建设年代较早，各方面性能相对于新建的建筑相差较大。

安全性：小区的安全系统设施较为陈旧，部分甚至已经失效。

节能性：既有建筑围护结构没有任何保温且部分围护结构存在裂缝漏水现象；既有建筑外窗为单玻窗，保温和气密性非常差，并且与墙体的衔接部位密封较差，容易发生渗水；楼内公共区域照明也已老旧，部分失效。

耐久性：供暖管道和污水管道都锈蚀严重。

此次改造将通过更新小区安全系统、加设围护结构外保温、更换节能型窗、更换楼内公共区域照明及更新设备管道等技术，提升既有建筑的安全性、节能性及耐久性。

2.功能提升

改造前多层居住建筑和老年活动中心无电梯，老年住户日常上下楼较为不便；高层建筑原有电梯能耗较高，主要设备老旧。此次改造将通过对多层建筑加装电梯及对高层建筑电梯进行更换等方式解决这一问题，提升小区使用功能。

3.环境改善

改造前冬季供暖的室内温度较低，供暖不均衡，舒适度较差。公共区域内的线缆安装凌乱、不规整，亟需整理；小区内的人行步道部分破损，不平整，影响行人正常行走；小区道路路面不平整且有破损。本次改造的要求之一也是要对小区整体环境进行规整修缮，使其焕然一新。

三、改造技术

该改造工程应用多种综合改造技术以实现上述三项改造目标，不同改造技术对应达到不同的改造目标，具体归纳如下：①性能改造应用的技术包括：安全性改造技术、耐久性改造技术、节能性改造技术等；②功能提升应用的技术包括：适老化改造技术、加装电梯改造技术、公共设施改造技术等；③环境改善应用的技术包括：户内环境改造技术、楼内公共空间改造技术、室外环境改造技术等。

（一）安全性改造技术

改造后，本小区实施两级安全防范管理措施。

1.第一级安全防范网络

小区边界设置电子围栏，当有人试图接触脉冲电子围栏时，会被脉冲电子围栏上的高压脉冲击退。若有人破坏电子围栏或强行入侵时，探测器探测到电子围栏被破坏或有人非法翻越造成电子围栏线短路、接地或断路时，探测器发出报警信号，并通过报警线路传输至管理中心。管理中心安保人员可通过电子地图，迅速确定非法翻越的具体位置。小区人员主出入口设置闭路电视监控系统快球摄像机，小区车辆出入口处设置停车场管理（车牌识别）系统，配合安保人员，可有效地对进入小区的人和车辆进行识别，形成小区第一级安全防范网络（图2）。

图2　电子围栏

2.第二级安全防范网络

单元门口、西大门设有人脸识别楼宇对讲门禁系统，对出入楼内的人员识别进入（图3）。

图3　人脸识别门禁系统

（二）耐久性改造技术

原高层外墙的阳台为开敞式阳台，阳台部分墙体密封性较差，加之建筑建设年代较早，外墙某部分存在开裂渗水现象，特别是原有单玻钢窗与墙体衔接处缝隙较大，渗水问题严重，这不仅严重影响居住环境质量，还对墙体结构安装造成阻碍。因此，本次项目作保温改造前，首先对外墙渗漏部位进行防水处理，提升墙体耐久性（图4）。户内的卫生间也存在漏水问题，部分下水管道锈蚀严重，需要重做住户室内卫生间的防水，更换管道，提升户内防水及管道的耐久性（图5）。

图4　外墙防水处理

图5　卫生间重做防水

（三）节能性改造技术

清理原有墙面，增设 100mm 厚复合硬泡聚氨酯保温板，位于楼梯间前室采暖与非采暖房间之间的隔墙增加 20mm 厚复合硬泡聚氨酯保温板，屋面采用 100mm 厚复合硬泡聚氨酯保温板，外窗更换为节能断桥铝合金 60 系列平开窗（6＋12A＋6Low－E），外窗传热系数小于等于 2.2W/（m² · K），气密性不低于外窗空气渗透性能 7 级（图 6、图 7）。公共区域照明老旧灯具全部更换为节能 LED 灯管，并采用声控方式控制，节约电能。

图 6　外墙保温

图 7　更换节能外窗

（四）适老化改造技术

小区原有部分残疾人坡道和扶手由于年久失修，部分已经损坏，在此次改造中集中对适老化设施统一进行维修及翻新，原有坡道统一铺设瓷砖，破旧的扶手进行更换（图 8）。

图 8　残疾人坡道和扶手

（五）加装电梯改造技术

改造前小区的多层建筑及老年活动中心无电梯，高层建筑的电梯也由于使用年限过长，主要配套设备严重磨损、舒适感较差、维修保养不方便、能耗大、故障频繁等问题亟需更换。因此，本次改造对多层建筑增加电梯，对高层建筑的电梯进行更换。在此次改造中，结合原建筑结构特点，在合理位置加装了电梯：多层建筑利用原有天井的部分空间安装电梯（图 9），老年活动中心则是占用楼内部分空间，在各层楼板上开洞口，并采用钢结构加固的方式在楼体内加装电梯（图 10）。

图 9　多层建筑加装电梯

图 10　老年活动中心加装电梯

（六）公共设施改造技术

为满足日渐趋多的电动摩托车和电动汽车的充电需求，此次改造停车位重新规划时，设置了电动摩托车和电动汽车停车专区，并安装充电桩，以方便小区内电动车充电的需要（图 11）。

图 11　充电桩

（七）户内环境改善技术

户内原有散热器形式为钢串片式，散热效果很差。原供暖系统为垂直单管顺流式系统，导致楼内供暖不平衡。此次改造将散热器从原有的钢串片式散热器更换为散热效果更好的钢三柱式散热器，供暖系统改为垂直单管跨越式，有效缓解供热分布不均的问题，室内舒适度明显改善（图 12）。

考虑到空气污染的雾霾天气对老年人

图 12　采暖系统更换

身体健康影响较大，特在老年活动室加装 VRV ＋ 新风系统，提高室内空气质量（图 13）。

图 13　新风系统

（八）楼内公共区域环境改善技术

由于翠微西里小区投入使用时间较早，最初建筑设计时未考虑弱电系统网络接入、有线电视信号接入、有线电话接入的总体路由设计，造成楼内走廊等公共区域出现各种线路明线乱接、各种接线箱随意布置的混乱现象（图 14）。这样既不利于公共环境的整洁，更易造成各种信号源相互干扰，影响用户使用。基于上述情况，为提高用户使用效果，改善公共环境，遵照建设单位的统一要求，对弱电线路进行整理工作。楼内弱电线缆整理根据现场实际情况，采用 PVC 线槽完成弱电线路整理工作。针对楼内走廊内原有运营商的木质暗埋箱、电话分线盒加装金属套箱（图15）。

图14　楼内公共区域规整前

图16　小区道路改造前

图15　楼内公共区域规整后

图17　小区道路改造后

（九）室外环境改善技术

整个小区建筑外饰面进行粉刷翻新，外窗和楼道门也都更新，从建筑外观上焕然一新，室外原有彩钢板和框架混凝土结构的停车棚拆除，统一规划地面停车位，新增74个停车位，小区行车出入流线也得以疏通改善。小区部分人行道路改为透水铺装，小区道路改为沥青路（图16、图17）。

四、改造效果分析

节能性提升：原建筑（除8号楼有部分内保温外）没有任何保温，增设外保温后建筑整体保温性能显著提高；原建筑外窗为单玻窗，更换为节能窗后其保温性能和气密性也明显提升，围护结构热损失及冷风渗透大大降低。公共照明更换为LED声控灯后公共区域公摊电耗也有所降低。室内外管网、散热器以及换热站都进行了改造，提高了供暖效率，降低了供暖热损耗。

耐久性提升：重做住户室内卫生间防水，更换管道，提升建筑耐久性。

建筑功能提升：原多层建筑无电梯，老年住户日常上下楼不便，加装电梯后从根本上解决了这一难题。高层建筑原有电梯因能耗较高且主要设备老旧，更换新电梯后安全可靠性提高，承载能力和速度也得到提升。

建筑环境提升：小区内的十栋建筑统一重新做了外保温和外饰面，外门窗也为新的节能门窗；散热器和采暖系统更换使得室内舒适度明显提升；对楼内公共空间饰面重新进行粉刷，楼道内的线缆归槽整理，室外空中线缆入地规整；室外的残疾人坡道、扶手也进行了修复和饰面翻新。小区道路重新铺设沥青路，人行道路更换为透水砖。整个小区的建筑外观相比于改造前焕然一新，楼内公共区域也显得更干净、整洁。

五、经济性分析

本示范工程总投资预计 2.2 亿元，总建筑面积 12 万多 m^2，原为非节能居住建筑，本次改造按照 75% 的节能标准进行节能改造，并增加其他宜居改造等措施，单位面积能耗从 $25.2kg/m^2$ 降至 $6.3kg/m^2$，每年可节约 2268t 标准煤，大大降低能源的消耗和浪费，减少大量二氧化碳、氮氧化合物等有害气体的排放。

六、结语

本工程的亮点在于改造项目较为综合，从普通的既有居住建筑节能改造上升为宜居和功能提升综合改造的层面，改造内容较为广泛，包含外围护结构保温、更换节能外窗、更换节能电梯、公共区域更换节能灯具等节能性改造，供暖设施更新、老年活动中心装 VRV＋新风系统提升室内舒适度，并将原有的老旧供暖管网进行了改造，卫生间重做防水，更换老旧管道提升了耐久性，小区道路重新铺设使室外环境得到改善。这种节能改造方式符合当前的可持续发展理念，在提高居民舒适度的同时，又能达到节约能源的目的。这种双赢的局面值得在此类建筑中大力推广，该项目也将会起到较好的示范效果。

（北京住总集团有限责任公司供稿，
蔡倩执笔）

七、统计篇

本篇以统计分析的方式，介绍了我国部分省市既有建筑改造和建筑节能的具体情况，以期读者对我国近年来既有建筑改造和建筑节能工作成果有概括性的了解。

2017~2018年部分省市建筑节能与绿色建筑专项检查统计

河北省

2017年，各地坚持绿色发展理念，认真贯彻执行相关法律法规、政策标准，依法落实监管责任，大力实施建筑能效提升工程，推动绿色建筑规模化发展，较好完成了全年建筑节能工作目标任务。到2017年年底，全省城镇节能建筑累计达5.823亿 m²，占全省城镇民用建筑总面积的46.81%，超额完成年度目标任务（45%）。城镇新建居住建筑全面执行75%节能标准。在前几年试点示范基础上，自2017年5月1日起，全省城镇新建居住建筑全面执行75%节能标准，这是全省建筑能效提升的重要标志。到2017年年底，已实施75%节能标准项目1689个、建筑面积6465.7万 m²，其中，竣工项目220个、建筑面积570.5万 m²，在建项目1476个、建筑面积5994.3万 m²。被动式超低能耗绿色建筑建设进展较快。秦皇岛、保定、石家庄等10个市开展了被动式超低能耗绿色建筑建设，累计竣工建筑面积15.13万 m²，其中秦皇岛市占全省竣工面积的47.72%。被动式超低能耗绿色建筑在建面积35万多 m²，规模较大的有8.8万 m²（总建筑面积15万多 m²）的

"北京（曹妃甸）现代产业发展试验区（生态城先行启动区）一期住宅"、20万 m²（总建筑面积120万 m²）的"高碑店市列车新城项目"等。各地积极制定促进被动式超低能耗绿色建筑发展的支持政策，在前几年保定、定州等出台文件的基础上，石家庄、张家口等市加大了政策支持力度。不断建立健全相关标准体系，《河北省被动式低能耗建筑施工及验收规程》2017年9月1日实施；《河北省被动式公共建筑节能设计标准》编制完成。新建建筑节能全过程闭合管理在完善中强化执行。完善设计审查备案、施工控制、竣工专项验收等制度，进一步建立健全工作机制，提高了建筑节能标准执行力，促进了新建建筑节能标准设计、施工执行率提升。加强日常巡查和定期抽查，采取"双随机"方式，加大市场主体建筑节能标准执行和执法主体监管检查力度，实现对全部建筑工程和工程建设各过程"全覆盖"。保定市每季度对图审机构进行抽查评审，从源头上保证设计审查质量。衡水市强化建筑节能专项检查，下发执法告知书13份。秦皇岛市将检查结果网上公示，接受监督，收到较好的效果。

2017年，全省执行绿色建筑标准项目

1655 个、建筑面积 5474.5 万 m²。其中，政府投资公益性建筑 145 个、建筑面积 79.9 万 m²，大型公共建筑 101 个、建筑面积 564.3 万 m²，保障性住房 12 个、建筑面积 64.6 万 m²，其他建筑项目 1397 个、建筑面积 4765.7 万 m²。162 个项目获得绿色建筑评价标识，建筑面积 1074.13 万 m²。其中，设计标识 161 个、建筑面积 1062.13 万 m²；运行标识 1 个、建筑面积 12 万 m²。全省已累计完成公共建筑节能改造项目 570.13 万 m²，其中，2017 年完成 50.13 万 m²。省级公共建筑能耗监测平台中国家机关办公建筑和大型公共建筑能耗监测模块，已完成与 10 个市级平台对接，2017 年年底上传数据的建筑共 189 栋，总建筑面积 336 万 m²，其中承德、秦皇岛等市上传数量较多；高等院校校园建筑监测模块，完成与 10 个高校能耗监测平台（其中 8 个国家示范项目）对接，正在与国家能耗监测平台对接调试。

（摘自河北省住房和城乡建设厅《关于 2017 年度全省建筑节能与绿色建筑专项检查情况的通报》）

山西省

2018 年建筑节能与科技工作目标任务下达后，各市高度重视，扎实开展各项工作。截至 9 月底，全省新建建筑节能 65% 标准执行率、施工图设计文件节能设计认定备案率、单位工程竣工验收前节能专项验收备案率、政府投资类公益性建筑绿色建筑标准执行率、大型公共建筑绿色建筑标准执行率、新建建筑节能设计阶段绿色建筑标准执行率、绿色建筑集中示范区内新建建筑绿色建筑标准执行率等 7 项工作达到目标任务要求。新建建筑中可再生能源应用比例、"绿色建筑行动"新增计划投资等工作达到序时进度；新增高星级绿色建筑目标任务超额完成。新建建筑节能专项验收阶段绿色建筑标准执行率、绿色建材、既有建筑节能改造、装配式建筑、建设科技等 5 项工作推进较慢。从督查情况看，各市在履行建筑节能、绿色建筑、装配式建筑、建设科技等工作职责及落实国家、省相关法规政策情况方面取得了一定成效，有一些好的经验和做法，主要体现在以下几个方面：

一是高度重视，切实落实建筑节能和绿色建筑各项政策。太原市、大同市将建筑节能与绿色建筑工作纳入市政府工作议程，定期进行研究部署；晋城市强化对县一级的工作指导，注重发挥部门联动作用，强化规划设计条件阶段对绿色建筑要求；长治市扩大执行绿色建筑标准范围，行政区域内新建建筑全部执行绿色建筑标准；运城市按月督促工作进度，确保各项工作稳步推进。

二是试点示范，积极推动装配式建筑发展。太原市印发《太原市住房和城乡建设委员会关于全面落实并政办发〔2017〕98 号文件精神加快推动我市装配式建筑发展的通知》（并住建字〔2018〕278 号），2018 年 10 月 1 日起全面推行装配式建筑。大同市装配式建筑给予容积率奖励和城市配套费减免等奖励措施，装配式建筑产业基地和项目建设走在全省前列。

三是科技引领,多措并举激发企业科技创新动力。太原市、阳泉市、临汾市加大科技创新力度,积极培育企业创新发展,在科技成果、科技计划项目培育等工作上推动较好。

（摘自山西省住房和城乡建设厅《关于2018年建筑节能与科技工作专项检查情况的通报》）

辽宁省

辽宁省住房和城乡建设厅根据各市上报的自查结果,组成4个检查组,对全省14个地级市建筑节能完成情况进行了抽查,本年度共抽查8个地级市和8个县级市。检查组查看了当地主管部门的书面汇报材料;查阅了相关文件和资料;共抽查在建和竣工验收的建设工程32项（其中居住建筑24项、公共建筑8项）;对存在严重问题的14个项目,下发了整改通知单,共涉及企业33家、48401.5万 m²。顺利完成年初省厅下达的指标,为自有清洁能源供暖改造顺利实施以及省政府制定的"十三五"期间完成2000万 W/m² 地源热泵供热指标打下坚实基础。一是截至目前,累计监测建筑136栋、监测建筑面积365万 m²、电耗监测点位4204个、热耗监测点位122个、水耗监测点位115个。二是完成全省民用建筑能耗和节能信息统计任务。截至目前,统计城市民用建筑基本建筑信息612栋,总建筑面积达667万 m²,总能耗21.75万 t标煤。

沈阳市、锦州市和葫芦岛市纷纷出

台高性能混凝土推广应用试点工作方案,并组织相关技术人员培训。并明确在政府投资和使用财政资金的建设项目、市政基础设施、工业化建筑、大型公共建筑等工程中优先使用高性能混凝土。目标明确,任务实施步骤按时间节点得到分解落实,政策和技术支撑有保障,示范引领、推广应用和监督监管机制完善。锦州市、葫芦岛市邀请省内专家对全市所有预拌混凝土生产企业开展评价工作,最终确定九家机构为高性能混凝土试点企业,其中三星级企业2家、二星级企业3家、一星级企业4家。全省共确定5家绿色建材评价机构。

（摘自辽宁省住房和城乡建设厅《关于2017年度全省建筑节能与绿色建筑专项检查情况的通报》）

吉林省

采取审文件、抽项目、查图纸、看现场相结合的方式,重点检查了各地在贯彻执行国家和省关于发展建筑节能及绿色建筑等方面的相关文件规定、配套政策情况、责任目标完成情况、新建建筑执行建筑节能强制性标准情况、绿色建筑工作推进情况等。共抽查了12个工程项目,其中住宅工程项目6个（含保障房项目）、公共建筑项目6个。对抽查所发现的问题责令相关市县住房城乡建设主管部门督促责任单位按要求落实整改。

2017年,全省各地建设主管部门能够紧紧围绕国家、省确定的建筑节能、绿色建筑工作重点，进一步加强组织领导，落实政策措施，严格监督管理，较好地完成了年度计划目标任务。全省县级以上城市及县政府所在地镇，新建居住、公共建筑严格执行吉林省建筑节能强制性标准，设计阶段节能标准执行率达到 100%，施工阶段也基本达到 100%；全省新建绿色建筑 922 万 m²，占新建建筑比重近 40%，其中 32 个项目获得星级绿色建筑评价标识，示范面积 317.9 万 m²；可再生能源建筑应用示范面积 76 万 m²。绿色建筑评价标识方面，2017 年全省共有 32 个项目获得星级绿色建筑评价标识，示范面积 317.9 万 m²，但地域分布不均衡，标识项目主要集中在长春、延边、白城等地区，四平、白山等地区项目数量较少。

（摘自吉林省住房和城乡建设厅《关于对 2017 年度建筑节能与绿色建筑行动实施情况专项检查情况的通报》）

福建省

（一）加快推进绿色建筑发展。认真贯彻落实绿色建筑行动要求，从建章立制、示范带动、督查检查、培训宣传等方面大力发展绿色建筑。2017 年度竣工绿色建筑面积 1880 万 m²，绿色建筑占新建建筑面积比例 33%。全省新增绿色建筑评价标识项目 43 个（设计标识 41 个、运行标识 2 个），获得标识的建筑面积 684 万 m²。积极推进绿色建筑立法工作，2017 年 6 月正式报送省政府《福建省绿色建筑发展条例（草案）》。"发展绿色建筑"相关要求

还纳入《生态文明建设促进条例（草案）》、《福建省生态文明建设目标评价考核办法》、《福建省"十三五"节能减排综合工作方案》等省有关文件规定。开展福建省绿色建筑标准体系研究，制订了涵盖绿色建筑设计、施工、运维、改造、评价等较为完善的地方标准。新修订的《福建省绿色建筑设计标准》DBJ 13-197-2017 是福建省绿色建筑领域第一部强制性标准，自 2018 年起要求新建民用建筑全面执行一星级或以上绿色建筑标准，政府投资或以政府投资为主的其他公共建筑执行二星级绿色建筑。印发《关于新建民用建筑全面执行绿色建筑标准的通知》，提出严格执行强制性标准、强化绿色建筑指标考核、强化建设各方主体责任、加强审查把关和质量监督、大力推广绿色节能技术、加大可再生能源应用、加强专业技术人员培训、提高绿色建筑认知度等 8 条措施。将新建建筑执行建筑节能和绿色建筑标准情况纳入房屋建筑勘察设计"双随机"检查，按季度通报绿色建筑施工图审查情况，结合住建部要求开展 2017 年度全省建筑节能、绿色建筑实施情况专项检查。厦门市将绿色建筑纳入《厦门经济特区生态文明建设条例》，以立法形式将实施绿色建筑范围扩大到所有民用建筑，2017 年全市通过施工图审查的民用建筑 1200 万 m²，绿色建筑占 96%。福州市将海绵城市要求全面落实到绿色建筑中，要求同步设计、同步施工。

（二）推进既有建筑节能改造。根据省政府办公厅《关于推进公共建筑和城市公共照明节能改造七条措施的通知》要

求，制定《福建省公共建筑节能改造示范项目管理办法》、《福建省公共建筑能耗标准》、《福建省公共建筑节能改造节能量测评标准》等文件和标准，大力推行合同能源管理公共建筑节能改造模式。厦门市制定了公共建筑节能改造项目给予 40 元/m² 奖励政策，公开征集 47 家节能服务机构和 3 家能效测评机构，300 万 m² 公共建筑节能改造示范任务已全部落实，2017 年完成节能改造面积 177 万 m²。福州市征集发布了 70 个、360 万 m² 的公共建筑节能改造示范项目，并对单位面积能耗下降 15% 以上和 20% 以上的示范项目分别给予 30 元/m² 和 40 元/m² 的补助，2017 年完成节能改造面积 53 万 m²。福建农林大学、福建师范大学、集美大学积极推进节能改造示范高校建设，共完成节能改造面积 53 万 m²。南平市结合宜居环境建设积极推进"三横四纵"沿街居住建筑节能改造工作；厦门市结合老旧小区提升改造工作，对居住小区建筑用水、用电、燃气等老旧设施设备实施节能改造。2017年，全省完成公共建筑节能改造 283 万 m²，夏热冬冷地区完成居住建筑节能改造 17 万 m²。

（三）推广可再生能源利用。继续推进福州等 8 个财政部、住建部可再生能源建筑应用示范市县建设，完成福州、武平、华安、永安、连城、将乐示范市县验收评估。泉州市加快推进太阳能光热建筑一体化应用，新增滨海医院太阳能热水系统示范项目 9 个。厦门市东南国际航运中心总部大厦海水源热泵建筑应用示范项目建成。2017 年全省新增可再生能源建筑应用面积 84 万 m²（太阳能光热应用 76 万 m²，浅层地能应用 8 万 m²），各可再生能源建筑应用示范市县累计示范面积 1135 万 m²。

（摘自福建省住房和城乡建设厅《关于2017 年全省建筑节能与绿色建筑主要工作检查情况的通报》）

山东省

根据《关于实行建筑节能与绿色建筑定期调度通报制度的通知》（鲁建节科函〔2017〕12 号）要求，对照 2018 年山东省绿色建筑与装配式建筑工作考核要点，现将 2018 年度全省建筑节能与绿色建筑工作进展情况通报如下：

（一）绿色建筑。全省绿色建筑竣工 8513.93 万 m²，新增二星及以上绿色建筑评价标识项目 221 个、面积 2454.25 万 m²，占全年任务量的 175.3%，比去年增长 25%。各市均超额完成年度二星及以上绿色建筑标识任务指标。

（二）装配式建筑。全省新开工装配式建筑面积 2192.64 万 m²，完成全年任务量的 121.8%。各市均超额完成年度装配式建筑新开工任务指标。

（三）建筑节能及改造。全省新建节能建筑竣工面积 1.13 亿 m²，设计阶段节能标准执行率保持 100%、施工阶段执行率超过 99%。完成公共建筑节能改造 437.01 万 m²，占全年任务量的 104.8%。16 市超额完成年度既有公共建筑节能改造任务指标，济宁市公共建筑节能改造进展较慢。

（四）可再生能源建筑应用。全省完成可再生能源建筑应用项目 1428 个、面积 4864.34 万 m²，占年度任务量的 152.0％。各市均超额完成年度可再生能源建筑应用任务指标。

（摘自山东省住房和城乡建设厅《关于2018 年全省建筑节能与绿色建筑工作进展情况的通报》）

广东省

2017 年，各地住房城乡建设主管部门围绕国家和全省工作部署，加强组织领导和统筹协调，建立完善了激励与强制相结合的政策体系，形成了政府引导和社会积极参与的工作机制，建筑节能、绿色建筑与装配式建筑发展工作取得了明显成效。

（一）绿色建筑方面

省住房城乡建设厅印发实施了《广东省"十三五"建筑节能与绿色建筑发展规划》，发布了《广东省绿色建筑评价标准》（修订）。全省有深圳证券交易所营运中心等 4 个项目获得 2017 年度全国绿色建筑创新奖一等奖，占 2017 年度全国绿色建筑创新奖一等奖项目数量的 44％。广州市将南沙开发区明珠湾起步区列为"绿色建筑试验区"和"绿色施工示范区"双示范，区内用地面积 2 万 m² 及以上的住宅项目（保障房、安置房除外）执行二星级及以上绿色建筑等级标准的建筑设计面积不低于 50％，执行三星级标准的建筑设计面积不低于 10％，推动绿色建筑集中连片建设。广州市国土资源和规划委员会组织开展《广州市绿色建筑与绿色社区规划管理指引》的研究工作，研究构建绿色规划体系，推动绿色建筑及绿色社区发展。珠海市发布《珠海经济特区绿色建筑管理办法》（珠海市人民政府令第 119 号），充分发挥市住房城乡建设、发展改革、国土、规划、质监、环境保护、科技、工业和信息化等行政管理部门的联动作用，加强绿色建筑的监督管理。深圳、广州、湛江、东莞、珠海、中山、佛山等市大力发展运行阶段绿色建筑并取得较好成效。2017年，全省新增绿色建筑评价标识项目面积 5907 万 m²，其中绿色建筑运行标识面积 160 万 m²。

（二）既有建筑节能改造方面

省住房城乡建设厅发布了广东省标准《公共建筑能耗标准》，组织各地推进民用建筑能耗统计、能源审计、能耗公示和能耗监测平台建设，推动省建筑能耗监测平台与广州、东莞、茂名等市级建筑能耗监测平台加强互通共享，联合广东银监局组织开展公共建筑能效提升工作，联合省府机关事务管理局、省发展改革委、经济和信息化委、财政厅印发实施了《广东省人民政府机关事务管理局等五部门关于公共机构合同能源管理的暂行办法》，联合省经济和信息化委对中国大酒店等五家广东省建筑领域重点用能单位开展了建筑节能专项监察。深圳市组织编制公共建筑能效提升重点城市建设方案，计划到 2020 年完成公共建筑节能改造面积不少于 240 万 m²。2017 年全省完成既有建筑节能改造 422 万 m²（其中，既有居住建筑节能改造 57 万 m²，既有公共建筑节能改造 365 万 m²）；完成建筑能耗统计 4461 栋、能源审计 92 栋、能耗公示 1927 栋，对 111 栋建筑进行了能耗动态监测。

（三）可再生能源建筑应用方面

省住房城乡建设厅建立了广东光伏发电节能改造项目等 7 个省级可再生能源建筑应用示范项目，组织开展了《广东省太阳能光伏系统与建筑一体化设计施工及验收导则》的制定工作。深圳市发布实施《深圳经济特区建筑节能条例》（修订），要求具备太阳能集热条件的新建十二层以下住宅以及采用集中热水管理的酒店、宿舍、医院建筑，应当配置太阳能热水系统或者结合项目实际情况采用其他太阳能应用形式。2017 年全省新增太阳能光热应用面积（集热面积）65 万 m^2，新增太阳能光电建筑应用装机容量 172MW，新增浅层地能应用面积 0.9 万 m^2。

（四）装配式建筑方面

省住房城乡建设厅推动出台了《广东省人民政府办公厅关于大力发展装配式建筑的实施意见》《广东省装配式建筑工程综合定额（试行）》，组织编制了《广东省装配式建筑工程质量安全管理办法（暂行）》等政策文件，积极培育试点示范，推动 15 家广东企业入选全国首批装配式建筑产业基地、深圳市入选全国首批装配式建筑示范城市。广州、深圳、珠海、东莞、揭阳等地出台了本地区发展装配式建筑的实施意见，广州、深圳、珠海、惠州、东莞等部分城市建立了推进装配式建筑发展的多部门协调工作机制，多数城市能够组织开展装配式建筑系列标准宣贯培训，部分城市还开展了各种形式的培训、

交流和观摩活动。各地积极建立装配式建筑产业基地，开展项目试点，引导和推动装配式建筑发展。截至 2017 年 12 月，全省共有各类装配式建筑构件厂超过 30 家，生产线超过 111 条，生产能力超过 572 万 m^2，构件产品涵盖预制外墙、楼梯、阳台、叠合板、内墙条板、飘窗、空调板、叠合梁、预制墙板等类型，2017 年新建装配式建筑面积超过 937 万 m^2。

（五）绿色建材方面

全省结合新型墙材、绿色建筑和装配式建筑发展工作，积极发挥科研院所、学会协会和龙头企业的作用，推广应用安全耐久、节能环保的绿色建材，促进资源节约型、环境友好型社会建设。省住房城乡建设厅组织省建筑设计研究院完成了建筑废弃物资源化利用课题研究，联合省经济和信息化委对深圳市 22 家提出建筑垃圾资源化利用行业规范条件公告申请的企业开展了现场核查，并从中择优向工业和信息化部、住房城乡建设部推荐 5 家企业，推进建筑废弃物资源化利用行业健康有序发展，推动建筑废弃物资源化利用。广东省建材绿色产业技术创新促进会举办广东省绿色建材发展研讨会，组织有关科研院所和建材企业的代表开展交流讨论和工作分享。广东省建筑节能协会、广东省钢结构协会等单位联合举办"2017 中国（广州）国际绿色建筑建材与建筑工业化博览会"，促进绿色建材的推广应用。广东省有关高等院校、科研机构和建材企业的代表参加广东省建材行业协会第四届专家委员会工作会议，研究探讨建材行业绿色发展工作。东莞市利用当地的绿色建筑技术

产品展示中心，为绿色建材行业搭建交流、展示平台。

（摘自广东省住房和城乡建设厅《关于2017年度全省建筑节能、绿色建筑与装配式建筑实施情况的通报》）

海南省

从检查情况看，海南省建筑节能工作稳步推进，各方建设主体节能意识日益增强，建筑节能水平进一步提高，绿色建筑的综合发展水平稳步提高，装配式建筑在政策层面已有了突破性的进展。

（一）绿色建筑。截至2017年12月底，全省当年新增执行绿色建筑标准项目244个、建筑面积1291.62万 m^2，占当年新增建筑面积的61%；新增10个二星级、26个一星级绿色建筑设计标识项目，建筑面积520.98万 m^2。

（二）装配式建筑。据统计，截至2017年12月底，全省新开工装配式建筑面积43.91万 m^2，主要为钢结构和混凝土结构。

海口市、三亚市的建筑节能、绿色建筑及装配式建筑各项工作任务执行情况较好，特别是管理体制和工作机制建设方面较完善，监督考核基本到位。

（摘自海南省住房和城乡建设厅《关于2017年全省建筑节能与绿色建筑工作进展情况的通报》）

重庆市

2017年度各区县城乡建设主管部门根据重庆市住房建设委员会《2017年建筑节能与绿色建筑工作要点》要求，扎实推进绿色建筑与节能工作，全市新建建筑全部执行节能强制性标准，全市新建公共建筑、主城区新建居住建筑全面执行国家一星级绿色建筑标准，绿色建筑与节能工程设计和施工质量明显提高，建筑节能材料应用质量较好，建筑外墙保温材料防火安全使用管理总体可控，高星级绿色建筑有所发展，公共建筑节能改造、可再生能源建筑应用和绿色建材推广等重点工作进展顺利。

（一）绿色建筑与节能管理工作成效明显。

一是绿色建筑与节能管理进一步提升。2017年，绝大多数区县认真落实重庆市住房建设委员会《关于执行公共建筑节能（绿色建筑）设计标准（DBJ 50—052—2016）有关事项的通知》（渝建[2016] 293号）、《关于执行居住建筑节能65%（绿色建筑）设计标准（DBJ 50—071—2016）有关事项的通知》（渝建[2016] 426号）和《建筑能效（绿色建筑）测评与标识管理办法》（渝建发[2017] 40号）要求，严格执行初步设计绿色建筑与节能专项审查及建筑能效（绿色建筑）测评与标识制度。开州区结合地区实际，印发了《关于建筑节能（绿色建筑）质量监督、能效测评等的相关规定》，进一步细化了管理要求；渝北区等区县实施了建筑能效（绿色建筑）测评交底制度，在项目施工前明确了测评管理要求和工作重点；南岸区等区县实施了建筑能效（绿色建筑）预测评制度，对绿色建筑与节能工程设计文件进行预审，将建筑能效（绿色建筑）测评工作部分前置，变结果监管为事前监管。通过以上工作措施，有效确保了绿色建筑与节能工程的实施质量。二是绿色建筑与节能实施能力建设进一步加强。绝大多数区县按照重庆市住房建设委员会《关于做好 2017 年度建筑节能与绿色建筑专项培训工作的通知》（渝建［2017］412 号）要求的培训范围、内容和目标完成了培训工作，全年共计培训 5000 余人次，有效提升了从业人员对绿色建筑与节能相关标准的执行能力。三是重点工作推进取得新突破。在高星级绿色建筑发展方面，通过财政激励与税收减免等措施引导，重庆市全年新增二星级及以上绿色建筑项目 361 万 m²，同比增长 84%，两江新区、永川区成绩突出，彭水县、巫山县等远郊区县实现了高星级绿色建筑或绿色生态住宅小区零的突破；在绿色能源规模应用方面，通过"财政激励、示范带动、强制推行"，多措并举，全年新增可再生能源建筑应用面积 145 万 m²，其中两江新区大力推进区域集中供冷供热项目，巫溪县结合地方实际推动可再生能源建筑应用，在思源实验学校成功实现了太阳能光热系统与空气源热泵系统复合运行；在既有建筑能效提升方面，通过采用合同能源管理的市场化机制，规模化推动公共建筑节能改造，全年完成改造项目 148 万 m²，其中九龙坡区等区县成绩突出；在绿色建筑与节能产业发展方面，重庆市住房建设委员会发布了《2017 年度重庆市建筑节能材料发展报告》，培育形成年产值 227 亿元、年上缴税金近 11 亿元的地方产业集群，各区县因地制宜培育发展绿色建筑与节能产业，涪陵区等区县着力发展具有地方资源特色的新型节能墙材，加强墙体自保温技术体系的推广应用。

（二）绿色建筑与节能工程质量稳步提升。

一是注重技术标准的贯彻执行。各区县均重视设计文件质量管理，严格执行绿色建筑与节能设计标准及相应配套技术文件要求，设计文件完整性、一致性较好，从源头上保障了绿色建筑与节能工程实施质量。二是注重过程监督检查。绝大部分区县定期组织开展了绿色建筑与节能工程专项检查，高新区根据每个项目实际情况制订下发相应的绿色建筑与节能分部工程质量监督工作方案、节能样板确认记录，保障项目的绿色建筑与节能工程施工质量；忠县等区县通过加强部门联动，与县综合行政执法局联动开展执法，对检查发现的违法违规行为进行严肃处罚，增强了建设各方实施绿色建筑与节能工程的责任意识。三是注重专项施工方案编制。江北区等区县制作了建筑节能专项施工方案模板，明确技术要点、施工措施和检验批次划分等，针对性和可操作性强，对指导绿色建筑与节能工程施工作用明显。四是注重"样板引路"示范。大多数区县在建筑节能分部工程中实行"样板引路"制度，施工样板未经验收不得大面积施工，同时将施工样板作为工程验收的标准和依据，加强了对绿色建筑与节能工程关键环节的控制，有效保障了绿色建筑与节能工程实施效果。

（三）绿色建筑与节能材料质量管理措施有效。

一是严格执行建筑节能技术备案管理制度。绝大多数区县加强了建筑节能材料工程应用管理，未经备案严禁进入施工现场，对规范企业经营行为、保障建筑节能材料质量起到了积极作用。二是加大建筑节能材料抽检力度。渝北区等区县在项目参建各方自检、复检的基础上，"按照双随机一公开"的实施要求，再次对项目现场进场材料进行抽检，确保绿色建筑与节能工程使用材料的质量可靠。三是建筑外墙保温材料防火安全管理总体可控。大多区县认真落实保温材料防火管理规定，严格督促设计、审图、施工、监理、检测和材料生产单位落实民用建筑节能工程防火安全责任，施工现场加强了保温材料燃烧性能等关键指标复检，保障了建筑保温工程的防火安全。

（四）绿色建筑与节能管理工作有待进一步强化。

一是绿色建筑与节能工作区域发展不平衡，重庆市大部分绿色建筑（含绿色生态住宅小区）主要集中在主城区，远郊区县相关工作进展缓慢，高星级绿色建筑和绿色生态住宅小区发展有待突破。二是部分区县对绿色建筑与节能工作的重视程度不够，绿色建筑与节能工作的激励措施、专项资金、人员编制未有效落实，存在管理人员数量不足、流动性较大的问题，与承担的监管职责不相适应。三是建筑能效（绿色建筑）测评与标识管理不够规范，部分通过建筑能效（绿色建筑）测评的项目归档资料不齐。

（五）绿色建筑与节能工程质量有待进一步提高。

一是设计变更管理不到位，部分项目绿色建筑与节能设计发生重大变更，但未按程序经建设行政主管部门同意和施工图审查机构审查合格后进行备案。二是设计文件深度不够，部分项目施工图中节能保温细部大样不详。三是个别项目未按照标准或审查合格施工图设计文件进行施工，如外墙保温板材体系的粘结面积不足、强度不够、未进行现场拉拔试验及擅自更换保温施工材料等。

（摘自重庆市住房和城乡建设委员会《关于2017年全省建筑节能与绿色建筑工作进展情况的通报》）

四川省

各级住房城乡建设行政主管部门围绕建筑节能与绿色建筑重点任务，加强组织领导，落实国家及省有关政策措施，强化技术支撑，加强监督管理，为确保全省"十三五"完成新建绿色建筑 1.2 亿 m^2 奠定了良好基础。

（一）各受检市（州）2017年新建建筑严格执行建筑节能强制性标准，并原则按照《四川省绿色建筑设计施工图审查技术要点》的相关规定进行了绿色建筑施工图审查。攀枝花市出台了绿色建筑财政补贴政策，并将绿色建筑立法纳入今后工作；德阳市制订了绿色建筑发展规划以及审查要点等相关监管文件；泸州市除执行省上的要求外，还要求超过 10 万 m^2 以上的新建住宅小区均执行《四川省绿色建筑设计标准》。

（二）积极落实相关政策措施。各受检市（州）按照《四川省推进绿色建筑行动实施细则》等相关政策要求，积极推进绿色建筑，如攀枝花市对《关于进一步加快推进绿色建筑发展的实施意见》（川建勘设科发〔2017〕723号）进行了细化落实，及时下发了适合当地实际的实施细则，并根据当地实际拟出台促进绿色建筑发展的地方性法规；自贡市出台了《自贡市人民政府关于推进绿色建筑的实施意见》，确保工作实效。

（三）严格目标考核。各市（州）都实行目标责任制，将绿色建筑重点任务进行量化，目标分解落实到市（区）县及相关部门，并按期进行考核，保障了工作任务的落实。

（摘自四川省住房和城乡建设厅《关于2017年全省建筑节能与绿色建筑工作检查情况的通报》）

广西壮族自治区

从检查总体情况来看，各地建筑节能机构基本健全，建筑节能监督管理不断规范，能够按照《广西壮族自治区民用建筑节能条例》的要求，进一步加强组织领导，落实政策措施，强化技术支撑，严格监督管理，推动建筑节能及绿色建筑各项工作取得积极成效。

（一）全面执行绿色建筑标准方面。

2017年起，广西壮族自治区城市规划区内新建建筑要求开始全面执行绿色建筑标准。本次检查共抽查了17个绿色建筑项目，对其中11个未执行绿色建筑标准的项目下发了整改建议书。各市能够积极推进国家及自治区各项政策措施的落实，绿色建筑意识不断提高，逐步开展绿色建筑标识评价工作，着力提升推进绿色建筑发展相关技术及管理人员的专业素质。

（二）节能减排财政资金项目进展方面。

2018年自治区本级节能减排（建筑节能）财政专项资金预算4000万元，涉及建筑节能示范工程、既有建筑节能改造示范项目、绿色照明工程等多项建设内容。本次检查对获得2018年节能减排专项资金的48个项目进度进行了全面摸底，并对部分项目现场进展情况进行了查验。总体来看，各地较为重视建筑节能试点项目的按计划实施及专项资金的规范使用，部分项目已经完成竣工验收并投入使用，资金拨付到位。

（摘自广西壮族自治区住房和城乡建设厅《自治区住房城乡建设厅关于2018年度全区建筑节能、绿色建筑及节能减排财政资金项目检查情况的通报》）

2017 年上海市国家机关办公建筑和大型公共建筑能耗监测及分析报告

一、全市篇

（一）总体分析

1. 综述全市在线监测建筑联网情况

截至 2017 年 12 月 31 日，全市累计共有 1592 栋公共建筑完成用能分项计量装置的安装并实现与能耗监测平台的数据联网，覆盖建筑面积 7430.6 万 m²，其中国家机关办公建筑 187 栋，占监测总量的 11.7%，覆盖建筑面积约 378.6 万 m²；大型公共建筑 1405 栋，占监测总量的 88.3%，覆盖建筑面积约 7052.0 万 m²。按建筑功能分类统计情况如表 1 所示。

年度新增联网量方面，2017 年，能耗监测平台新增联网建筑共计 91 栋，建筑面积合计约 858.4 万 m²，其中国家机关办公建筑 5 栋，覆盖建筑面积约 10.1 万 m²；大型公共建筑 86 栋，覆盖建筑面积约 848.3 万 m²。各主要类型建筑增量分布情况如图 1 所示。新增联网建筑中，办公建筑数量最多，达 35 栋，综合建筑增幅最大，

2017 年接入能耗监测平台公共建筑功能分类表　　　　表 1

序号	建筑类型	数量（栋）	数量占比（%）	面积（m²）
1	国家机关办公建筑	187	11.7	3786155
2	办公建筑	532	33.4	23579826
3	旅游饭店建筑	205	12.9	8726743
4	商场建筑	239	15.0	14247490
5	综合建筑	199	12.5	15922603
6	医疗卫生建筑	106	6.7	3468312
7	教育建筑	48	3.0	1800095
8	文化建筑	25	1.6	884248
9	体育建筑	23	1.4	825162
10	其他建筑	28	1.8	1066100
	总计	1592	100.0	74306734

注：其他建筑包含交通运输类建筑、酒店式公寓等无法归于 1～9 类的建筑。

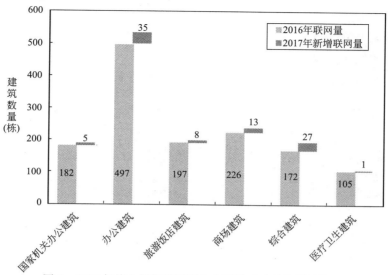

图 1　2017 年接入能耗监测平台主要类型建筑新增量情况

达 15.7％，其他各类型建筑联网量增幅在 1％～7％之间不等。

单栋建筑面积分布方面，与能耗监测平台联网的公共建筑面积主要分布在 2.0 万～4.0 万 m² 之间，为 679 栋，占总量的 42.7％；建筑面积大于 10.0 万 m² 的超大型公共建筑为 108 栋，占总量的 6.8％。本市与能耗监测平台联网的建筑面积分布情况如图 2 所示。

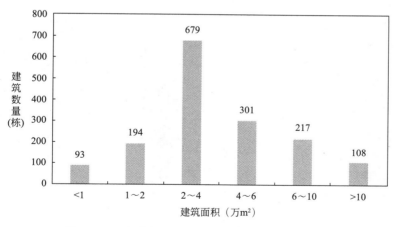

图 2　2017 年能耗监测平台接入建筑面积分布情况

接入能耗监测平台联网的大型公共建筑总平均面积约为 4.6 万 m²，其中，综合建筑平均面积最大约 8.0 万 m²，比去年增加了 25％，缘于 2017 年新增联网的综合建筑中，面积大于 10.0 万 m² 的有 15 栋，平均面积达到了 26.6 万 m²。商场建筑平均面积约 5.9 万 m²，大于全市平均值，其余类型建筑平均面积均小于全市平均值。办公建筑和旅游饭店建筑平均面积约 4.3 万 m²；医疗卫生建筑、教育建筑、文化建筑、体育建筑平均面积在 3.2 万～3.8 万 m² 之间。国家机关办公建筑体量最小，平均面积约为 2.0 万 m²。各类型建筑平均面积情况如图 3 所示。

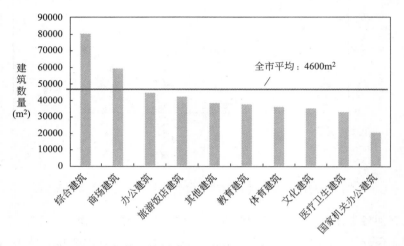

图 3   2017 年接入能耗监测平台各类型建筑平均面积情况

2. 年度总用电量情况

2017 年，与能耗监测平台联网的公共建筑年总用电量约为 80.5 亿 kW·h，其中办公建筑、商场建筑、综合建筑与旅游饭店建筑用电总量较大，四类建筑用电量占总量的 85.9%。各类型建筑年总用电量占比如图 4 所示。

2017 年，与能耗监测平台联网的公共建筑逐月用电量如图 5 所示。从图中可以看出建筑逐月用电变化情况与气温变化趋势相符，夏季随着气温不断升高，空调制冷需求逐渐增大，导致用能量也逐渐增加，在温度最高的 7 月建筑用能量也达到了夏季的最高；冬季随着气温不断降低，空调采暖需求逐渐增大，导致用能量也逐渐增加，在温度最低的 12 月建筑用能量也达到冬季的最高。

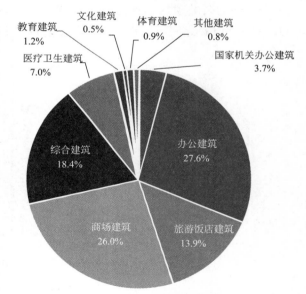

图 4   2017 年接入能耗监测平台建筑
年总用电量占比情况

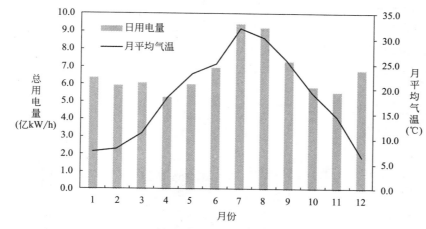

图 5　2017 年接入能耗监测平台建筑逐月用电量

3.历年用电量变化情况

2017 年联网能耗监测平台的公共建筑单位面积年平均用电量为 108kW·h/m²，较 2016 年增加了约 1.1%，用电水平有所微升。主要的差异出现在制冷季（6～9月），2017 年制冷季高温日多于 2016 年，尤其是 2017 年 7 月份极端高温日多达 23 天，当月单位面积平均用电量比 2016 年同期增长了约 5.8%，这也是 2017 年用电水平与 2016 年基本持平但略有增长的主要原因。历年能耗监测平台建筑年用电强度与总用电量变化情况如图 6 所示。

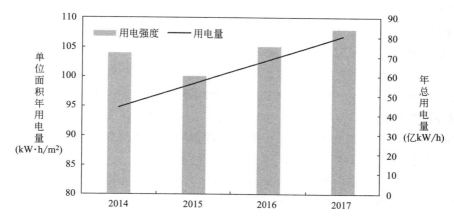

图 6　2014～2017 年接入能耗监测平台建筑历年用电量变化情况

（二）专题分析

1.供热季、过渡季、制冷季用电量情况

根据上海市气候变化规律及生活用能习惯，本报告设定 1、2、3、12 月份为供热季，4、5、10、11 月份为过渡季，6、7、8、9 月份为制冷季来进行分析。

2017 年与能耗监测平台联网的建筑供热

季用电量为 25.1 亿 kW·h（33.8kW·h/m²），过渡季用电量为 22.6 亿 kW·h（30.4kW·h/m²），制冷季用电量为 32.8 亿 kW·h（44.2kW·h/m²）。制冷季用电量最高，约为过渡季的 1.4 倍。2015～2017 年供热季、过渡季与制冷季单位面积平均用电量如图 7 所示。

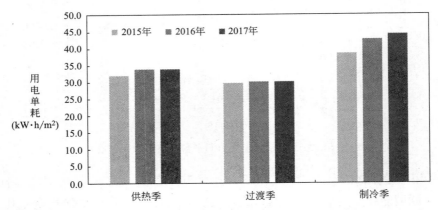

图 7　2015～2017 年接入能耗监测平台建筑供热季、
制冷季、过渡季用电量情况

相较于 2016 年同期情况，2017 年除制冷季单耗增长了约 3.5% 外，其余时段单耗水平与 2016 年基本持平。主要原因为 2017 年夏季极端高温天数多于 2016 年，且最高温度达到 40.9℃，突破上海 145 年历史纪录，故制冷季用电强度略有增加是需求所致。从图 8 可看出，2017 年较 2016 年制冷季用电涨幅明显小于 2016 年较 2015 年的涨幅，说明随着上海节能工作的推进，公共建筑用能效率在不断提高。

2017 年与能耗监测平台联网的公共建筑主要用能分项，其在制冷季、供热季、过渡季用电量情况如图 8 所示。照明与插座用电、动力用电、特殊用电分项在供热季、制冷季及过渡季用电量基本保持不变，全年用电量比较稳定，体现了这些分项用电的非季节性；空调分项用电量全年变化明显，体现了空调用电的季节性，由于部分建筑冬季采用燃气等非电能源供暖，因此制冷耗电量多于供热，是供热耗电量的 1.8 倍。

2.能耗指数

能耗指数是接入能耗监测平台的公共建筑，其能耗全年逐日用能强度走向的评价指标，即公共建筑当日用能单耗值与基准值的比值，以简单易懂的方式表达公共建筑用能强度的变化趋势，观察用电量情况趋势走向。

能耗指数计算方法如下所示：

（1）按照全市各类型建筑占比，选取一定量的典型建筑形成固定样本，用于能耗指数的计算；

（2）当日单位面积能耗＝样本建筑总能耗/样本建筑总面积；

（3）以当日为中心对应至基准年（本报告中采用 2014 年为基准年）内同期的一

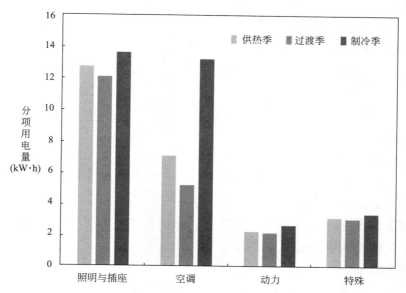

图 8　2017 年接入能耗监测平台公共建筑主要用能分项，
其在制冷季、供热季、过渡季用电量情况

周，计算基准年同期一周内同类型（工作日或者非工作日）日期的单位面积能耗数的平均值作为当日基准值；

（4）当日能耗指数＝当日单位面积能耗/当日基准值×100。

2017 年，基于能耗监测平台固定样本数据，以 2014 年为基准年，能耗监测平台发布能耗指数，2017 年能耗指数逐日趋势如图 9 所示。2017 年日加权平均能耗指数为 102.1，总体来分析，除第三季度因 2017 年夏季高温日较多，导致用能相较于基准年普遍增加外，其他周期的能耗指数基本保持在与基准年相同或更低的水平。

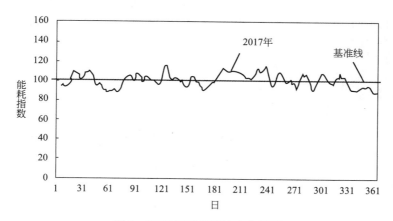

图 9　2017 年能耗指数变化情况

同时，从能耗指数其他不同时段的动态演化特征，也可反映出影响指数波动的其他因素，如本市生态园区的落实推进、绿色建筑运营标识增加等产生的正面效应。

二、区域篇

（一）各区概况

2017 年，与能耗监测平台联网的公共建筑在各区的分布情况如表 2 所示，较 2016 年新增了虹桥商务区区块划分。黄浦区累计联网量 245 栋，为各区联网量之最；浦东新区联网建筑总面积达 1377.7 万 m²，为各区联网面积之最；浦东新区年度新增联网量 27 栋，为各区新增联网量之最。

按照建筑类型划分，各区不同类型公共建筑在线监测数量占比情况如图 10 所示。

1. 部分区级能耗监测平台工作介绍

长宁区为提升区建筑能耗监测平台功

2017 年能耗监测平台各区在线监测建筑接入情况 表 2

区	累计接入量（栋）	覆盖建筑面积（m²）	新增接入量（栋）
宝山区	38	1380075	0
长宁区	113	5337757	1
崇明区	28	272658	0
奉贤区	13	307956	0
虹口区	97	4202339	8
黄浦区	245	9537086	1
嘉定区	66	3756627	2
金山区	25	623533	2
静安区	193	11275901	13
闵行区	40	2870678	9
浦东新区	240	13777155	27
普陀区	113	593716	2
青浦区	25	1056019	0
松江区	67	1836489	−1
徐汇区	191	7424295	13
杨浦区	91	3315576	7
虹港商务区	7	2138874	7
总计	1592	74306734	91

注：* 松江区有一联网楼宇已拆除。

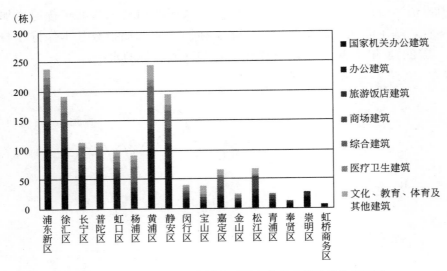

图 10　2017 年各区接入能耗监测平台公共建筑类型分布情况

能，对平台顶层设计开展优化方案研究，形成《长宁区建筑能耗监测平台管理顶层设计优化方案》，开发重要功能块41项。其中，原平台可移植开发功能块13项，新增设计开发功能块28项，完成了长宁区建筑能耗监测平台软件优化升级。新平台上线后全面提升了平台的应用水平，对长宁区"十三五"节能低碳工作形成有效支撑。截至2017年年底，长宁区建筑能耗监控平台共接入大型公共建筑141幢，平均在线115.2幢，在线率81.7%，位居全市前列。

徐汇区在原有区级能耗监测平台基本版软件的基础上，扩展了全区总能耗数据统计与分析、重点用能单位能耗预测、节能项目申报管理、重点用能单位签约管理、能耗指标预警等功能模块，创新性地将分项用能指标和专家系统开发用于城区管控的能源管理平台，实现了建筑用能、工业用能、商业用能的综合能耗监测数据采集、数据预测、节能诊断、节能项目追踪及展示等功能，起到了节能技术在大型公共建筑及工业、商业单位中大范围的应用和示范作用。此外，全区以能耗监测数据为基础，开展能耗水平、节能潜力、用能现状及趋势等分析，能有针对性地对楼宇用能情况提出专业的节能建议。

宝山区积极开展区级国家机关办公建筑和大型公共建筑能耗监测系统后评估工作。通过对能耗监测系统背景、现状分析，形成《后评估报告》。该报告针对存在问题进行梳理，为平台工作的优化提供了有效的解决方案，对区级能耗监测管理系统未来发展提出了新的方法和思路。下

一阶段，宝山区将对既有已完成安装的分项计量楼宇进行普查，重点提高楼宇上传数据质量；同时，完善体制机制建设，建立区级相关管理办法，加强对楼宇物业及管理人员的培训工作等。

2. 各区在线建筑用电情况

2017年，各区块单位面积年平均用电量大于全市平均值的有5个，主要集中在市中心区域。全市16个区块（虹桥商务区由于样本数量过少，且多数建筑未完全启用，因此不参与计算）年用电强度分布情况如图11所示。从分布结果来看，56%的区块用电强度集中在60～100kW·h/m² 区间内，还有25%的区块用电强度大于120kW·h/m²。相较于2016年，有47%的区块2017年用电强度有所下降。

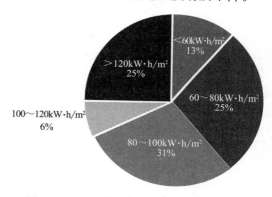

图11　2017年各区与能耗监测平台联网的公共建筑年平均用电强度分布情况

（二）城区分析

1. 中心城区与非中心城区在线监测建筑数量分布情况

本报告所述中心城区包含长宁区、虹口区、黄浦区、静安区、普陀区、徐汇区及杨浦区。2017年与能耗监测平台联网的公共建筑中，位于中心城区的建筑数量占

比为 65.6%，如图 12 所示。2017 年中心城区占比与 2016 年完全相同，说明中心城区与非中心城区的公共建筑在线监测范围同步扩大。

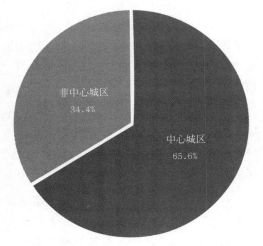

图 12　2017 年接入能耗监测平台公共
建筑城区分布情况

从 2017 年中心城区与非中心城区内各类型建筑的分布情况来看，中心城区公共建筑中，办公建筑占比最大，其次是综合建筑、商场建筑、旅游饭店建筑；非中心城区公共建筑中，国家机关办公建筑、办公建筑、旅游饭店建筑和商场建筑占比较大，且国家机关办公建筑与商场建筑占比明显大于中心城区，如图 13 所示。

2.中心城区与非中心城区建筑用电量情况分析

2017 年，中心城区的公共建筑单位面积年平均用电量比非中心城区高出 13.1%，如图 14 所示。根据上海市统计网公布的本市人口密度态势分布分析，中心城区人口平均密度远高于非中心城区人口平均密度，是用电量高出的主要因素之一。通过分析公共建筑单位面积年平均用电量的变化可以发现，2017 年中心城区公共建筑单位面积年平均用电量较 2016 年增长率为 1.1%，而非中心城区公共建筑单位面积年平均用电量 2017 年较 2016 年增长率为 0.4%，用电水平与 2016 年基本持平。鉴于 2017 年夏季酷暑日多于 2016 年，说明全市各区节能工作稳步推进，具有一定的效果。

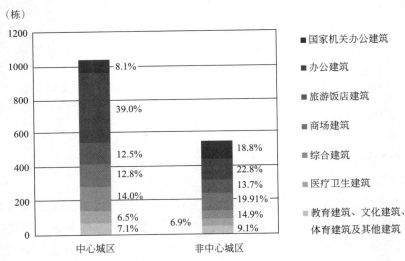

图 13　2017 年中心城区与非中心城区各类型建筑分布情况

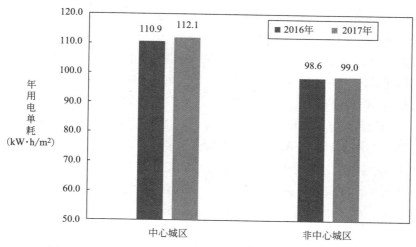

图14 2016～2017年中心城区与非中心城区建筑用电量情况

三、行业篇

（一）分类建筑用电分析

1.年度各类型建筑用电强度

2017年，接入能耗监测平台的各类公共建筑逐月用电强度如表3所示，本报告

主要统计国家机关办公建筑、办公建筑、旅游饭店建筑、商场建筑、综合建筑和医疗卫生建筑的用电强度，教育建筑、文化建筑、体育建筑、其他建筑这四类建筑因上传数据样本有限，用电量数据仅供参考。

2017年接入能耗监测平台的各类型建筑逐月用电强度 表3

单位:kW·h/m²	国家机关办公建筑	办公建筑	旅游饭店建筑	商场建筑	综合建筑	医疗卫生建筑	教育建筑	文化建筑	体育建筑	其他建筑
1月	7.0	7.8	10.4	12.1	7.9	12.8	4.8	3.8	8.0	4.8
2月	6.7	7.4	9.5	11.9	7.6	12.6	4.7	3.8	8.1	4.7
3月	6.8	7.6	9.7	11.9	7.6	12.7	4.8	3.8	8.1	4.7
4月	5.9	6.6	9.2	11.6	7.0	12.1	4.8	3.7	7.8	4.5
5月	6.1	7.3	10.1	12.5	7.6	12.7	4.8	3.7	7.8	4.5
6月	6.9	8.2	11.2	12.9	8.5	14.2	4.8	3.8	7.9	5.0
7月	8.4	11.0	14.0	15.0	10.4	16.2	4.9	3.9	8.6	5.6
8月	8.3	10.8	14.1	14.7	9.8	16.2	4.9	3.9	9.1	5.5
9月	6.9	8.6	11.8	13.3	8.7	14.7	4.9	3.8	8.2	5.1
10月	6.0	7.1	10.5	12.3	7.4	13.1	4.7	3.7	7.8	5.0
11月	6.0	6.9	9.5	11.8	7.3	13.1	4.7	3.7	7.7	4.8
12月	7.0	8.5	10.5	12.5	8.3	13.8	4.8	3.8	7.9	5.0
全年	81.9	97.8	130.5	152.5	98.1	164.2	57.5	45.5	96.9	59.2

2017 年，在与能耗监测平台联网量较大的 6 类公共建筑中，每类建筑按照 7 个档位的单位面积用电强度划分，比例分布情况如图 15 所示。其中，国家机关办公建筑、办公建筑和综合建筑用电强度小于 $100kW \cdot h/m^2$ 的建筑超过 60%，因此这三类建筑的平均能耗明显小于其余三类建筑。商场建筑和医疗卫生建筑用电强度大于 $200kW \cdot h/m^2$ 的较多，接近 30%，很大程度上由建筑功能需求导致，但同时也说明具有较大的节能潜力。相较于 2016 年，国家机关办公建筑和综合建筑整体能耗强度略有下降，小于 $100kW \cdot h/m^2$ 的建筑增加了约 4%。旅游饭店建筑与医疗卫生建筑整体能耗强度略有上升，这一定程度上由天气因素所致，旅游饭店建筑中主要的客房用能取决于客户，天气越热客房用能相对越多；而医疗卫生建筑的首要目标是保障医院内的良好环境，必须保证一定的新风量，因此天气对其用能影响也较大。

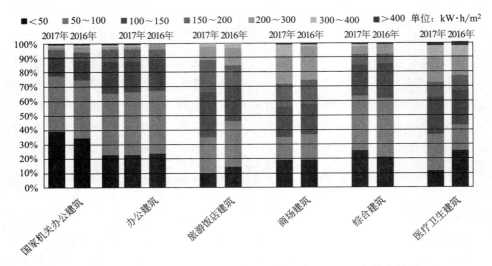

图 15　2017 年接入能耗监测平台主要类型建筑用电强度分布情况

根据上海市主要类型建筑合理用能指南给出的用能合理值核算方法，对 2017 年接入能耗监测平台的公共建筑用电量情况进行分析与计算，主要类型建筑的建议年用电强度合理值如表 4 所示。

2017 年接入能耗监测平台的主要类型建筑建议年用电强度合理值　表 4

	国家机关办公建筑	办公建筑	旅游饭店建筑	商场建筑	综合建筑	医疗卫生建筑
年用电强度合理值[$kW \cdot h/(m^2 \cdot a)$]	93	118	164	207	124	221

2. 主要类型建筑历年用电强度变化情况

从过去 3 年主要类型建筑用电强度变化情况来看（图 16），总体呈缓慢增长趋势，这一定程度上和气温变化有关，3 年中 2017 年平均气温最高，夏季最高温度突破 40℃，并打破了上海近百年的纪录，已经达到系统设计的最不利条件。

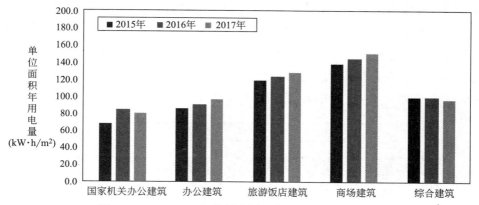

图 16　2015～2017 年能耗监测平台主要类型公共建筑
单位面积年平均用电量变化情况

3. 工作日与非工作日主要类型建筑用电情况分析

在 2016 年制冷季、过渡季、供暖季中分别选取一个自然月，计算主要类型建筑工作日与非工作日单位面积日平均用电量，并计算二者之间的差异率，如表 5 所示。国家机关办公建筑与办公建筑总体工作日用电量大于非工作日，且差异较大，尤其在需要开空调的制冷季及供暖季，差异率可在 50%～85%，体现了办公类建筑典型的用电周期性。旅游饭店建筑、商场建筑总体工作日与非工作日用电量差异较小，体现了商业建筑的连续营业特性，其中在无需使用空调的过渡季节，非工作日用电量略大于工作日，反映出商业建筑非工作日客流增多，从而导致用能增加的特性。医疗卫生建筑总体工作日用电量略多于非工作日，但相比于办公建筑，其差异率明显较小，且在不同季节差异率基本一致，反映了卫生类建筑运营的特殊性，非工作日仍有大部分区域持续运营（如急诊、病房、周六门诊等）。

2017 年工作日与非工作日主要类型建筑用电量差异情况　　表 5

建筑类型	7 月（制冷季）			10 月（过渡季）			12 月（供暖季）		
	工作日 $(W \cdot h/m^2)$	非工作日 $(W \cdot h/m^2)$	差异 (%)	工作日 $(W \cdot h/m^2)$	非工作日 $(W \cdot h/m^2)$	差异 (%)	工作日 $(W \cdot h/m^2)$	非工作日 $(W \cdot h/m^2)$	差异 (%)
机关办公	419	229	82.9	204	158	28.8	302	175	72.9
办公	437	267	64.0	249	198	25.7	290	190	53.0
旅游饭店	502	489	2.7	305	316	−3.4	311	306	1.6
商场	564	543	3.8	382	402	−5.1	377	374	1.0
医疗卫生	782	696	12.3	431	393	9.7	479	413	16.0

注：差异＝（工作日－非工作日）/非工作日

4.主要类型建筑分项用电占比情况

从主要类型建筑 2017 年分项用电占比来看，照明与插座用电、空调用电为主要用电分项，各类型建筑这两项之和均超过 70％，如图 17 所示。其中，空调用电占比最高的为医疗卫生建筑，这是由于其人员流动性和密度、室内空气质量要求所导致的全年制冷采暖需求高于其他类型建筑。照明与插座用电占比较高的为办公建筑、商场建筑和综合建筑，办公类建筑主要由于除照明用电外，其办公设备插座用电也较多；商场类建筑主要由于营业环境需求，照明功率密度一般高于其他类型建筑。

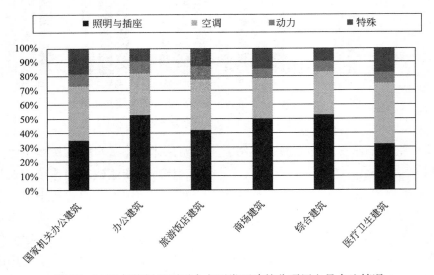

图 17　2017 年能耗监测平台主要类型建筑分项用电量占比情况

5.超大型公共建筑年用电强度分析

建筑面积超过 10 万 m² 的公共建筑定义为超大型公共建筑。2017 年，与能耗监测平台联网的超大型公共建筑共 108 栋，占总建筑量的 6.8％，覆盖建筑面积约 2019.2 万 m²，数量较去年增长了约 27.0％。其中，主要类型为商场建筑和综合建筑，占总量的 71.3％，较 2016 年又增长了约 5.0％，如图 18 所示。用电量方面，2017 年超大型公共建筑单位面积年平均用电量为 109.2kW·h/m²，略高于全市平均值，但相较于 2016 年下降了约 1.8％。超大型公共建筑 2017 年总用电量约 22.0 亿 kW·h，占全市监测建筑用电总量的 27.3％，说明其数量虽少但由于体量庞大，总用电量不可小觑，节能潜力可观。

（二）典型建筑用能对标

1.典型行业建筑总体对标分析

1）国家机关办公建筑总体对标情况

根据《机关办公建筑合理用能指南》DB31/T 550—2015 规定，机关办公建筑根据所处地域、建筑面积、办公形式、空调系统形式等分为 9 个类型，每个类型对应一个指标。纳入能耗监测平台的国家机关办公建筑都大于 1 万 m²，其对应的用能

指标如表 6 所示。2017 年纳入能耗监测平台的国家机关办公建筑单位面积年耗电量

为 82.1kW·h/m²，折算成标准煤为 24.6 kgce/m²，该值满足用能指标合理值要求。

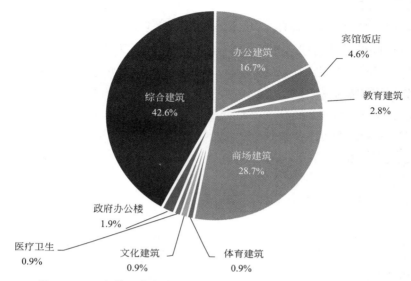

图 18　2017 年接入能耗监测平台超大型公共建筑按类型分布情况

机关办公建筑用能指标要求　表 6

类别	建筑面积（m²）	空调形式	评价指标:单位建筑面积年综合能耗指标 [kgce/(m²·a)]	
			先进值	合理值
C	≥10000	分体式、多联分体式空调系统	≤21.0	≤31.0
D		集中式空调系统	≤24.0	≤33.0
非中心城区独立办公形式机关办公建筑能耗指标				
G	≥10000	分体式、多联分体式空调系统	≤20.0	≤29.0
H		集中式空调系统	≤22.0	≤30.0

2）旅游饭店建筑总体对标情况

根据《星级饭店建筑合理用能指南》 DB31/T 551—2011 规定，星级饭店建筑

根据星级分类，对应相应能耗指标，如表 7 所示。

星级饭店建筑合理用能指标要求　表 7

星级饭店类型	可比单位建筑综合能耗合理值 [kgce/(m²·a)]	可比单位建筑综合能耗先进值 [kgce/(m²·a)]
五星级饭店	≤77	≤55
四星级饭店	≤64	≤48
一至三星级饭店	≤53	≤41

2017 年纳入能耗监测平台监测的旅游饭店建筑单位面积年耗电量为 132.2kW·h/m²，折算成标准煤为 39.7kgce/m²。

与其他类型大型公共建筑相比，星级饭店建筑非电力能耗，如燃油、燃气等占综合能耗的比例较高。根据本市星级饭店能源审计报告提出的饭店综合能耗特点分析结论，电耗占其综合能耗比例约为 70%，其他形式用能占综合能耗的 30%。

根据上述比例，推算星级饭店建筑年综合能耗为 56.6kgce/m²，因接入能耗监测平台的饭店建筑基本为四星级以上，故该值满足用能指标合理值要求。

3）办公建筑总体对标情况

根据《综合建筑合理用能指南》DB31/T 795—2014 规定，综合建筑根据功能分为五个区域，每个功能区域有其相应的指标。办公建筑功能区域指标要求如表 8 所示。2017 年纳入能耗监测平台监测的办公建筑单位面积年耗电量为 97.7kW·h/m²，折算成标准煤为 29.3kgce/m²，该值满足用能指标合理值要求。

办公建筑功能区域合理用能指标要求 表 8

按空调系统类型分类	单位建筑综合能耗 [kgce/(m²·a)]	
	合理值	先进值
集中式空调系统建筑	≤47	≤33
半集中式、分散式空调系统建筑	≤36	≤25

2. 典型案例建筑能耗对标分析

1）国家机关办公建筑

某国家机关办公建筑 A 位于上海市黄浦区，建筑面积 73766m²，采用集中式空调系统且为独立办公形式。2017 年该建筑单位面积年耗电量为 89.1kW·h/m²，折算成标准煤为 27.6kgce/m²，经调研，该建筑没有使用其他能源。因此，其单位面积年综合能耗为 26.7kgce/m²。对照《机关办公建筑合理用能指南》DB31/T 550—2015，该建筑单位面积年综合用能量满足用能指标先进值要求，如表 9 所示。

国家机关办公建筑 A 能耗对标情况 表 9

年份	单位面积年综合能耗 [kgce/(m²·a)]	指南合理值 [kgce/(m²·a)]	指南先进值 [kgce/(m²·a)]
2017 年	26.7	30.0	22.0

2）旅游饭店建筑

某四星级饭店 B 位于上海市松江区，建筑面积 37703m²，其中地下车库面积 5000m²。2017 年该建筑单位面积年耗电量为 110.7kW·h/m²，折算成标准煤为 33.21kgce/m²。根据调研，该四星级饭店建筑 2017 年天然气使用量为 159467m³，折算成标准煤约为 5.5kgce/m²。因此，该建筑单位面积年综合能耗为 38.7kgce/m²，根据该饭店具体情况，经各影响因素修正后，该建筑的可比单位综合能耗为 38.9kgce/m²。对照《星级饭店建筑合理

用能指南》，该建筑单位面积年综合用能量满足用能指标先进值要求，如表 10 所示。

旅游饭店建筑 B 能耗对标情况　　　　　　表 10

年份	单位面积年综合能耗 kgce/(m²·a)	指南合理值 kgce/(m²·a)	指南先进值 kgce/(m²·a)
2017 年	38.9	77.0	55.0

3）商场建筑能耗监测对标分析

某商场 C 位于上海市闵行区，其经营建筑面积为 32430m²。2017 年该建筑单位面积年耗电量为 225.7kW·h/m² 折算成标准煤为 65.0kgce/m²，经调研，该建筑

没有使用其他能源消耗，因此其单位面积年综合能耗为 65.0kgce/m²。对照《大型商业建筑合理用能指南》，该建筑单位面积年综合用能量满足用能指标合理值要求，如表 11 所示。

商业建筑 C 能耗对标情况　　　　　　表 11

年份	单位面积年综合能耗 [kgce/(m²·a)]	指南合理值 [kgce/(m²·a)]	指南先进值 [kgce/(m²·a)]
2017 年	65.0	96.0	68.0

4）办公建筑能耗监测对标分析

某办公建筑 D 位于上海市徐汇区，于 2006 年 12 月竣工，建筑面积 31189.85m²，其中地下停车库面积 3641.99m²，因此参与对标计算的建筑面积为 27547.86m²，该建筑采用集中式空调系统。2017 年该建筑单位面积年耗电量为 90.2kW·h/m²，

折算成标准煤为 27.1kgce/m²。经调研，该建筑其他能源消耗占综合能耗的 6%，因此其单位面积年综合能耗为 28.8kgce/m²。按照《综合建筑合理用能指南》，该建筑单位面积年综合用能量满足用能指标先进值要求，如表 12 所示。

办公建筑 D 能耗对标情况　　　　　　表 12

年份	单位面积年综合能耗 [kgce/(m²·a)]	指南合理值 [kgce/(m²·a)]	指南先进值 [kgce/(m²·a)]
2017 年	28.8	47.0	33.0

该建筑在 2014 年完成节能改造，在 2017 年全市办公建筑总体能耗略有上升的

情况下，该建筑 2017 年单位面积综合能耗较 2016 年仍下降了 7%，节能效果明

显。该建筑主要改造内容为采用磁悬浮无油变频离心冷水机组代替一台直燃溴化锂机组制冷，部分楼层安装 VRV 空调系统，在节假日及双休日运行，减少中央空调系统运行时间，采用高效 LED 灯具代替部分传统灯具等，综合节能率达 21.5%。

5）医疗卫生建筑能耗监测对标分析

某医疗卫生建筑 E 为三级甲等综合医院，位于杨浦区，建筑面积 15.9 万 m^2。2017 年该建筑单位面积年耗电量为 286.7kW·h/m^2，折算成标准煤为 86.0kgce/m^2。根据能源审计报告，该医院其他能源消耗占综合能耗的约 20%，因此其单位面积年综合能耗为 107.5kgce/m^2。该医院单位床位建筑面积大于 $100m^2/$床，单位建筑面积门急诊人次大于 20 人次/m^2，因此按照《市级医疗机构建筑合理用能指南》DB31/T 553—2012，该建筑单位面积年综合用能量远超出合理值要求，如表 13 所示，需要节能改造。

医疗卫生建筑 E 能耗对标情况　　　　　　　　　　表 13

年份	单位面积年综合能耗 [kgce/(m^2·a)]	指南合理值 [kgce/(m^2·a)]	指南先进值 [kgce/(m^2·a)]
2017 年	107.5	76.0	59.0

八、附录

　　本篇记述了 2018 年我国不同地区既有建筑改造工作所发生的重要实践，包括政策、行业活动、会议、工作进展等，旨在记述过去，鉴于未来。

附　　录

2018年1月26日，湖南省发布《关于全省农村危房改造整体推进省级示范现场推进会在韶山市召开的通知》。截至4月底，湖南省农村危房改造整体推进省级示范项目进展顺利，开工22099户，占省级示范任务2.79万户的79％，竣工17540户，占63％。农村危房改造整体推进省级示范逐步成为农村危房改造的主要实施方式。湖南省农村危房改造整村整乡连片以实施农村危房改造为主体，统筹规范农村建房、改善农村人居环境、保护传统村落等工作，既解决贫困户安居，又提升宜居环境，既有新房，又有新村，实现"改造一片、优化一片、保障一片"。

2018年2月，山东省住房和城乡建设厅、山东省发展和改革委员会、山东省财政厅发布《关于征求对〈山东省老旧住宅小区整治改造导则〉意见的通知》（简称《导则》）。导则提出，老旧住宅小区整治改造应遵循以下原则：政府主导、业主参与、社会支持、企业介入；统一规划、同步改造、保证质量、便民利民；因地制宜、阳光透明、完善机制、督导考核。整治改造内容包括：安防设施、环卫消防设施、环境设施、基础设施、便民设施；规模经营激励、补偿经营激励、拓展经营激励、后续经营激励；前期调查、审核审批、项目设计、汇总上报、简化招标、协调同步、项目监管、竣工验收。

2018年5月28日，第十届既有建筑改造大会在北京召开，会议主题为"推动城市更新　增进民生福祉"。会议设有"既有建筑外墙防护与修复""城市更新""老旧小区综合改造""适老化改造""城市停车""老旧住宅加装和更新电梯"六个分论坛，主题演讲内容包括既有建筑改造相关政策、行业发展趋势、标准解读、改造案例、技术要点、新产品介绍、热点问题探讨等。本届会议共有上千位行业内人士参会。

2018年7月13日，北京市住房城乡建设委会同市农委、市民政局、市残联、市规划国土委、市财政局联合发布了《北京市农村4类重点对象和低收入群众危房改造工作方案（2018-2020年）》（简称《工作方案》）。根据《工作方案》，自2018年开始，针对4类重点对象和低收入群众，北京市将因地制宜，精准施策，对生态涵养区、其他郊区、城区农村危房改造执行差异化补助标准。对生态涵养区（门头沟、怀柔、平谷、密云、延庆）按照4.7万元/户的标准给予补助；对其他郊区（房山、通州、顺义、昌平、大兴）按照4.1万元/户的标准给予补助；对城区（朝阳、海淀、丰台）按照 3.4 万元/户的标准给予补助。市级补助资金纳入美丽乡村建设市级补助统筹管理。区级要积极安排补助资金，进一步加大对农村危房改造的补助力度，市区两级财政补助原则上应达到 6.8 万元/户以上，对于拆除重建、加固维修实际投入低于 6.8 万元的改造对象，区级可根据实际自行制定补助标准。对于群众比较关心的改造进度，《工作方案》提出危房改造工作将于今年年底前完成 4 类重点对象 C、D 级农村危房 50% 改造任务，完成低收入群众 C、D 级农村危房 30% 改造任务，2019 年力争完成全部改造任务，2020 年做好收尾工作。

截至 2018 年 7 月底，浙江省杭州市既有公共建筑节能改造年度任务 25 万 m²，已完成 34.38 万 m²，完成年度目标137%；既有居住建筑节能改造年度任务21 万 m²，已完成 20.55 万 m²，完成年度目标 98%；实施太阳能等可再生能源建筑应用面积年度任务 800 万 m²，已完成1676.38 万 m²，完成年度目标 204%；完成太阳能等可再生能源建筑应用面积年度任务 400 万 m²，已完成 623.66 万 m²，完成年度目标 156%；新接入用能监管年度任务 15 项，已完成 63 项。

2018 年 11 月 10 日，由深圳市建筑科学研究院股份有限公司牵头承担的国家重点研发计划"绿色建筑及建筑工业化"重点专项"既有城市工业区功能提升与改造技术"项目启动暨实施方案论证会在深圳召开。该项目重点研究既有城市工业区功

能提升与改造指标体系、诊断评估技术与策划方法、规划设计方法、区域能源优化配置及废弃物资源化利用、智慧导向的绿色建造和运营及信息化升级等关键技术，并开展应用示范，旨在突破既有城市工业区功能提升与改造理论方法缺乏、改造模式不清晰、技术体系不完善等技术瓶颈，为我国既有城市工业区功能提升与改造提供有效的技术支撑。

2018 年 11 月 18 日，由中国建筑科学研究院有限公司承担的国家重点研发计划"既有城区住区功能提升与改造技术"项目启动会在北京召开。项目咨询专家、住建部科技司、中国 21 世纪议程管理中心、项目承担单位代表、项目/课题负责人以及项目骨干等 70 余人参加了会议。该项目针对既有城市住区的规划与美化更新、停车设施与浅层地下空间升级改造、历史建筑修缮保护、能源系统升级改造、管网升级换代、海绵化升级改造、功能设施的智慧化和健康化升级改造等方面，从"规划引领、关键技术、集成示范"三个层面开展研究与示范，旨在创新既有城市住区设计方法、突破改造技术、引领标准规范、集成推广应用，为既有城市住区功能提升与改造提供科技引领和技术支撑。

2018 年 11 月 24 日，河北省住建厅印发《河北省促进绿色建筑发展条例》。第一，明确绿色建筑标准，规定建设具体要求。围绕推进京津冀协同发展，《条例》提出，推动河北与北京、天津绿色建筑地方标准协同工作，加强信息交流共享，促

进京津冀绿色建筑产业协同发展。第二，明确规划建设管理程序，实现全过程监管。第三，明确运营改造要求，补足制度短板。第四，明确激励措施，推动工作落实。

2018 年，河北省各地针对去年供暖效果差的住宅小区实施供热设施改造，维修更新二次管网，分户管线"串改并"。今年以来全省设区市主城区共改造 1037 个老旧小区、约 26 万户，改造二次管网 550km，逐步消除城市供暖薄弱区域。今年，蔚县热电厂、唐山北郊电厂、遵化热电厂、邯郸东郊热电厂等一批热电联产机组投产运行，灵寿、赞皇、武邑等地新建一批大吨位燃煤供热锅炉，石家庄、邢台、邯郸、保定、张家口、唐山市等地新建长距离输热管线引热入市，石家庄、保定等市供热管网实施了"汽改水"。全省设区市供热主管网新建 220km、改造 136km。